"十三五"国家重点出版物出版规划项目

现代机械工程系列精品教材

普通高等教育机电类系列教材

金 工 实 习

（冷加工）

第4版

主　　编　黄明宇
副主编　朱益民
参　　编　徐钟林　孔繁群
主　　审　周骥平

机械工业出版社

本书是"十三五"国家重点出版物出版规划项目——现代机械工程系列精品教材，是根据教育部机械基础课程教学指导委员会和工程训练教学指导委员会有关《工程训练教学基本要求》的精神，结合培养应用型工程技术人才的实践教学特点、高校工程训练中心实际情况和编者多年实践教学经验编写而成的。

本书共十章，主要包括切削加工基础知识、车工、铣工、磨工、其他切削加工、钳工、数控加工、特种加工、先进制造技术和零件制造方法综合等实习内容。每章均附有相关工种的实习目的和要求、实习安全技术和复习思考题。本书突出实用性，注重对工程素质和创新能力的培养，较好地满足了传统实习与先进制造技术实习的要求。

本书可与柳秉毅主编的《金工实习》（热加工）配套使用。

本书可作为高等工科院校机械类和近机械类本科生的工程训练教材，也可作为独立学院、高职高专和成人教育等同类专业的教材，还可供工程技术人员参考。

图书在版编目（CIP）数据

金工实习：冷加工/黄明宇主编 . — 4 版 . —北京：机械工业出版社，2019.7（2025.1 重印）

普通高等教育机电类系列教材"十三五"国家重点出版物出版规划项目 现代机械工程系列精品教材

ISBN 978-7-111-62328-1

Ⅰ.①金… Ⅱ.①黄… Ⅲ.①金属加工—实习—高等学校—教材 Ⅳ.①TG-45

中国版本图书馆 CIP 数据核字（2019）第 051518 号

机械工业出版社（北京市百万庄大街 22 号 邮政编码 100037）
策划编辑：刘小慧 责任编辑：刘小慧 安桂芳 任正一
责任校对：梁 静 封面设计：张 静
责任印制：张 博
唐山三艺印务有限公司印刷
2025 年 1 月第 4 版第 13 次印刷
184mm×260mm · 15.25 印张 · 373 千字
标准书号：ISBN 978-7-111-62328-1
定价：45.00 元

电话服务　　　　　　　　网络服务
客服电话：010-88361066　机 工 官 网：www.cmpbook.com
　　　　　010-88379833　机 工 官 博：weibo.com/cmp1952
　　　　　010-68326294　金 书 网：www.golden-book.com
封底无防伪标均为盗版　机工教育服务网：www.cmpedu.com

序

进入 21 世纪以来，在社会主义经济建设、社会进步和科技飞速发展的推动下，在经济全球化、科技创新国际化、人才争夺白热化的挑战下，我国高等教育迅猛发展，胜利跨入了高等教育大众化阶段，使高等教育的理念、定位、目标和思路等都发生了革命性变化，逐步形成了以科学发展观和终身教育思想为指导的新的高等教育体系和人才培养工作体系。本书第 1 版就是在大批应用型本科院校和高等职业技术院校异军突起、超常发展之际，组织扬州大学、南京工程学院、河海大学常州校区、淮海工学院、南通大学、盐城工学院、淮阴工学院、常州工学院、江南大学等 12 所高校规划出版的。据调查，读者反映良好，并反映本系列教材基本上体现了我在本书序中提出的四个特点，符合地方应用型本科院校的教学实际，较好地满足了一般应用型本科院校的教学需要。读者的评价使我们很高兴，但更是对我们的鞭策和鼓励。我们应当为过去取得的进步和成绩感到高兴。同样，我们更应为今后的进一步发展而正视自己。我们并不需要刻意忧患，但现实中确实存在值得忧患的地方，如果不加以正视，就很难有更美好的明天。因此，我们在总结前一阶段经验教训的新起点上，坚持以国家新时期教育方针和科学发展观为指导，坚持"质量第一、多样发展、打造精品、服务教学"的方针，坚持高标准、严要求，把下一轮机电类教材的修订、编写、出版工作做大、做优、做精、做强，为建设有中国特色的高水平的地方工科应用型本科院校做出新的更大贡献。

一、坚持用科学发展观指导教材修订、编写和出版工作

应用型本科院校是我国高等教育在推进大众化过程中崛起的一种重要的办学类型，它除应恪守大学教育的一般办学基准外，还应有自己的个性和特色，这就是要在培养具有创新精神、创业意识和创造能力的工程、生产、管理、服务一线需要的高级技术应用型人才方面办出自己的特色和水平。应用型本科院校人才的培养既不能简单"克隆"现有的本科院校，也不能是原有专科培养体系的相似放大。应用型人才的培养，重点仍要思考如何与社会需求对接。既要从学生的角度考虑，以人为本，以素质教育的思想贯穿教育教学的每一个环节，实现人的全面发展，又要从经济建设的实际需求考虑，多类型、多样化地培养人才，但最根本的一条还是坚持面向工程实际，面向岗位实务，按照"本科学历 + 岗位技术"的双重标准，有针对性地进行人才培养。根据这样的要求，"强化理论基础，提升实践能力，突出创新精神，优化综合素质"应当是工作在一线的本科应用型人才的基本特征，也是对本科应用型人才的总体质量要求。

培养应用型人才的关键在于建立应用型人才的培养模式，而培养模式的核心是课程体系与教学内容。应用型人才培养必须依靠应用型的课程和内容，用学科型的教材则难

以保证培养目标的实现。课程体系与教学内容要与应用型人才的知识、能力、素质结构相适应。在知识结构上，科学文化基础知识、专业基础知识、专业知识、相关学科知识这四类知识在纵向上应向应用前沿拓展，在横向上应注重知识的交叉、联系和衔接；在能力结构上，要强化学生运用专业理论解决实际问题的实践能力、组织管理能力和社会活动能力，还要注重思维能力和创造能力的培养，使学生思路清晰、条理分明，有条不紊地处理头绪纷繁的各项工作，并创造性地工作。能力培养要贯彻到教学的整个过程之中。如何引导学生去发现问题、分析问题和解决问题，应成为应用型本科教学的根本。

探讨课程体系、教学内容和培养方法，还必须服从和服务于大学生全面素质的培养。要通过形成新的知识体系和能力延伸，来促进学生思想道德素质、文化素质、专业素质和身体心理素质的全面提高。因此，要在素质教育的思想指导下，对原有的教学计划和课程设置进行新的调整和组合，使学生能够适应社会主义现代化建设的需要。我们强调培养"三创"人才，就应当用"三创教育"、人文教育与科学教育的融合等适应新时代的教育理念，选择一些新的课程内容和新的教学形式来实现。

研究课程体系，必须看到经济全球化与我国加入世界贸易组织以及高等教育的国际化对人才培养的影响。如果我们的课程内容缺乏国际性，那么我们所培养的人才就不可能具备参与国际事务、国际交流和国际竞争的能力。应当研究课程的国际性问题，增设具有国际意义的课程，加快与国外同类院校的课程接轨。要努力借鉴国外同类应用型本科院校的办学理念、培养模式和做法来优化我们的教学。

在教材编、修、审全过程中，必须始终坚持以人的全面发展为本，紧紧围绕培养目标和基本规格进行活生生的"人"的教育。一所大学使得师生获得自由的范围和程度，往往是这所大学成功和水平的标志。同样，我们修订和编写教材，提供教学用书，最终是为了把知识转化为能力和智慧，使学生获得谋生的手段和发展的能力。因此，在教材修订、编写过程中，必须始终把师生的需要和追求放在首位，努力提供好教、好学的教材，努力为教师和学生留下充分展示自己教和学的风格与特色的空间，使他们游刃有余，得心应手，还能激发他们的科学精神和创造热情，为教和学的持续发展服务。教师应是课堂教学的组织者、合作者、引导者、参与者，而不应是教学的权威。教学过程是教师引导学生，和学生共同学习、共同发展的双向互促过程。因此，修订、编写教材对于主编和参加编写的教师来说，也是一个重新学习和思想水平、学术水平不断提高的过程，决不能丢失自我，决不能将"枷锁"移嫁别人，这里"关键在自己战胜自己"，关键在自己的理念、学识、经验和水平。

二、坚持质量第一，努力打造精品教材

教材是教学之本。大学教材不同于学术专著，它既是学术著作，又是教学经验的理性总结，必须经得起实践和时间的检验。学术专著的错误充其量会贻笑大方，而教材的错误则会贻害一代青年学子。有人说："时间是真理之母。"时间是我们所编写教材的最严厉的考官。教材的再次修订，我们仍要坚持高标准、严要求，用航天人员"一丝不苟""一秒不差"的精神严格要求自己，以确保教材的质量和特色。为此，必须采取以下措施：第一，高等教育的核心资源是一支优秀的教师队伍，必须重新明确主编和参加编写教师的标准和要求，实行主编负责制，把好质量第一关；第二，教材要从一般工科

本科应用型院校的实际出发，强调实际、实用、实践，加强技能培养，突出工程实践，内容适度简练，跟踪科技前沿，合理反映时代要求，这就要求我们必须严格把好教材修订计划的评审关，择优而用；第三，加强教材修订的规范管理，确保参编、主编、主审以及将书稿交付出版社等各个环节的质量和要求，实行环节负责制和责任追究制；第四，确保出版质量；第五，建立教材评价制度，奖优罚劣。对读者反映好的教材要进行不断修订再版，切实培育一批名师编写的精品教材。出版的精品教材必须配有多媒体课件，并逐步建立在线学习网站。

三、坚持"立足江苏、面向全国、服务教学"的原则，努力扩大教材使用范围，不断提高社会效益

下一轮教材修订工作，必须加快吸收有条件、有积极性的外省市同类院校、民办本科院校、独立学院和有关企业参加，以集中更多的力量，建设好应用型本科教材。同时，要相应调整编审委员会的人员组成，特别要注意充实省内外优秀"双师型"教师和有关企业专家。

四、建立健全读者评价制度

要在使用这套教材的省市有关高校进行教材使用质量跟踪调查，并建立网站，以便快速、便捷、实时地听取各方面的意见，不断修改、充实和完善教材的编写和出版工作，实实在在地为培养高质量的应用型本科人才服务，同时也要努力为造就一批工科应用型本科院校高素质、高水平的教师提供优良服务。

本套教材的编审和出版一直得到机械工业出版社、江苏省教育厅和各位主编、主审及参加编写人员所在高校的大力支持和配合，在此，一并表示衷心感谢。今后，我们将一如既往地更加紧密地合作，共同为工科应用型本科院校教材建设做出新的贡献，为培养高质量的应用型本科人才做出新的贡献，为建设有中国特色社会主义的应用型本科教育做出新的努力。

普通高等教育机电类规划教材编审委员会

主任委员　教授　邱坤荣

第 4 版前言

高校工程训练（金工实习）教学是具有中国特色的一种工程实践教学模式，已成为培养学生理论联系实际，具备工程素质、实践和创新能力，为后续专业课程学习建立感性知识基础，建立大工程概念的重要教学环节和有效途径。随着国家和高校对工程实践教育继续给予高度重视与投入，使各院校工程训练（金工实习）中心的教学实习条件越来越好，这就需要有能满足这些需求和反映实践教学改革最新成果的新教材不断出现。本书就是遵循这一指导思想，在第 3 版的基础上修订而成的。

本书至今已出版发行了三版。多年来，各版本均以其注重动手与综合能力培养相结合，实用方便，可读性好，可操作性强，图文清晰和高质量的印刷等特点，深得读者好评，并被原国家新闻出版广电总局列为"十三五"国家重点出版物出版规划项目——现代机械工程系列精品教材。随着我国由制造大国向制造强国迈进，为满足新工科和机械类专业认证等的发展和需要，同时为满足教学与人才培养的需要，我们与时俱进、精益求精，对本书进行了第 3 次修订。在此次修订中，我们根据教育部机械基础课程教学指导委员会和工程训练教学指导委员会有关《工程训练教学基本要求》的精神，从培养应用型工程技术人才的实践教学特点、高校工程训练中心实际情况以及编者多年的实践教学经验入手，注意把握好知识内容的取舍，特别是传统制造技术与先进制造技术的关联（因传统内容的实习在学生认知方面是数控实习等无法替代的），注重学生独立获取知识的能力、工程实践能力和创新思维能力的培养，尽量处理好基础性、实用性和操作性知识以及各章节间的联系。这次修订，我们仍坚持"常规打基础，现代促提高"的原则，对每章都进行了修订。对一些重点实习工种的内容进行了重新编写；对实习中时间安排较少或没有安排的刨工、铣螺旋齿等内容进行了删减，增加了镗削加工、齿轮加工等内容，使切削加工工种的内容更加完善合理；在数控加工方面，增加了计算机辅助自动编程、数控机床仿真操作与模拟加工内容；对第 3 版中一些表达不准确、标准过时等问题加以修改或更新。这些工作使全书主题更明确，概念更清晰，文字更流畅，内容更完善。

本次修订工作由黄明宇教授负责。第一、八章由徐钟林编写，第二、五、九章由黄明宇编写，第三、四章由孔繁群编写，第六章由朱益民编写，第七章由黄明宇和朱益民编写，第十章由徐钟林和孔繁群编写。全书由扬州大学周骥平教授主审。

在本书编写过程中，参考了许多有关的教材和资料，借鉴了一些高校近年来金工实习教学改革的成果，在此一并致以谢意。由于编者水平所限，书中不当之处在所难免，望读者批评指正。

编　者

第3版前言

高校工程训练（金工实习）教学是适应我国高等教育国情的需要而出现的，并得到快速发展的一种工程实践教学模式。工程训练现已成为培养学生工程素质、实践和创新能力，建立大工程概念的重要教学环节和有效途径，也是有助于学生与社会、企业及工程技术很好融合的实习。近年来，国家和高校对工程实践教育给予了高度重视与投入，理工科院校普遍建立了工程训练中心，拥有前所未有的、极为丰厚的教学资源。为此，也要求不断有与之发展相适应的，能满足这些需求和反映实践教学改革最新成果的新教材出现。本书就是遵循这一指导思想，在第2版的基础上修订的。

本书第1版获得良好的反映，为此，修订出版了第2版。第2版发行以来，以其注重动手与综合能力培养相结合，实用方便、可读性好、可操作性强、图文清晰和高质量的印刷等特点，深得读者好评，已12次印刷，发行量总计超过10万册。为满足教学需要，与时俱进、精益求精，我们进行了再次修订。此次修订，我们根据教育部工程材料及机械制造基础课程指导小组和工程训练教学指导委员会有关《工程训练教学基本要求》的精神，结合培养应用型工程技术人才的实践教学特点、高校工程训练中心实际情况以及编者多年的实践教学经验编写。在编写中注意把握好知识内容的取舍，特别是传统制造技术与先进制造技术的关联，因传统内容的实习在学生认知方面是数控等实习所无法替代的；做好新材料、新工艺、新设备的有机结合；注重学生独立获取知识的能力、工程实践能力和创新思维能力的培养；处理好基础性、实用性和可操作性以及各章节间的联系。坚持常规打基础，现代促提高的原则，对重点实习工种车工进行了重新编写，增加了三坐标测量机、激光加工、多轴数控加工、柔性制造系统、工业机器人、逆向工程和3D打印等先进制造技术内容；对第2版中一些表达不准确、标准过时等问题加以修改或更新，使全书主题更明确，概念更清晰，文字更流畅，内容更完善。

本次修订工作由黄明宇教授负责；第一、五、八章由徐钟林编写，第二、九章由黄明宇编写，第三、四章由孔繁群编写，第六章由朱益民编写，第七章由黄明宇和朱益民编写，第十章由徐钟林和孔繁群编写。全书由扬州大学周骥平教授主审。

在本书编写过程中，参考了许多有关的教材和资料，借鉴了一些高校近年来金工实习教学改革的成果，在此一并致以谢意。由于编者水平所限，书中不当之处在所难免，望读者批评指正。

编　者

第2版前言

从本书第1版出版以来，以其注重对学生工程素质和综合能力的培养，注重实用、简明扼要、通俗易懂、图文并茂以及高质量的印刷等特点，深得用者好评，发行量很大。目前，我国高校的金工实习课程在诸多方面已经发生了许多新的变化，教学改革不断深入并取得许多成果，实习基地建设更加完善，一些新观念、新工艺、新设备被引入金工实习教学中。根据这一情况，为了更好地体现与时俱进、精益求精的精神，我们组织了对本书的修订。

在修订中，我们在保持本书第1版的体系、结构、特色和主要内容的基础上，对原书中部分章节的内容进行了增删或调整，另外还对第1版中少数表述不够准确、恰当或存在错误的字句加以修改。其中，改动较大的是第七章数控加工，重新编写了其中的第三、四、五节。总之，我们坚持立足于应用型工程技术人才培养的实际，遵循注重创新、突出实用、培养能力的编写原则，力求在加强技能培养的同时，提高学生的工程素质和创新意识。

本次修订工作由黄明宇教授负责主持；第一、五、八章由徐钟林编写，第二章由黄明宇编写，第三、四章由孔繁群编写，第六章由朱益民编写，第七章由黄明宇和朱益民编写，第九章由徐钟林和孔繁群编写。全书由扬州大学周骥平教授主审。

在本书编写过程中，参考了许多有关的教材和资料，借鉴了一些高校近年来金工实习教学改革的成果，在此一并致以谢意。由于编者水平所限，书中不当之处在所难免，望读者批评指正。

编　者

第1版前言

　　本书为普通高等教育机电类规划教材，是根据教育部颁布的高等工科院校《金工实习教学基本要求》的精神，并结合培养应用型工程技术人才的实践教学特点编写的。

　　本书分为上、下两册。上册的内容以热加工实习为主，包括绪论、金工实习基础知识、铸造、锻压、焊接、塑料成型加工、热处理和表面处理等；下册主要包括机械加工、钳工、数控加工和特种加工等内容。

　　本书具有以下主要特色：①注重对学生工程素质和综合能力的培养，在介绍各种工艺方法和设备的同时，还注意帮助学生建立关于质量、经济、安全、环保、市场等意识；②处理好新、旧教学内容之间的关系，加强对有关的先进制造技术和新工艺、新材料内容的介绍；③为了充实和深化实习的内容，编入一部分与实习内容联系紧密且便于进行的金工实验，以提高学生在实习中的学习兴趣和智力负荷，训练科学严谨的作风；④编写时，力求注重实用，简明扼要，通俗易懂，图文并茂，加强针对性和指导性，以利于教师的讲课和学生的学习及应用。

　　本书下册共分九章。第一、五、八章由徐钟林编写，第二章由黄明宇编写，第三、四章由孔繁群编写，第六章由朱益民编写，第七章由黄明宇和朱益民编写，第九章由徐钟林和孔繁群编写。本册由南通工学院黄明宇和扬州大学徐钟林任主编，由扬州大学周骥平教授任主审。

　　在本书编写过程中，参考了许多有关的教材和资料，借鉴了一些高校金工实习教学改革的成果，并得到南通工学院和扬州大学教材建设资金的资助。扬州大学黄鹤汀教授为本书的编写与出版做了大量的工作，在此一并致以谢意。

　　由于编者水平所限，书中不当之处在所难免，望读者批评指正。

编　者

目　录

金工实习（工程训练、金工训练）是一门实践性的技术基础课。它是工科机械类学生必修的工程材料及机械制造基础系列课程的重要组成部分，是高等学校工科学生工程训练的主要环节之一。

一、金工实习的内容、目的、意义及要求

金工实习是金属工艺学实习的简称。因为传统意义上的机械都是用金属材料加工制造而成的，所以人们将有关机械制造的基础知识称为金属工艺学。但是，随着科学和生产技术的发展，机械制造所用的材料已扩展到包括金属、非金属和复合材料在内的各种工程材料，机械制造的工艺技术也已越来越先进和现代化，因此金工实习的内容也就不再局限于传统意义上的金属加工的范围，其名称也改为工程训练等，但不少地方仍沿用金工实习这一名称，此时不应简单从字面来解读，而是代表一种历史和传承。现在，金工实习的主要内容包括铸造、锻压、焊接、塑料成型、钳工、车工、铣工、刨工、磨工、数控加工、特种加工、先进制造技术，以及零件的热处理和表面处理等一系列工种的实习教学。学生通过实习，便能从中了解到机械产品是用什么材料制造的，是怎样制造出来的。同时，也正是在金工实习中，学生通过对这些常规普通机床的理论学习和实践操作，不仅了解了制造装备，而且加深了对机械原理、机械传动和机械结构等方面的理解，这些感性认识和收获，将为后续专业课程的学习打下很好的基础，是非常有利和不可替代的。

金工实习的目的可以概括为：学习工艺知识，增强实践能力，体验工程文化，提高综合素质，培养创新意识和创新能力。金工实习最直接的目的是学习工艺知识，即以实习教学的方式对学生传授关于机械制造生产的基本知识和进行相关生产操作的基本训练。但从更完整的意义上来看，金工实习不仅包括学习机械制造方面的各种加工工艺技术，而且提供了生产管理和环境保护等方面的综合工程背景。一方面，由于大多数工科专业的学生在进入大学之前，接触制造工程环境较少，缺乏对工业生产实际的了解，因此，他们在金工实习过程中，通过参加工程实践训练，可以弥补过去在实践知识上的不足，增强在大学学习阶段和今后工作中所需要的动手能力，增加在实践中获取知识的能力，以及运用所学知识和技能分析、解决技术问题的能力；另一方面，通过在生产劳动中接触工人、工程技术人员和生产管理人员，学生受到工程实际环境和文化的熏陶，能初步树立工程意识，增强劳动观念、集体观念、组织纪律性和敬业爱岗精神，提高其综合素质。同时，由于金工实习是大学生第一次全身心投入的生产技术实践活动，在这个过程中，经常会遇到新鲜事物，时常会产生新奇想法，因此应该善于把这些新鲜感与好奇心转变为提出问题和解决问题的动力，从中感悟出学

习、创造的方法。实践是创新的唯一源泉，只要善于在实践中发现问题、勤奋钻研，就能使自己的创新意识和创新能力不断得到发展。

金工实习的教学要求是：①使学生了解现代机械制造的一般过程和基本知识，熟悉机械零件的常用加工方法及其所用的主要设备和工具；了解新工艺、新技术、新材料、新设备在现代机械制造中的应用；②使学生对简单零件初步具有选择加工方法和进行工艺分析的能力，在主要工种方面应能独立完成简单零件的加工制造，并培养一定的工艺实验和工艺实践能力；③培养学生的质量控制和经济观念，坚持理论联系实际、认真细致的科学作风以及热爱劳动和爱护公物等的基本素质。

二、金工实习的学习方法

金工实习强调以实践教学为主，学生应在教师的指导下通过独立的实践操作，将有关机械制造的基本工艺理论、基本工艺知识和基本工艺实践有机地结合起来，进行工程实践综合能力的训练。除了实践操作之外，金工实习的教学方法还包括操作示范、现场教学、专题讲座、电化教学、参观、实验、综合训练、编写实习报告等。由于金工实习的教学特点与同学们长期以来习惯了的课堂理论教学有很大的不同，因而在学习方法上应当进行适当的调整，以求获得良好的学习效果。对此提出以下几点建议：

（1）充分发挥自身的主体作用　金工实习教学与课堂理论教学相比，其显著区别之一，就是学生的实践操作成为主要的学习方式，这就更加突出了学生在教学过程中的主体地位。因此，让学生适当地摆脱对教师和书本的依赖性，学会在实践中积极自主地学习是十分重要的。在实习之前，要自觉地、有计划地预习有关的实习内容，做到心中有数；在实习中，要始终保持高昂的学习热情和求知欲望，敢于动手，勤于动手；遇到问题时，要主动向指导教师请教或与同学交流探讨；要充分利用实习时间，争取得到最大的收获。

（2）贯彻理论联系实际的方法　首先要充分树立实践第一的观点，坚决摒弃"重理论，轻实践"的错误思想。随着实习进程的深入和感性知识的丰富，在实践操作过程中，要勤于动脑，使形象思维与逻辑思维相结合。要善于利用学到的工艺理论知识来解决实践中遇到的各种具体问题，而不是仅仅满足于完成实习零件的加工任务。在实习的末期或结束时，要认真做好总结，努力使在实习中获得的感性认识更加系统化和条理化。这样，用理论指导实践，以实践验证和充实理论，就可以使理论知识掌握得更加牢固，也可以使实践能力得到进一步提高。

（3）学会综合地看待问题和解决问题的方法　金工实习是由一系列的单工种实习组合而成的，这就容易造成学生往往只从所实习的工种出发去看待和解决问题，从而限制了自己的思路，所以要注意防止这一现象。一般来说，一件产品是不会只用一种加工方法制造出来的，因此要学会综合地把握各个实习工种的特点，学会从机械产品生产制造的全过程来看待各个工种的作用和相互联系。这样，在分析和解决实际问题时，就能够做到触类旁通，举一反三，使所学的知识和技能融会贯通。

三、金工实习中的安全意识

安全操作是保证金工实习能够正常和顺利进行的基本前提。对于实习中的安全，必须做到意识明确，教育到位，措施有力。意识明确，就是要使每一位同学都从思想上真正重视实习安全问题，懂得实习必须安全，安全为了实习，安全是实习中最重要的事情；教育到位，就是要把安全教育贯穿于实习过程的始终，把实习安全教育的责任和目标落实到人，使安全教育收到实效；措施有力，就是实习中的安全措施必须有规章制度的保证，对实习中可能出现的突发性安全事故要做好应急预案，必须有专人负责执行和检查，力求把实习中的安全事故隐患消灭在萌芽状态。

人是实习教学中的决定因素，设备是实习所用的工具，没有人和设备的安全，实习就无法进行。实习安全要强调"以人为本"，人的安全是重中之重。金工实习中，如果实习人员不遵守工艺操作规程或缺乏一定的安全技术知识，就很容易发生机械伤害、触电、烫伤等工伤事故，对此切不可掉以轻心。金工实习中的安全技术有操作加工安全技术、物料搬运安全技术、电气安全技术和防火防爆安全技术等，学生在实习之前对相关工种的实习安全规定和注意事项一定要认真了解，做到对其了然于心并在实习过程中严格遵守。

四、金工实习与其他课程的关系

金工实习是一门专业基础课，它与工科机械类和非机械类专业所开设的许多课程都有着密切的联系。

（1）金工实习与工程制图课程的关系　　工程制图课程是金工实习的先修课或平行课。金工实习时，学生必须已具备一定的识图能力，能够看懂实习所加工零件的零件图。学生从实习中获得的对机器结构和零件的了解，将会对其继续深入学习工程制图课程和巩固已有的工程制图知识提供极大的帮助。

（2）金工实习与金工理论教学课程的关系　　金工实习是金工理论教学课程（机械工程材料、材料成形技术基础、机械加工工艺基础）必不可少的先修课。金工实习使学生熟悉机械制造的常用加工方法和常用设备，具备一定的工艺操作和工艺分析技能，能够培养工程意识和素质，从而为进一步学好金工理论课程的内容打下坚实的实践基础。金工理论教学是在金工实习的基础上，更深入地讲授各种加工方法的工艺原理、工艺特点以及有关的新材料、新工艺、新技术知识，使学生具备分析零件的结构工艺性，并能够正确选择零件的材料、毛坯种类和加工方法的能力。

（3）金工实习与机械设计及制造系列课程的关系　　金工实习也是机械设计及制造系列课程（机械原理、机械设计、机械制造技术、机械制造设备、机械制造自动化技术、数控技术等）十分重要的先修课。认真完成金工实习，必将为这些后续重要的专业课学习提供丰富的机械制造方面的感性认识，从而使学生在学习这些专业课乃至将来进行毕业设计或从事实际工作时，依然能够从中获益。

第一章
切削加工基础知识

第一节 概　述

一、切削加工的实质和分类

切削加工是利用切削刀具（包括刀具、磨具和磨料等）和工件做相对运动，从毛坯（铸件、锻件、型材等）上切除多余的材料，以获得尺寸精度、形状和位置精度、表面质量完全符合图样要求的机器零件的加工方法。经过铸工、锻工、焊工所加工出来的大都为零件的毛坯，很少能在机器上直接使用，一般机器中绝大多数的零件要经过切削加工才能获得。因而，切削加工对保证产品质量和性能、降低产品成本有着重要的意义。

切削加工分为钳工和机械加工（简称机加工）两大部分。

钳工一般是指通过工人手持工具对工件进行的切削加工，其主要内容有划线、錾削、锯切、锉削、刮削、研磨、钻孔、扩孔、铰孔、攻螺纹、套螺纹、机械装配和修理等。钳工使用的工具简单、方便灵活，能完成机加工不便完成的工作，是机械制造、装配和修理工作中不可缺少的重要工种。随着生产的发展，钳工机械化的内容也逐渐丰富起来。

机械加工是指通过工人操纵机床对工件进行切削加工，其主要加工方式有车削、钻削、镗削、铣削、刨削、磨削等（图1-1），所使用的机床相应为车床、钻床、镗床、铣床、刨床、磨床等。

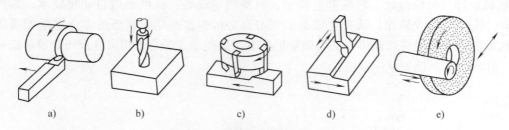

图 1-1　机械加工的主要方式

a) 车削　b) 钻削　c) 铣削　d) 刨削　e) 磨削

二、切削运动

切削加工是靠刀具和工件之间的相对运动来实现的。各种机床为实现加工所必需的加工刀具与工件间的相对运动称为切削运动。根据在切削过程中所起的作用不同，切削运动分为主运动和进给运动。

1. 主运动

主运动是提供切削可能性的运动。若没有这个运动，就无法切削。其特点是在切削过程中速度最高，消耗动力最大。如图 1-1 中车削时的工件、铣削时的铣刀、磨削时的砂轮、钻削时的钻头的旋转运动，刨削时刨刀的往复直线运动都是主运动。

2. 进给运动

进给运动是提供继续切削可能性的运动。若没有这个运动，就不能连续切削。其特点是切削过程中速度低、消耗动力小。如图 1-1 中，车刀、钻头及铣削时工件的移动，刨削时工件的间歇移动，磨削外圆时工件的旋转和往复轴向移动及砂轮周期性横向移动都是进给运动。

切削加工中主运动通常只有一个，进给运动则可能是一个或多个。

主运动和进给运动可以由刀具单独完成（如钻床上钻孔），也可以由刀具和工件分别完成（如铣削、车床上钻孔）。主运动和进给运动可以同时进行（如车削、铣削、钻削、磨削），也可交替进行（如刨削）。

三、切削用量三要素

切削运动使工件产生三个不断变化的表面（图 1-2）：待加工表面是工件上有待切除的表面；已加工表面是工件上经刀具切削后产生的新表面；过渡表面（又称切削表面）是工件上由切削刃形成的那部分表面。

切削用量三要素是指切削速度、进给量和背吃刀量（旧称切削深度）。它表示切削时各运动参数的数量，是切削加工前调整机床运动的依据。车削外圆、铣削平面和刨削平面时的切削用量三要素如图 1-2 所示。

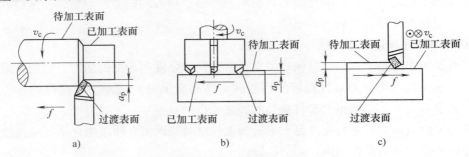

图 1-2 切削用量三要素

a) 车削用量三要素 b) 铣削用量三要素 c) 刨削用量三要素

（1）切削速度 切削刃选定点相对于工件的主运动的瞬时速度。用符号 "v_c" 表示，其单位为 m/s。

（2）进给量 刀具在进给运动方向上相对于工件的位移量。可用刀具或工件每转或每行程的位移量来表述和度量。用符号 "f" 表示，其单位为 mm/r 或 mm/行程。

（3）背吃刀量 在通过切削刃基点并垂直于工作平面的方向上测量的吃刀量。用符号 "a_p" 表示，其单位为 mm。

切削用量三要素是影响加工质量、刀具磨损、生产率及生产成本的重要参数。粗加工时，一般以提高生产率为主，兼顾加工成本，可选用较大的背吃刀量和进给量，但切削速度受机床功率和刀具寿命等因素的限制而不宜太高。半精加工和精加工时，在首先保证加工质量的前提下，需考虑经济性，可选用较小的背吃刀量和进给量，一般情况下选较高的切削速度。在切削加工时，可参考切削加工手册及有关工艺文件来选择切削用量。

第二节　刀　具　材　料

刀具是切削加工中影响生产率、加工质量和生产成本最活跃的因素。本节只讨论刀具材料方面的知识，有关刀具其他方面的知识将在后面几章中分别介绍。

一、刀具材料应具备的性能

在切削过程中，刀具切削部分是在较大的切削压力、较高的切削温度以及剧烈摩擦条件下工作的。在切削余量不均匀或有断续的表面时，刀具还会受到很大的冲击与振动。因此，刀具切削部分的材料必须具备下列性能。

1. 高硬度和高耐磨性

硬度是指材料抵抗其他物体压入其表面的能力。刀具要从工件上切除多余的金属，其硬度必须大于工件材料的硬度。一般常温下硬度应超过 60HRC。

耐磨性是指材料抵抗磨损的能力。耐磨性与硬度有密切关系，硬度越高，均匀分布的细化碳化物越多，则耐磨性越好。

2. 足够的强度和韧度

切削时刀具主要承受各种应力与冲击。一般用抗弯强度 σ_{bb} 和冲击韧度 a_K 来衡量刀具材料的强度和韧度的高低，它们能反映刀具材料抗断裂、崩刃的能力。但是，强度与韧度高的材料，必然引起其硬度与耐磨性的下降。

3. 高的耐热性与化学稳定性

耐热性是指在高温下刀具材料保持硬度、耐磨性、强度和韧度的能力。可用高温硬度表示，也可用热硬性（维持刀具材料切削性能的最高温度限度）表示。耐热性越好，材料允许的切削速度越高。它是衡量刀具材料性能的主要指标。

化学稳定性是指刀具材料在高温下不易与工件材料或周围介质发生化学反应的能力。化学稳定性越好，刀具的磨损越慢。

4. 良好的工艺性和经济性

刀具材料应有锻造、焊接、热处理、磨削加工等良好的工艺性，还应尽可能满足资源丰富、价格低廉的要求。

二、刀具材料的种类、性能与应用

切削刀具的材料有碳素工具钢、合金工具钢、高速工具钢、硬质合金、涂层刀具、陶瓷、立方氮化硼和人造金刚石等，目前以高速工具钢和硬质合金用得最多。常用刀具材料的主要性能、牌号和用途见表 1-1，其中，硬质合金常用牌号列出的是新旧两种标准（YS/T

400—1994 和 GB/T 2075—2007）的牌号。

表1-1 常用刀具材料的主要性能、牌号和用途

种类	硬度（HRC）	热硬温度/℃	抗弯强度/GPa	工艺性能	常用牌号		用 途
碳素工具钢	60~64	200	2.5~2.8	可冷热加工成形，切削加工和热处理性能好	T8A T10A T12A		仅用于少数手动刀具，如锉刀、手用锯条等
合金工具钢	60~65	250~300	2.5~2.8	同上	9SiCr CrWMn		用于低速刀具，如锉刀、丝锥、板牙等
高速工具钢	62~67	550~600	2.5~4.5	同上	W18Cr4V W6Mo5Cr4V2		用于形状复杂的机动刀具，如钻头、铰刀、铣刀、齿轮刀具等
硬质合金	74~82	850~1000	0.9~2.5	不能切削加工，只能粉末压制烧结成形，磨削后即可使用。不能热处理	钨钴类	YG3/K01 YG6/K20 YG8/K30	一般做成刀片镶嵌在刀体上使用，如车刀、刨刀的刀头等。钨钴类用于加工铸铁、有色金属与非金属材料；钨钛钴类用于加工钢件；钨钛钽（铌）类既适用于加工脆性材料，又适用于加工塑性材料
					钨钛钴类	YT5/P30 YT15/P10 YT30/P01	
					钨钛钽（铌）类	YW1/M10 YW2/M20	

三、刀具的磨损和切削液的使用

在切削过程中，切屑和刀具、刀具和工件之间存在着强烈的摩擦和挤压作用，使刀具处在高温高压的作用下，切削刃由锋利逐渐变钝以致失去正常切削能力。刀具磨损会使切削力增大，切削温度升高，切削时产生振动，最终使零件表面质量降低，并导致刀具急剧磨损或烧坏。刀具过早磨损会直接影响生产率、加工质量和加工成本。在生产中，常常根据切削过程中出现的异常现象，如工件表面粗糙度值增加、切屑变色发毛、切削力突然增大、切削温度上升、发生振动和噪声显著增大等，来大致判断刀具是否已经磨钝。刀具磨钝后要及时刃磨。

减少刀具磨损的重要措施之一是切削过程中使用切削液。切削液有冷却、润滑、洗涤与排屑、防锈等作用，生产中常用的切削液主要有水基和油基两种，其分类及适用范围见表1-2。正确使用切削液，可使切削速度提高30%左右，切削温度下降100~150℃，切削力减小10%~30%，可使刀具寿命延长4~5倍。合理使用切削液，还可以减小加工过程中的工件变形，提高加工精度、已加工表面的质量和生产率。

用高速工具钢刀具对碳钢、合金钢进行粗加工和用普通砂轮磨削碳钢、合金钢时，可选2%~5%的乳化液作为切削液。精车、精铣、铰孔、滚齿和插齿时，可选用柴油或含硫和氯的极压切削油作为切削液。

表 1-2　切削液的分类及适用范围

类　别		主要组成	性　能	适用范围	备　注
水基切削液	合成切削液（水溶液）① 普通型	在水中添加亚硝酸钠等水溶性防锈添加剂，加入碳酸钠或磷酸三钠，使水溶液微带碱性	冷却性能、清洗性能好，有一定的缓蚀性。润滑性能差	粗磨、粗加工	
	合成切削液（水溶液）① 防锈型	在水中除添加水溶性防锈添加剂外，再加活化剂、油性添加剂	冷却性能、清洗性能、缓蚀性能好，兼有一定的润滑性能，透明性较好	对缓蚀性要求高的精加工	
	合成切削液（水溶液）① 极压型	再加极压添加剂	有一定的极压润滑性	重切削和强力磨削	
	合成切削液（水溶液）① 多效型		除具有良好的冷却、清洗、缓蚀、润滑性能外，还能防止对铜、铝等金属的腐蚀作用	适用于多种金属材料（钢、铜、铝）的切削及磨削加工，也适用于极压切削或精密切削加工	
	乳化液② 防锈乳化液	常用 1 号乳化油加水稀释成乳化液	缓蚀性能好，冷却性能、润滑性能一般，清洗性能稍差	适用于缓蚀性要求较高的工序及一般的车、铣、钻等加工	
	乳化液② 普通乳化液	常用 2 号乳化油加水稀释成乳化液	清洗性能、冷却性能好，兼有缓蚀性能和润滑性能	应用广泛，适用于磨削加工及一般切削加工	
	乳化液② 极压乳化液	常用 3 号乳化油加水稀释成乳化液	极压润滑性能好，其他性能一般	适用于要求良好的极压润滑性能的工序，如拉削、攻螺纹、铰孔以及难加工材料的加工	
油基切削液	（切削油） 矿物油	5 号、7 号高速机械油，10 号、20 号、30 号机械油，煤油等	润滑性能好，冷却性能差，化学稳定性好，透明性好	适用于流体润滑，可用于冷却、润滑系统合一的机床，如多轴自动车床、齿轮加工机床、螺纹加工机床	有时需加入油溶性防锈添加剂
	（切削油） 动、植物油	豆油、菜油、棉籽油、蓖麻油、猪油、鲸鱼油、蚕蛹油等	润滑性能比矿物油更好。但易腐败变质，冷却性能差，粘附在金属上不易清洗	适用于边界润滑，可用于攻螺纹、铰孔、拉削	逐渐被极压切削油代替
	（切削油） 复合油	以矿物油为基础再加若干动、植物油	润滑性能好，冷却性能差	适用于边界润滑，可用于攻螺纹、铰孔、拉削	逐渐被极压切削油代替
	（切削油） 极压切削油	以矿物油为基础再加若干极压添加剂、油性添加剂及防锈添加剂等，最常用的有硫化切削油③，含硫氯、硫磷或硫氯磷的极压切削油	极压润滑性能好，可代替动、植物油或复合油	适用于要求良好的极压润滑性能的工序，如攻螺纹、铰孔、拉削、滚齿、插齿以及难加工材料的加工	

①　合成切削液又称水溶液，合成切削液标准为 GB/T 6144—2010。

②　乳化油标准 SH/T 0365—1992（已作废，暂无新标准推出）规定乳化油分为 1 号、2 号、3 号、4 号；4 号是透明型的，适用于精磨工序。

③　硫化切削油标准为 SH/T 0364—1992（已作废，暂无新标准推出）。

用硬质合金刀具加工时，因其耐热性好，可以不用切削液；如果要用，就一定要连续大量地使用，以防止硬质合金刀具因忽冷忽热而产生裂纹甚至破裂。

加工铸铁件时，因铸铁中的石墨具有润滑作用，故一般不用切削液，以利于对机床的清理和维护。在铸铁上钻孔、铰孔和攻螺纹时，常用煤油作为切削液，以提高加工表面的质量。

第三节　机床基本知识

一、机床的分类和编号

机床是切削加工的主要设备。为适应不同的加工需要，机床的种类很多。为了便于区别、使用和管理，需对机床加以分类并编制型号。

机床主要是按其加工性质和所用的刀具进行分类。根据国家制定的《金属切削机床型号编制方法》（GB/T 15375—2008），目前将机床分为 11 类：车床、钻床、镗床、磨床、齿轮加工机床、螺纹加工机床、铣床、刨插床、拉床、锯床和其他机床。

在每一类机床中，又按工艺特点、布局形式和结构特性等不同，分为若干组，每一组又细分为若干系（系列）。

除上述基本分类方法外，机床还可按其他特征进行分类。

按照工艺范围（通用程度），机床可分为通用机床、专门化机床和专用机床。

按照加工精度的不同，同类型机床可分为普通精度级机床、高精度级机床和精密级机床。

按照自动化程度的不同，机床可分为手动、机动、半自动和自动机床。

按照质量和尺寸的不同，机床可分为仪表机床、中型机床、大型机床、重型机床和超重型机床。

此外，机床还可以按其主要工作部件的多少，分为单轴、多轴或单刀、多刀机床等，而且随着机床的发展，其分类方法也在不断地发展。表 1-3、表 1-4 分别为金属切削机床类、组划分类和通用特性代号。

表 1-3　金属切削机床类、组划分类

组别／类别	0	1	2	3	4	5	6	7	8	9
车床 C	仪表车床	单轴自动车床	多轴自动、半自动车床	回轮、转塔车床	曲轴及凸轮轴车床	立式车床	落地及卧式车床	仿形及多刀车床	轮、轴、辊、锭及铲齿车床	其他车床
钻床 Z		坐标镗钻床	深孔钻床	摇臂钻床	台式钻床	立式钻床	卧式钻床	铣钻床	中心孔钻床	其他钻床
镗床 T			深孔镗床		坐标镗床	立式镗床	卧式铣镗床	精镗床	汽车、拖拉机修理用镗床	其他镗床

（续）

类别 \ 组别		0	1	2	3	4	5	6	7	8	9
磨床	M	仪表磨床	外圆磨床	内圆磨床	砂轮机	坐标磨床	导轨磨床	刀具刃磨床	平面及端面磨床	曲轴、凸轮轴、花键轴及轧辊磨床	工具磨床
	2M		超精机	内圆珩磨机	外圆及其他珩磨机	抛光机	砂带抛光及磨削机床	刀具刃磨及研磨机床	可转位刀片磨削机床	研磨机	其他磨床
	3M		球轴承套圈沟磨床	滚子轴承套圈滚道磨床	轴承套圈超精机		叶片磨削机床	滚子加工机床	钢球加工机床	气门、活塞及活塞环磨削机床	汽车、拖拉机修磨机床
齿轮加工机床 Y		仪表齿轮加工机		锥齿轮加工机	滚齿及铣齿机	剃齿及珩齿机	插齿机	花键轴铣床	齿轮磨齿机	其他齿轮加工机	齿轮倒角及检查机
螺纹加工机床 S				套丝机	攻丝机			螺纹铣床	螺纹磨床	螺纹车床	
铣床 X		仪表铣床	悬臂及滑枕铣床	龙门铣床	平面铣床	仿形铣床	立式升降台铣床	卧式升降台铣床	床身铣床	工具铣床	其他铣床
刨插床 B			悬臂刨床	龙门刨床			插床	牛头刨床		边缘及模具刨床	其他刨床
拉床 L				侧拉床	卧式外拉床	连续拉床	立式内拉床	卧式内拉床	立式外拉床	键槽、轴瓦及螺纹拉床	其他拉床
锯床 G				砂轮片锯床		卧式带锯床	立式带锯床	圆锯床	弓锯床	锉锯床	
其他机床 Q		其他仪表机床	管子加工机床	木螺钉加工机		刻线机	切断机	多功能机床			

表 1-4   通用特性代号

通用特性	高精度	精密	自动	半自动	数控	加工中心（自动换刀）	仿形	轻型	加重型	简式或经济型	柔性加工单元	数显	高速
代号	G	M	Z	B	K	H	F	Q	C	J	R	X	S
读音	高	密	自	半	控	换	仿	轻	重	简	柔	显	速

二、机床的运动

在金属切削机床上切削工件时，工件与刀具间的相对运动就其运动形式而言，有旋转运动和直线运动两种。但就运动的功能来看，则可划分为表面成形运动、切入运动、分度运动、辅助运动、操纵及控制运动和校正运动等。

1. 表面成形运动

表面成形运动简称成形运动，是保证得到工件要求的表面形状的运动。表面成形运动是机床上最基本的运动，是机床上的刀具和工件为了形成表面发生线而做的相对运动。

成形运动按其在切削加工中所起的作用，又可分为主运动和进给运动。主运动是切除工件上的被切削层，使之转变为切屑的主要运动；进给运动是依次或连续不断地把被切削层投入切削，逐渐切出整个工件表面的运动。主运动的速度高，消耗的功率大；进给运动的速度较低，消耗的功率也较小。任何一种机床，必定有主运动，且通常只有一个，但进给运动可能有一个或多个，也可能没有（如拉床）。主运动和进给运动可能是简单的成形运动，也可能是复合的成形运动。

2. 切入运动

切入运动是用以使工件表面逐步达到所需尺寸的运动。

3. 分度运动

当加工若干个完全相同的均匀分布的表面时，为使表面成形运动得以周期地连续进行的运动称为分度运动。

分度运动可以是回转的分度，如车多线螺纹时，在车完一个螺纹表面后，工件相对刀具要回转 $1/k$ 转（k 为螺纹线数）才能车削另一条螺纹表面，这个工件相对刀具的旋转运动就是分度运动。分度运动也可以是直线移动，如车多线螺纹时，在车完一条螺纹后，刀架移动一个螺距进行分度。

分度运动可以是间歇分度，如自动车床的回转刀架的转位；也可以是连续分度，如插齿机、滚齿机的工件分度等，此时分度运动包含在表面成形运动之中。

分度运动可以分为手动、机动和自动三种运动方式。

4. 辅助运动

为切削加工创造条件的运动称为辅助运动。例如，工件或刀具的调位、快速趋近、快速退出和工作行程中空程的超越运动，以及修整砂轮、排除切屑、刀具和工件的自动装卸和夹紧等。

辅助运动虽然不直接参与表面成形过程，但对机床整个加工过程却是不可缺少的，同时还对机床的生产率、加工精度和表面质量有较大的影响。

5. 操纵及控制运动

操纵及控制运动包括起动、停止、变速、换向，部件与工件的夹紧、松开、转位以及自动换刀、自动测量、自动补偿等运动。

6. 校正运动

在精密机床上，为了消除传动误差的运动称为校正运动。如精密螺纹车床或螺纹磨床中的螺距校正运动。

三、机床的传动形式

为了实现加工过程中所需的各种运动，机床必须具备以下三个基本部分：

（1）执行件　执行件是执行机床运动的部件，如主轴、刀架、工作台等，其任务是装夹刀具或工件，直接带动它们完成一定形式的运动（旋转或直线运动），并保证其运动轨迹的准确性。

（2）运动源　运动源是为执行件提供运动和动力的装置，如交流异步电动机、直流或交流调速电动机和伺服电动机等。可以几个运动共用一个运动源，也可以每个运动有单独的运动源。

（3）传动装置（传动件）　传动装置是传递运动和动力的装置，通过它把执行件和运动源或有关的执行件之间联系起来，使执行件获得一定速度和方向的运动，并使有关执行件之间保持某种确定的相对运动关系。机床的传动装置有机械、液压、电气、气压等多种形式。传动装置还有完成变换运动的性质、方向、速度的作用。

机械传动形式工作可靠、维修方便，目前在机床上应用最广泛。其常用的传动副有齿轮传动、带传动、蜗杆传动、齿轮齿条传动和丝杠螺母传动等。

1. 齿轮传动

齿轮传动是目前机床中应用最多的一种传动方式。它的传动种类很多，其中最常用的是直齿圆柱齿轮传动，如图 1-3 所示。

齿轮传动中的主动轮每转一个齿，从动轮也转一个齿。设主动轮的齿数为 z_1，转速为 n_1，从动轮的齿数为 z_2，转速为 n_2，则传动比 i 为

$$i = \frac{n_2}{n_1} = \frac{z_1}{z_2}$$

2. 带传动

带传动是利用带与带轮之间的摩擦作用，将主动带轮的转动传到另一个从动带轮上去。目前在机床传动中，一般用 V 带传动，如图 1-4 所示。

3. 蜗杆传动

在机床传动中，这种方式是以蜗杆为主动件，将运动传给蜗轮，如图 1-5 所示。

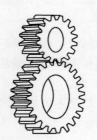   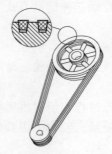   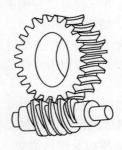

图 1-3　直齿圆柱齿轮传动　　　图 1-4　V 带传动　　　图 1-5　蜗杆传动

4. 齿轮齿条传动

齿轮齿条传动可以将旋转运动变为直线运动（齿轮为主动件），也可以将直线运动变为旋转运动（齿条为主动件），如图 1-6 所示。

5. 丝杠螺母传动

这种传动可使旋转运动变为直线移动，如在车床上车螺纹，当开合螺母闭合在旋转的丝杠上时，刀架便做纵向移动，如图 1-7 所示，其中 P 为螺距。

   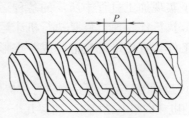

图 1-6　齿轮齿条传动　　　　　图 1-7　丝杠螺母传动

四、各种传动件的符号

为了便于绘制和识读机械传动系统图，特规定一些示意性的符号来代表各种传动件及传动类别，见表1-5。表中给出了机床传动系统图中常用的部分符号，通过这些符号的组合，可以表明机械的传动系统及传动路线。

表 1-5 传动系统中常用的符号

名称	符 号	名称	符 号	名称	符 号
电动机		零件与轴活动联接	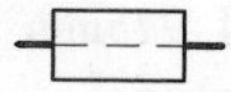	齿轮传动	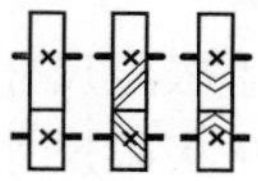
轴		零件与轴导键联接	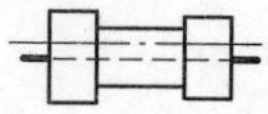	锥齿轮传动	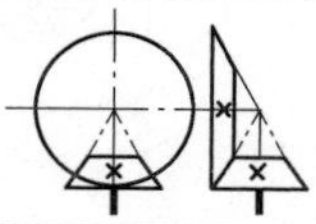
滑动轴承		零件与轴固定键联接	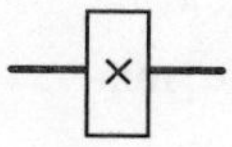	蜗杆传动	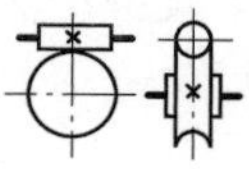
深沟球轴承	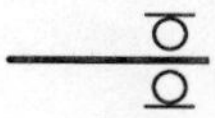	零件与轴花键联接	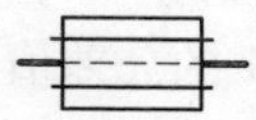	齿轮齿条传动	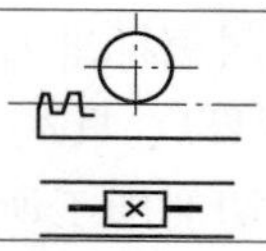
推力轴承	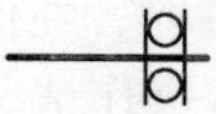	牙嵌离合器	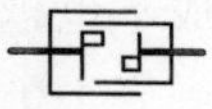	整体螺母传动	
圆锥滚子轴承		V带传动	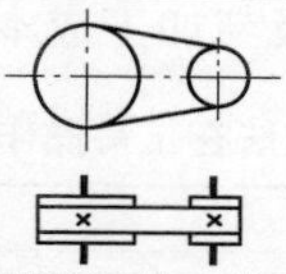	开合螺母传动	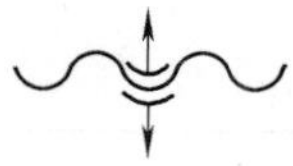

第四节 零件的加工质量

零件的加工质量包括加工精度和表面质量。加工精度是指工件在加工后，其实际的尺寸、形状和位置等几何参数与理想几何参数相符合的程度。相符合的程度越高，即偏差（加工误差）越小，则加工精度越高。加工精度包括尺寸精度、形状精度和位置精度。表面质量是指工件经过切削加工后的表面粗糙度、表面层的冷变形强化程度、表面层残余应力的性质和大小以及表面层金相组织等。它们对零件的使用性能有很大影响，其中表面粗糙度对使用性能的影响最大。因此，一般说来，标志着零件加工质量的主要指标是加工精度和表面粗糙度。

一、尺寸精度

尺寸精度是指加工表面本身的尺寸（如圆柱面的直径）和表面间的尺寸（如孔间距离）的精确程度。尺寸精度的高低用尺寸公差来体现。尺寸公差是允许尺寸的变动量，用以控制尺寸误差的大小，判断工件是否合格。在公称尺寸相同的情况下，尺寸公差越小，则尺寸精度越高。如图 1-8 所示，尺寸公差等于上极限尺寸与下极限尺寸之差，或等于上极限偏差与下极限偏差之差。轴与孔的公差一般采用入体原则标注，即应向材料实体方向标注，如轴的上极限偏差为 0，孔的下极限偏差为 0。长度和中心距尺寸公差常用"±"对称标注。

例如：

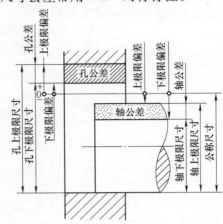

图 1-8　尺寸公差的概念

$$\phi 45 \begin{array}{l} -0.025\text{——上极限偏差} \\ -0.064\text{——下极限偏差} \end{array}$$

——公称尺寸

上极限尺寸 $=(45-0.025)\text{mm}=44.975\text{mm}$

下极限尺寸 $=(45-0.064)\text{mm}=44.936\text{mm}$

尺寸公差 = 上极限尺寸 − 下极限尺寸

$\qquad =(44.975-44.936)\text{mm}$

$\qquad =0.039\text{mm}$

或　尺寸公差 = 上极限偏差 − 下极限偏差

$\qquad =[-0.025-(-0.064)]\text{mm}$

$\qquad =0.039\text{mm}$

国家标准 GB/T 1800.1—2009 将确定尺寸精度的标准公差等级分为 20 级，分别用 IT01、IT0、IT1、IT2、…、IT18 表示，IT01 的公差值最小，尺寸精度最高。

切削加工所获得的尺寸精度一般与使用的设备、刀具和切削条件等密切相关。尺寸精度越高，零件的工艺过程越复杂，加工成本也越高。因此，在设计零件时，在保证零件使用性能的前提下，应选用较低的尺寸精度。表 1-6 为各种加工方法在正常操作情况下所达到的尺寸公差等级。表 1-7 为尺寸公差等级与加工成本的大致关系。

表 1-6　各种加工方法在正常操作情况下所达到的尺寸公差等级

加工方法	公　差　等　级　IT
	1　2　3　4　5　6　7　8　9　10　11　12　13　14　15　16
研磨	————————
珩磨	————————
周磨、端磨	————————
金刚石车	————————
金刚石镗	————————
拉削	————————
铰	————————
车削、镗削	————————
铣	————————
刨、插	————————
钻	————————
冲压	————————
压铸	————————
砂型铸造、气割	————————
自由锻	————————
粉末冶金	————————

表 1-7　尺寸公差等级与加工成本的大致关系

尺寸	加工方法	公差等级 IT
		2　3　4　5　6　7　8　9　10　11　12　13　14　15
外径	普通车削	
	转塔车削	
	自动车削	
	外圆磨	
	无心磨	
内径	普通车削	
	转塔车削	
	自动车削	
	钻	
	铰、镗	
	精镗、内圆磨	
	研磨	
端面	普通车削	
	转塔车削	
	自动车削	
	铣	

注：同一种加工方法相比，双线、粗实线、点线表示成本比例为 1∶2.5∶5。

二、形状精度和位置精度

　　形状精度是指零件上的线、面要素的实际形状相对于理想形状的准确程度。位置精度是指零件上的点、线、面要素的实际位置相对于理想位置的准确程度。形状精度和位置精度用形状公差和位置公差（简称几何公差）来表示。GB/T 1182—2008 中规定的控制零件几何公差的几何特征及符号见表 1-8。

表 1-8　几何特征及符号

公差类型	几何特征	符号	公差类型	几何特征	符号
形状公差	直线度	—	方向公差	平行度	∥
				垂直度	⊥
	平面度	▱		倾斜度	∠
	圆度	○	位置公差	同轴（同心）度	◎
	圆柱度	⌭		对称度	=
				位置度	⊕
形状或位置公差	线轮廓度	⌒	跳动公差	圆跳动	↗
	面轮廓度	⌓		全跳动	⌰

三、表面粗糙度

在切削加工中，由于振动、刀痕以及刀具与工件之间的摩擦，在工件已加工表面上不可避免地产生一些微小的峰谷，即使是光滑的磨削表面，放大后也会发现高低不同的微小峰谷。将表面这些微小峰谷的高低程度称为表面粗糙度，也称微观不平度。

GB/T 1031—2009 规定了表面粗糙度的评定参数和评定参数允许值数系，其中最为常用的是轮廓算术平均偏差 Ra。

如图 1-9 所示，在取样长度 lr 内，轮廓偏距绝对值的算术平均值，称为轮廓算术平均偏差 Ra。即

$$Ra = \frac{1}{lr}\int_0^{lr}|y(x)|\,dx \approx \frac{1}{n}\sum_{i=1}^n |y_i|$$

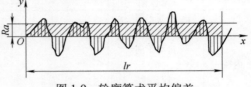

图 1-9　轮廓算术平均偏差

表面粗糙度对零件的尺寸精度和零件之间的配合性质、零件的接触刚度、耐蚀性、耐磨性以及密封等均有很大的影响。在设计零件时，要根据具体条件合理选择 Ra 的允许值。Ra 值越小，加工越困难，成本越高。表 1-9 为不同表面特征的表面粗糙度。

表 1-9　不同表面特征的表面粗糙度

表面要求	表面特征	$Ra/\mu m$	加 工 方 法
不加工	毛坯表面清除毛刺	∨	钳工
粗加工	明显可见刀痕	50	钻孔、粗车、粗铣、粗刨、粗镗
	可见刀痕	25	
	微见刀痕	12.5	
半精加工	可见加工痕迹	6.3	半精车、精车、精铣、精刨、粗磨、精镗、铰孔、拉削
	微见加工痕迹	3.2	
	不见加工痕迹	1.6	
精加工	可辨加工痕迹的方向	0.8	精铰、刮削、精拉、精磨
	微辨加工痕迹的方向	0.4	
	不辨加工痕迹的方向	0.2	
精密加工或光整加工	暗光泽面	0.1	精密磨削、珩磨、研磨、抛光、超精加工、镜面磨削
	亮光泽面	0.05	
	镜状光泽面	0.025	
	雾状光泽面	0.012	
	镜面	<0.012	

四、尺寸精度与表面粗糙度的关系

一般说来，零件尺寸精度越高的表面，其表面粗糙度 Ra 值越小。但表面粗糙度 Ra 值小的表面，其尺寸精度不一定高。如机床的手柄及自行车、缝纫机上的一些外露零件，应着重考虑其外观与清洁，故表面粗糙度 Ra 值很小，但尺寸不要求很精确。

第五节　工艺和夹具基本知识

一、工艺基本知识

机器的生产过程包括从原材料转变为成品的全部过程。为了降低生产成本和促进生产技术的发展，目前很多机器往往不是在一个工厂内单独生产，而是由许多专业工厂共同完成。

机器零件要经过毛坯制造、机械加工、热处理等阶段，才能变成成品。它通过的整个路线称为工艺路线（或工艺流程）。工艺路线是制订工艺过程和进行车间分工的重要依据。

工艺就是制造产品的方法。机械制造工艺过程一般是指零件的机械加工工艺过程（以下简称工艺过程）和机器的装配工艺过程。

1. 工序、工步和走刀

工序是组成工艺过程的基本单元。工序是指一个（或一组）工人，在一台机床（或一个工作地点），对一个（或同时对几个）工件所连续完成的那部分工艺过程。通常把仅列出主要工序名称的简略工艺过程简称为工艺路线。

工步是指在加工表面不变、切削工具不变、切削用量不变的条件下所连续完成的那部分工艺过程。

走刀是指切削工具在加工表面上切削一次所完成的那部分工艺过程。

整个工艺过程由若干个工序组成。每一个工序可包括一个工步或几个工步。每一个工步通常包括一次走刀，也可包括几次走刀。

2. 定位、安装和工位

采取一定的方法在机床上合理的位置放准工件，使待加工表面有适当的余量，并使已加工表面和不加工表面的尺寸、位置符合该工序的加工要求，称为定位。

工件在机床上（或在夹具中）定位后夹紧的过程称为安装。

采用转位（或移位）夹具、回转工作台或在多轴机床上加工时，工件在机床上安装后，要经过若干个位置依次进行加工，工件在机床上所占据的每一个位置所完成的那部分工艺过程就称为工位。

二、夹具基本知识

金属切削加工时，工件在机床上的安装方式一般有找正安装和机床夹具安装两种。成批、大量生产时常用机床夹具安装。机床夹具就是机床上用以装夹工件的一种装置，它使工件相对于机床或刀具获得正确的位置，并在加工过程中保持位置不变。工件在夹具中的安装包括工件的定位和工件的夹紧。

工件的定位就是采取适当的约束措施，使工件在加工中有确定的位置。

工件的夹紧就是在已经定好的位置上将工件可靠地固定住，以防止其在加工过程中因受到切削力、离心力、惯性力及重力等外力的影响，发生不应有的位移而破坏了定位。

1. 机床夹具的分类

机床夹具可按其使用特点来分类，又可按其使用的机床来分类，还可按夹具采用的夹紧动力源来分类。图 1-10 所示为机床夹具的分类。

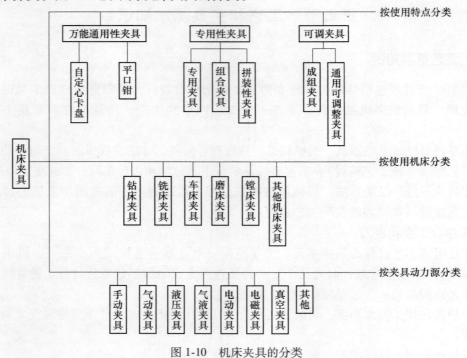

图 1-10   机床夹具的分类

2. 机床夹具的组成

机床专用夹具的基本组成部分及其与机床、工件、刀具的相互关系，如图 1-11 所示。

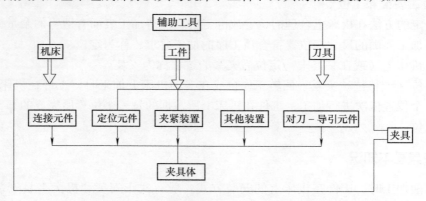

图 1-11   专用夹具的基本组成部分及其与机床、工件、刀具的相互关系

3. 夹紧的基本要求

工件在夹具中定位后，由于加工过程中工件会受到切削力、离心力、惯性力及重力等外力的作用，为了防止工件因此发生运动而破坏定位时获得的正确位置，所以需要夹紧。夹紧的基本要求如下：

1）夹紧时不能破坏工件定位时所获得的正确位置。

2）夹紧应可靠和适当。既要保证加工过程中工件不发生松动或振动，又不允许工件产生不适当的变形和表面损伤。

3）夹紧操作应方便、省力、安全。

4）夹紧机构的自动化程度和复杂程度应与工件的生产批量及工厂的生产条件相适应。

5）夹紧机构应具有良好的结构工艺性，应尽量使用标准件。

第六节 常用量具

零件在加工过程中是否已达到规定的加工要求，需要使用量具进行检测。根据不同的检测要求，所用的量具也不同。生产中常用的检测量具除金属直尺、外卡钳、内卡钳外，还有以下几种。

一、游标卡尺

游标卡尺是一种比较精密的量具，它可以直接量出工件的内径、外径、宽度、深度等。按照读数的准确度，游标卡尺可分为 1/10、1/20 和 1/50 三种，它们的分度值分别是 0.1mm、0.05mm 和 0.02mm。游标卡尺的测量范围有 0～125mm、0～200mm、0～300mm 等多种规格。

图 1-12 是以 1/50 的游标卡尺为例，说明它的刻线原理和读数方法。

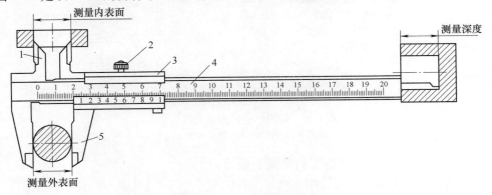

图 1-12 1/50 的游标卡尺

1—内测量爪 2—止动螺钉 3—游标 4—尺身 5—外测量爪

刻线原理：当测量表面与内外测量爪贴合时，游标上的零线对准尺身的零线（图 1-13a），尺身每一小格为 1mm，取尺身 49mm 长度在游标上等分为 50 格，即尺身上 49mm 刚好等于游标上 50 格。

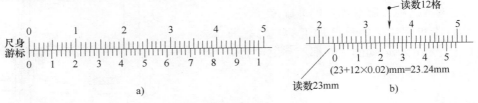

图 1-13 1/50 游标卡尺的读数及示例

游标每格长度 = $\frac{49}{50}$ mm = 0.98mm。尺身与游标每格之差 = 1mm−0.98mm = 0.02mm。

读数方法（图1-13b），可分为三个步骤：

1）根据游标上的零线以左对应的尺身上最近刻度是多少，就能从尺身上读出要测尺寸的整数毫米部分，图1-13b为23mm。

2）然后再看游标零线往右，有哪个刻度（任意的）最与尺身上的某个刻度（也是任意的）对齐，确定游标上这个刻度之后，在游标上读出零线往右有几格，将格数乘以0.02mm，即为要测尺寸的小数毫米部分，图1-13b为12格，则12×0.02mm = 0.24mm。

3）将上述整数和小数两部分尺寸加起来，即为总尺寸，图1-13b为23mm+0.24mm = 23.24mm。

还有一种直接读数法，因游标每个刻度为0.02mm，所以游标上刻度1位置即为0.1mm，刻度2位置即为0.2mm。在图1-13b上，游标零线以右与尺身对准的刻度线为游标刻度2往右2小格的位置，则可直接读出游标上尺寸为0.24mm。再加上前面读出的整数23mm，总尺寸为23.24mm。

用游标卡尺测量工件尺寸时，应使内外测量爪逐渐与工件表面靠近，最后达到轻微接触（图1-14）。还要注意游标卡尺必须放正，切忌歪斜，以免测量不准。

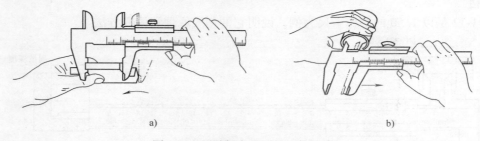

图1-14　用游标卡尺测量工件尺寸

a）测量外表面尺寸　b）测量内表面尺寸

图1-15所示是专用于测量高度和深度的游标高度尺和游标深度尺。游标高度尺除用来测量工件的高度外，也可用来做精密划线用。

使用游标卡尺应注意下列事项：

1）校对零点。先擦净内外测量爪，然后将其贴合，检查尺身、游标零线是否重合。若不重合，则在测量后应根据原始误差修正读数。

2）测量时，内外测量爪不得用力紧压工件，以免测量爪变形或磨损，降低测量的准确度。

3）游标卡尺仅用于测量已加工的光滑表面。表面粗糙的工件和正在运动的工件都不宜用它测量，以免测量爪过快磨损。

二、千分尺

千分尺旧称百分尺、分厘卡尺或螺旋测微器。它

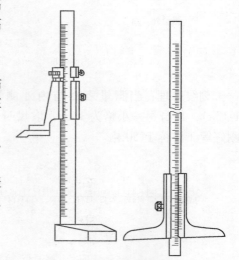

图1-15　游标高度尺和游标深度尺

是比游标卡尺更为精确的测量工具，其分度值为 0.01mm。

千分尺按它的测量范围有 0 ~ 25mm、25~50mm、75~100mm、100~125mm 等数种规格。图 1-16a 是测量范围为 0~25mm 的千分尺。其测微螺杆和微分筒连在一起，当转动微分筒时，测微螺杆和微分筒一起向左或向右移动。千分尺的刻线原理和读数如图 1-16b 所示。

刻线原理：千分尺的读数机构由固定套筒和微分筒组成（相当于游标卡尺的尺身和游标）。固定套筒在轴线方向上刻有一条中线，中线上下方各刻一排刻线，刻线每小格间距均为 1mm，上下两排刻线相互错开 0.5mm；在微分筒左端锥形圆周上有 50 等分的刻度线。因测微螺杆的螺距为 0.5mm，即螺杆转一周，同时轴向移动 0.5mm，故微分筒上每一小格的读数为 $\dfrac{0.5}{50}$mm = 0.01mm。

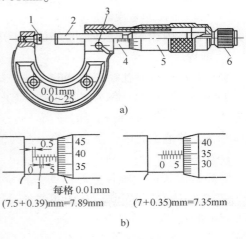

图 1-16　千分尺结构与读数
a）结构　b）读数
1—砧座　2—测微螺杆　3—锁紧旋钮　4—固定套筒
5—微分筒　6—棘轮

当千分尺的测微螺杆左端与砧座表面接触时，微分筒左端的边线与轴向刻度线的零线重合，同时圆周上的零线应与中线对准。

测量时，读数方法可分三步：

1）读出距边线最近的轴向刻度线数（应为 0.5mm 的整数倍）。

2）读出与轴向刻度中线重合的圆周刻度数。

3）将上述两部分读数加起来，即为总尺寸。

使用千分尺应注意以下事项：

1）校对零点。将砧座与测微螺杆接触，看圆周刻度零线是否与中线零点对齐，如有误差，应记住差值。在测量时，根据误差值修正读数。

2）当测微螺杆快要接触工件时，必须使用端部棘轮（严禁使用微分筒，以防用力过大引起测微螺杆或工件变形，造成测量不准确）。当棘轮发出"嘎嘎"打滑声时应停止转动。

3）工件测量表面要擦干净，并准确放在千分尺测量面间，不得偏斜。

4）通过锁紧旋钮固定住测微螺杆后读数，防止读数时测微螺杆移动造成读数不准。读数时注意 0.5mm 易读错。

三、量规

量规是一种间接量具，是适用于成批大量生产的一种专用量具。量规的种类很多，可以根据工作的需要而自行制作。常用量规有以下几种：

1）检验内径的塞规。

2）检验外径的卡规和环规。

3）检验螺纹的螺纹量规。

4）检验间隙的塞尺。

5）检验半径的量规。

现以检验内径的塞规和检验外径的卡规为例做一简单介绍。

1. 塞规

塞规是用来检验孔径或槽宽的一种量具，如图1-17a所示。它的一端长度较短，其直径等于工件的上限尺寸，称为"不过端"（止端）；另一端较长，其直径等于工件的下限尺寸，称为"过端"。检验工件孔径时，当"过端"能过去，"不过端"进不去，则说明工件的实际尺寸在公差范围之内，是合格的，否则就是不合格的，如图1-18a所示。

2. 卡规

卡规是用来检验轴径或厚度的一种量具，如图1-17b所示。它和塞规相似，也有"过端"和"不过端"（止端），但尺寸上下限规定与塞规相反。测量方法与塞规相同，如图1-18b所示。

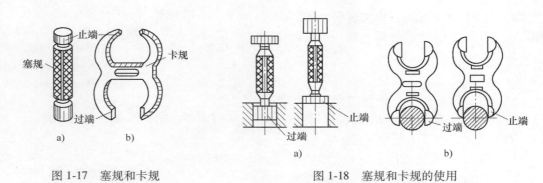

图1-17　塞规和卡规
a）塞规　b）卡规

图1-18　塞规和卡规的使用
a）塞规的使用　b）卡规的使用

四、直角尺

直角尺如图1-19所示。它的两边成90°角，用来检查工件的垂直度。当直角尺的一边与工件一面贴紧，工件另一面与直角尺的另一边之间露出缝隙，用塞尺可量出垂直度误差。

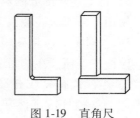

图1-19　直角尺

五、指示式量具

指示式量具是用指针指出测量结果的量具，如百分表和千分表，在精密测量中应用广泛。百分表的测量精度为0.01mm，千分表的测量精度为0.001mm。

百分表和千分表都属于比较量具，只能测量出相对的数值，不能测量出绝对数值。主要用来测量工件的形状和位置公差（如圆度、平面度、垂直度和圆跳动等），也常用于工件的精密找正。

百分表与千分表的传动原理相同，可分为齿轮传动、杠杆齿轮传动及杠杆螺杆传动等几种结构。

1. 百分表

百分表的结构如图1-20所示，其属于齿轮传动结构。

当测量杆向上移动1mm时，通过齿轮传动系统带动大指针转一圈，小指针转一格。刻度盘在圆周上有100个等分刻度线，其每格的读数值为$\frac{1}{100}$mm＝0.01mm；小指针每格读数为1mm。测量时，大小指针所示读数之和即为尺寸变化量。

小指针处的刻度范围，即为百分表的测量范围。刻度盘可以转动，供测量时调整大指针对准零位刻线用。

百分表使用时常装在专用百分表架或磁力表座上，如图1-21所示。

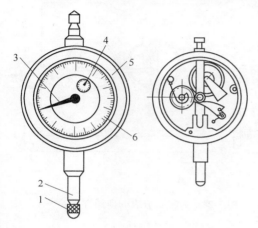

图1-20　百分表的结构

1—测量头　2—测量杆　3—大指针
4—小指针　5—表壳　6—刻度盘

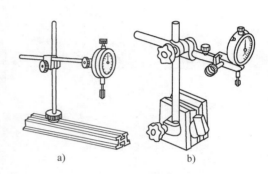

图1-21　百分表架

a）专用百分表架　b）磁力表座

百分表应用举例如图1-22所示。

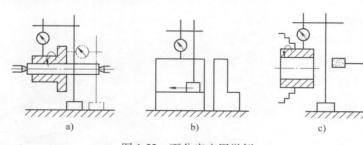

图1-22　百分表应用举例

a）检查外圆对孔的圆跳动，端面对孔的圆跳动　b）检查工件两面的平行度
c）内圆磨床上用单动卡盘安装工件时找正外圆

2. 内径百分表

内径百分表是用来测量孔径及其形状精度的一种精密的比较量具。图1-23所示为内径百分表的结构。它附有成套的可换插头，其分度值为0.01mm。测量范围有6～10mm、10～18mm、18～35mm、35～50mm、50～100mm、100～160mm等几种。

内径百分表是测量公差等级IT7以上孔的常用量具。内径百分表的使用方法如图1-24所示。

　　为方便使用，在量具测量系统中通过运用光栅测量技术和集成电路等能数字显示测量数据，有效减少人为读数误差，如电子数显游标卡尺（千分尺、千分表）等。但也存在电池没电和电子元件受潮等失效时无法使用的不足。

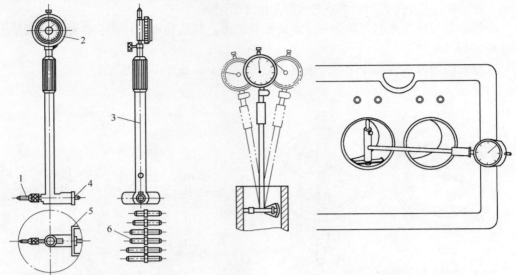

图 1-23　内径百分表的结构
1、6—可换插头　2—百分表　3—接管
4—活动量杆　5—定心桥

图 1-24　内径百分表的使用方法

六、游标万能角度尺

　　游标万能角度尺是用来测量工件内、外角度的量具，其结构如图 1-25 所示。

　　游标万能角度尺的读数机构是根据游标原理制成的。尺身刻线每格 1°。游标的刻线是取尺身的 29° 等分为 30 格，因此游标刻线每格为 $\frac{29°}{30}$，即尺身与游标一格的差值为 $1° - \frac{29°}{30} = \frac{1°}{30} = 2'$，也就是游标万能角度尺的分度值为 2′。其读数方法与游标卡尺完全相同。

　　测量时应先校准零位。游标万能角度尺的零位，是当角尺与直尺均装上，且角尺的底边及基尺与直尺无间隙接触，此时尺身与游标的零线对准。调整好零位后，通过改变基尺、角尺、直尺的相互位置，可测得 0~320° 范围内的任意角度。

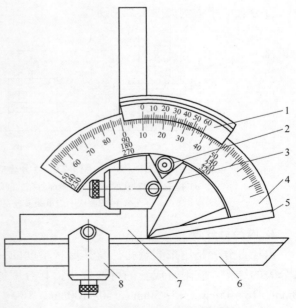

图 1-25　游标万能角度尺的结构
1—游标　2—制动器　3—扇形板　4—尺身
5—基尺　6—直尺　7—角尺　8—卡块

应用游标万能角度尺测量工件时，要根据所测角度适当组合量尺，其应用举例如图 1-26 所示。

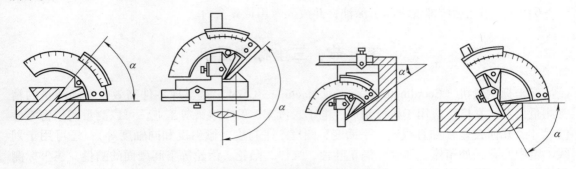

图 1-26　游标万能角度尺的应用举例

七、塞尺

塞尺是测量间隙的薄片量尺（图 1-27）。它由一组厚度不等的薄钢片组成，每片钢片上都印有厚度标记。测量时根据被测间隙的大小，选择厚度接近的薄片插入被测间隙（可以用几片重叠插入）。若一片或数片尺片能塞进被测间隙，则一片或数片的尺片厚度即为被测间隙的间隙值。若某被测间隙能插入 0.05mm 的尺片，换用 0.06mm 的尺片则插不进去，说明该间隙在 0.05～0.06mm 之间。

测量时选用的尺片数越少越好，且必须先擦净尺面和工件，插入时用力不能太大，以免折弯尺片。

八、刀口形直尺

刀口形直尺是用光隙法检验直线度或平面度的量尺（图 1-28）。若平面不平，则刀口形直尺与平面之间的缝隙可根据光隙判断误差状况，也可用塞尺测量缝隙大小。

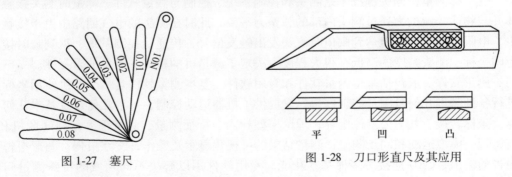

图 1-27　塞尺　　　　　　　　　　　图 1-28　刀口形直尺及其应用

九、量具的保养

量具保养得好坏，直接影响它的使用寿命和零件的测量精度。因此，必须做到以下几点：

1）量具在使用前、后必须擦干净。

2）不能用精密量具去测量毛坯或运动着的工件。

3）测量时不能用力过猛、过大，也不能测量温度过高的工件。

4）量具不能乱扔、乱放，更不能当工具使用。

5）不能用脏油洗量具或注入脏油。

6）量具用完后应擦洗干净、涂油，并放入专用量具盒内。

第七节　三坐标测量机

三坐标测量机（Coordinate Measuring Machine，CMM）是实现零件高效、自动测量的精密测量仪器。它广泛应用于机械制造、电子、汽车、航空航天等工业，可以测量高精密零件的尺寸、几何公差（如直线度、平面度、圆度、平行度、倾斜度和同轴度等）；还可用于划线、定中心孔，如箱体、导轨、涡轮叶片、缸体、凸轮、齿轮等空间型面的测量。三坐标测量机可对曲面进行连续采点，以制备数控机床的加工程序；还可用于逆向工程领域中对零件尺寸三维数据的采集。由于三坐标测量机通用性强、测量范围大、精度高、效率高、性能好，能与柔性制造系统相连接，已成为一类大型通用精密仪器，有"测量中心"之称。

一、三坐标测量机测量原理及特点

1. 三坐标测量机测量原理

常用的三坐标测量机属于接触式测量（非接触式测量有三维激光扫描仪、三维光学扫描仪），即通过测头与工件接触获得数据。任何形状都是由空间点组成的，因此所有几何量的测量都可以归结为空间点的测量。精确采集空间点坐标，是评定任何几何形状的基础，三坐标测量机的基本原理就是将被测工件放入它允许的测量空间，精确测出被测模型表面各空间点的三个坐标值，并将这些点的坐标数值经过计算机数据处理、拟合形成测量元素，如圆、球、曲面、圆柱、圆锥等，经过一定的数学计算得出其形状、位置公差及其他几何量数据。三坐标测量机具有很大的通用性与柔性，从原理上说，它可以测量任何工件的任何几何元素参数。

三坐标测量机的关键技术是测头和控制系统、控制与测量软件。测量时测头接触被测物体并与物体接触的力通过测头内部的弹簧力平衡，此时在测头的电气回路中由于接触面积减少，电阻增加，当电阻达到阈值时测头发出触发信号，传递给控制系统，得到瞬时接触点的空间坐标。测头精度的高低在很大程度上决定了测量机的精度和测量的重复性。

测量软件一般包括基本测量软件和专用软件。基本测量软件是一个专供使用坐标测量法进行各种基本几何量测量的软件包，它提供了机器运动控制、基本几何量及基本几何关系计算、坐标转换、几何公差评定等；理论模型导入、特征测量、测量程序编制（脱机和联机）与运行、模拟运动和同步测量；测量结果的可视化显示及操作，文字报告、图形报告及混合报告的输出，CAD 连接等多种基本功能。专用软件用以解决不同领域的特殊测量问题，如齿轮测量软件、凸轮测量软件、螺纹测量软件、叶片测量软件、曲线曲面测量软件、统计与质量控制软件和蜗轮蜗杆测量软件等。

2. 三坐标测量机特点

（1）测量效率高　可编程数控自动测量和基于 CAD 模型的测量。测量时间仅为人工测量时间的 5%~10%，对于复杂工件的测量，效率提高更为明显。

（2）测量柔性大　可以完成不同工件的不同项目测量，易于变换测量对象。

（3）测量精度高　三坐标测量机从设计、制造到装配与使用都有较高要求，使其测量精度和功能高于一般测量用具。

（4）操作误差小　可自动重复测量同样零件，减小被测工件的人为误差。

（5）自动检测　应用于生产线的在线测量，有助于自动化生产等。

二、三坐标测量机的结构

三坐标测量机按结构主要分为桥式、龙门式、悬臂式、关节臂式测量机等。其中桥式三坐标测量机应用最多，其结构如图1-29所示。

三坐标测量机是典型的机电一体化数控设备，它由机械系统和电子系统两大部分组成（图1-29）。三坐标测量机的基本结构包括主机、电气系统、探测系统及软件系统等。主机包括了附属其上的装置，如花岗岩工作台、桥架、光栅、气浮导轨系统、伺服驱动系统、探测系统和人工操作的控制盒等。探测系统主要由测头及其附件组成，测头作为三坐标测量机的关键部件，其精度的高低很大程度上决定了测量机的测量精度及重复

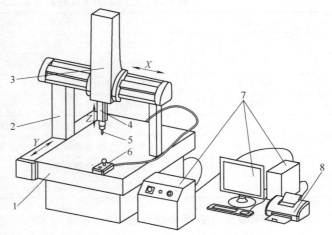

图 1-29　桥式三坐标测量机的结构

1—花岗岩工作台　2—气浮移动桥架　3—气浮中央滑架
4—气浮导轨 Z 轴　5—测头　6—手动操作控制盒　7—计算机、
电源及控制系统　8—打印机

性。电气系统包括电控柜及计算机。对于软件系统而言，测量软件的形式很多，如通用软件、专用软件、统计分析软件等；即使在使用同样的探测硬件系统下，由于各个厂家误差补偿与算法及控制软件技术的不同，测量精度与效率都会有所不同。所以，三坐标测量机的精度也依赖于软件系统。

三、三坐标测量机的使用

1. 三坐标测量机的型号与参数

三坐标测量机型号：Daisy 686（外形如图1-29所示），686表示测量最大范围 $X \times Y \times Z$ 为600mm×800mm×600mm。该测量机为全封闭框架移动桥式结构，三轴及工作台采用的是花岗岩，具有承载能力强、温度稳定性好、抗时效变形能力和刚性好、动态几何误差变形小等特点。计量系统采用金属带状光栅，与大多数工件具有相近的热膨胀系数和良好的重复精度。三轴的支承和运行导向采用气浮导轨，具有精度高、运行平稳、阻力小、无磨损等优点。驱动系统采用直流伺服电动机、同步带传动，具有传动快、精准、运动性能好的特点。测头系统采用RENISHAW PH10T自动双旋转分度测头座、RENISHAW测针组。接触式打点的示值误差（测量值与真实值的误差）为 $E \leqslant (2.4 + L/300)\,\mu m$（$L$ 为测量距离，单位 mm）。其手动操作通过一个可移动的控制盒进行。控制盒可控制起、停，锁住一个至三个坐标方向的运动，调节运动速度和急停等。通过盒上操纵杆，可控制测头三个方向的运动。

2. 三坐标测量机的测量方法

三坐标测量机可进行手动测量或自动测量。自动测量时，可通过编程、输入零件 CAD 三维模型，实现有模测量、自学习测量（自动编程）等方法。测量时根据测量项目，需测量零件表面一个或几个点的坐标值，通过测量软件对测量数据进行计算和处理，获得结果。三坐标测量机测量项目与测量点数的关系见表 1-10。

表 1-10　三坐标测量机测量项目与测量点数的关系

测量项目	测量点数及测量原理
尺寸	由给定面上两个点坐标的差值确定尺寸
孔径	测量孔表面上至少三个点
外圆直径	测量外圆表面上至少三个点
球面直径	测量球面上四个点
平面度	用三点法测定，与理想平面比较确定平面度
两平面夹角	按平面上三点法确定各平面，设备自动计算夹角
两平面平行度	根据两平面交角确定平行度
两条线的交点与交角	先确定两线交角，再确定交点

3. 三坐标测量机的简单操作步骤

（1）开机前的准备

1）按要求控制温度及湿度等。

2）检查气源。

3）用无水酒精擦拭导轨上的灰尘及其他杂质。

（2）开机及相关操作

1）按一定顺序打开电源开关、控制系统及气阀。

2）打开计算机，运行 AC-DMIS 测量软件。

3）测头校准。

4）固定待测零件（建立零件坐标系，视具体测量需要），并进行相关测量。

5）对测量结果进行评估。

（3）测量结束后

1）测头回到初始位置（回零）。

2）按一定顺序关闭电源及气阀。

3）清洁工作台面。

（4）注意事项

1）保证气源及机器的清洁。

2）保养过程中不能给导轨上任何性质的油脂。

3）测量的工件要保证内外表面清洁。

4）手动测量时注意控制测头接触工件的力度，防止测头异常碰撞。

复习思考题

1-1　机械加工的主运动和进给运动指的是什么？在某机床的多个运动中，如何判断哪个是主运动？试举例说明。

1-2　什么是切削用量三要素？试用简图表示刨平面和钻孔的切削用量三要素。

1-3　刀具材料应具备哪些性能？硬质合金的耐热性远高于高速工具钢，为什么不能完全取而代之？

1-4　常用的量具有哪几种？试选择测量下列尺寸的量具。

未加工：$\phi 50$mm；已加工：30mm，（$\phi 25\pm 0.2$）mm，（$\phi 22\pm 0.01$）mm。

1-5　游标卡尺和千分尺的分度值是多少？怎样正确使用？能否测量铸件毛坯？

1-6　在使用量具前为什么要检查它的零点、零线或基准？应如何用查对的结果来修正测得的读数？

1-7　常用什么参数来评定表面粗糙度？它的含义是什么？

1-8　形状公差和位置公差分别包括哪些项目？如何标注？

1-9　机床上常用的机械传动方式有哪些？各举 1~2 个应用实例。

1-10　为什么说热硬性是衡量刀具材料性能的主要指标？

1-11　你在实习过程中所使用的刀具材料是什么？什么牌号？性能如何？

1-12　你在实习过程中用过哪些切削液？分别用在什么场合？

1-13　机床的运动按其功用可分为哪几种？

1-14　什么是工件的定位和夹紧？机床夹具一般有哪些组成部分？

1-15　试述三坐标测量机的特点及应用。

第二章
车 工

目的和要求

1. 了解车削加工的工艺特点及加工范围。

2. 初步了解车床的型号、结构，并能正确操作。

3. 能正确使用常用的刀具、量具及夹具。

4. 能独立加工一般的零件，具有一定的操作技能和车工工艺知识。

车工实习安全技术

1. 穿戴合适的工作服，女同学长发要压入帽内，严禁戴手套操作。

2. 开车前要认真检查车床运动部位，电气开关是否在安全可靠位置。

3. 工件和刀具装夹要牢固可靠，床面上不准放、夹、量具及其他物件。

4. 工作时，头不可离工件太近，以防飞屑伤眼，必要时需戴防护目镜。

5. 车床开动时，不得测量工件，不得用手触摸工件，不得用手直接清除切屑，停车时不得用手去刹住转动的卡盘。禁止开车变换主轴转速。

6. 自动横向或纵向进给时，严禁床鞍或中滑板超过极限位置，以防滑板脱落或撞上卡盘而发生人身设备安全事故。

7. 工作结束后，关闭电源、清除切屑、清洁车床、加油润滑，保持工作环境整洁，做到文明实习。

第一节 概 述

在车床上，工件做旋转运动，刀具做平面直线或曲线运动，完成机械零件切削加工的过程，称为车削加工。它是切削加工中最基本、最常见的加工方法，各类车床约占金属切削机床总数的一半，车削加工在生产中占有重要的地位。

车削适合加工回转零件，其切削过程连续平稳，可以加工各种内外回转体表面及端平面；可以加工各种金属材料（硬度很高的材料除外）和尼龙、橡胶、塑料、石墨等非金属材料；可以完成上述零件表面的粗加工、半精加工甚至精加工，所用刀具主要是车刀，也可用钻头、铰刀、丝锥、滚花刀等。车床的种类很多，主要有卧式车床、转塔车床、立式车床、自动和半自动车床、仪表车床、仿形车床、数控车床等。其中卧式车床数量最多，一般车削可达到的尺寸精度为 IT11~IT6，表面粗糙度 Ra 值为 12.5~0.8μm。车削加工的三个表面及加工运动在第一章已做介绍，其切削速度 v_c（m/s）、进给量 f（mm/r）、背吃刀量 a_p（mm）称为车削用量。其中切削速度为工件旋转线速度，可按下式计算

$$v_c = \frac{\pi n D}{1000 \times 60}$$

式中　　n——工件的转速，单位为 r/min；

　　　　D——工件切削部分的最大直径，单位为 mm。

表 2-1 所列为车床的运动及车削加工范围。

表 2-1　车床的运动及车削加工范围

车外圆	45°外圆车刀 75°外圆车刀	钻中心孔	中心钻
		钻孔	钻头
车端面	车端面刀	镗孔	镗刀
车外圆和台阶	右偏刀	铰孔	铰刀
车螺纹	螺纹车刀	车锥体	右偏刀
用成形刀车特形面	成形刀	滚花	滚花刀
车特形面	圆头刀	切断（车槽）	切断刀（切槽刀）

第二节　卧式车床

车床有很多种，下面主要以实习中常用的 C6140 卧式车床为例进行介绍。

一、卧式车床的型号

如第一章所介绍，按 GB/T 15375—2008《金属切削机床　型号编制方法》规定，卧式车床型号由汉语拼音字母和阿拉伯数字组成。

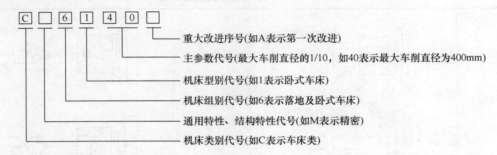

实习中还用到一些其他型号车床，如 C6132、C6136 等，它们的组成和结构与 C6140 相似。

二、C6140 卧式车床的主要组成部分及作用

实习中所使用的切削加工机床在结构、传动原理和操作方法上都有许多共同的地方，所以了解和熟练使用车床，对了解和操作其他各种切削加工机床有很大帮助。C6140 卧式车床的主要组成部分有主轴箱、进给箱、光杠和丝杠、溜板箱、刀架、尾座、床身和床脚、冷却装置等，如图 2-1 所示。

1. 主轴箱

主轴箱安装在床身的左上端。主轴箱内装有一根空心的主轴及变速机构，电动机的运动通过传动带传到主轴箱，车床主轴的变速主要在这里进行，共有 24 种不同的主轴转速。同时主轴箱分出部分动力将运动传给进给箱。主轴右端（前端）的外锥面用来装夹卡盘等附件，内锥面用来装夹顶尖，车削过程中主轴带动工件实现旋转（主运动）。主轴系统是车床的关键零件，主轴在轴承上运转的平稳性直接影响工件的加工质量，一旦主轴的旋转精度降低，则机床的使用价值就会降低。主轴的通孔中可以放入工件棒料，以便于加工细长的轴类工件，此时工件外径应小于主轴（内径 48mm）和自定心卡盘的中心通孔，长工件可从图 2-1 车床左端主轴通孔中装入。

2. 进给箱

进给箱内装有进给运动的变速齿轮，调整其变速机构，可得到所需的进给量或螺距，最终通过溜板箱而带动刀具实现直线的进给运动。

3. 光杠和丝杠

用以连接进给箱和溜板箱，并把进给箱的运动和动力传递给溜板箱，使溜板箱获得纵向

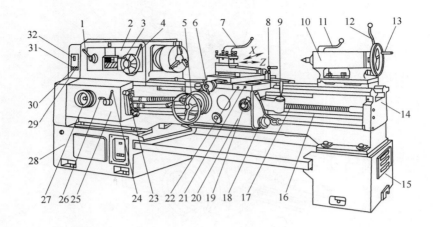

图 2-1　C6140 卧式车床的结构和操作手柄

1—加大螺距及左右螺纹变换手柄　2—主轴箱　3、4—主轴变速手柄　5—床鞍纵向移动手轮
6—中滑板横向移动手柄　7—方刀架转位及锁紧手柄　8—小滑板移动手柄　9—刀架纵、
横向自动进给手柄及快速移动按钮　10—尾座　11—尾座顶尖套筒锁紧手柄　12—尾座
快速锁紧手柄　13—尾座顶尖套筒移动手柄　14—床身　15、28—床脚　16—光杠
17—丝杠　18、23—主轴正反转及停止手柄　19—开合螺母手柄　20—溜板箱
21—主电动机控制按钮　22—急停按钮　24—螺纹种类及丝杠、光杠变换
手柄　25—进给箱　26、27—螺距及进给量调整手柄　29—冷却泵总开关
30—照明灯开关　31—电源开关锁　32—电源总开关
注：纵向为床身导轨方向，即 Z 方向，往尾座方向为+Z，反之为-Z。横向垂直于纵向，
即 X 方向，从刀架向主轴看，往左为+X，反之为-X。

直线运动。丝杠是专门为车削各种螺纹而设置的，车削工件的其他表面时，只用光杠，不用
丝杠。光杠和丝杠不得同时使用。

4. 溜板箱

溜板箱与床鞍连在一起（图 2-2），是车床进给运动的操纵箱，它将光杠或丝杠传来的
旋转运动通过齿轮齿条机构（或丝杠螺母机构）转变成刀架的直线运动。通过光杠传动实
现刀架的纵、横向进给运动和快速移动；通过丝杠带动刀架做纵向直线运动以车削螺纹。

5. 刀架

刀架是用来装夹刀具的，能够带动刀具做多方向的进给运动。为此，刀架做成多层结构
（图 2-2），从下往上分别是床鞍、中滑板、转盘、小滑板和方刀架。

床鞍可带动车刀沿床身上的导轨做纵向移动。中滑板可以带动车刀沿床鞍上的导轨
（与床身上导轨垂直）做横向移动。转盘与中滑板用螺栓相联，松开螺母，转盘可在水平面
内转动任意角度。小滑板可沿转盘上的导轨做短距离移动。当转盘转过一个角度，其上导
轨也转过一个角度，此时小滑板便可以带动刀具沿相应的方向做斜向进给运动。最上面
的方刀架专门用来夹持车刀，最多可装四把车刀。逆时针松开锁紧手柄，可带动方刀架
旋转，选择所用刀具；顺时针旋转时方刀架不动，但将方刀架锁紧，以承受加工中各种
力对刀具的作用。

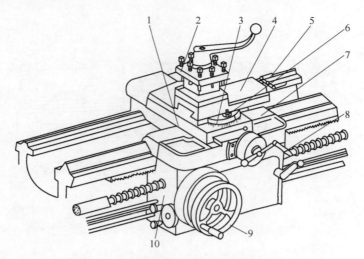

图 2-2　C6140 卧式车床溜板箱和刀架结构

1—中滑板　2—方刀架　3—转盘　4—小滑板　5—小滑板手柄　6—螺钉

7—床鞍　8—中滑板手柄　9—床鞍手轮　10—溜板箱

6. 尾座

尾座装在床身内侧导轨上，可沿导轨纵向移动，以调整其工作位置。尾座由底座、尾座体、套筒等部分组成（图 2-3）。套筒装在尾座体上，套筒前端有莫氏锥孔，用于安装顶尖支承工件或用来装钻头、铰刀、钻夹头等进行孔加工。套筒后端有螺母与一轴向固定的丝杠相联接，摇动尾座上的手轮使丝杠旋转，可以带动套筒向前伸或向后退。当套筒退至终点位置时，丝杠的头部可将装在锥孔中的刀具或顶尖顶出。移动尾座及其套筒前，均需松开各自锁紧手柄，移到所需位置后再锁紧。松开尾座体与底座的固定螺钉，用调节螺钉调整尾座体的横向位置，可以使尾座顶尖中心与主轴顶尖中心对正，也可以使它们偏离一定的距离，用来车削小锥度长锥面。

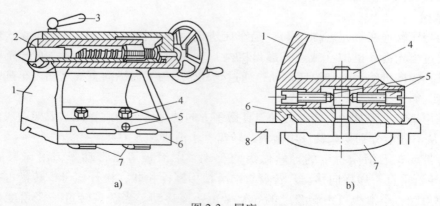

a)　　　　　　　　　　　　　b)

图 2-3　尾座

a）尾座结构　b）尾座体可以横向调节

1—尾座体　2—套筒　3—套筒锁紧手柄　4—固定螺钉

5—调节螺钉　6—底座　7—压板　8—床身导轨

7. 床身和床脚

床身是车床的基础零件，用来支承和连接各主要部件并保证各部件之间有严格、正确的相对位置。床身上面有内、外两组平行的导轨。外侧导轨用于大滑板的运动导向和定位，内侧导轨用于尾座的移动导向和定位。床身的左右两端分别支承在左右床脚上，床脚固定在地基上。左右床脚内分别装有电动机、变速齿轮、电气箱和冷却装置。

8. 冷却装置

冷却装置主要通过冷却水泵将水箱中的切削液加压后喷射到切削区域，降低切削温度，冲走切屑，润滑加工表面，以提高刀具的使用寿命和工件的表面加工质量。

三、C6140 卧式车床的调整及手柄的使用

C6140 卧式车床的调整主要是通过变换各自相应的手柄位置进行的，如图 2-1 所示。

1. 主轴正反转及停止手柄

C6140 卧式车床采用操纵杆式开关，在光杠下有一主轴正反转及停止手柄 18。当电源总开关、电源开关锁接通后，向上扳则主轴正转，向下扳则主轴反转，放于中间位置则停转。

2. 变速手柄

主运动的变速手柄为 3、4，进给运动的变速手柄为 26、27，按标牌指示方向扳至所需位置即可。

3. 锁紧手柄

方刀架的锁紧手柄为 7，尾座顶尖套筒的锁紧手柄为 11，尾座的锁紧手柄为 12。

4. 移动手柄

刀架、床鞍纵向手动手轮为 5，刀架、中滑板横向移动手柄为 6，小滑板移动手柄为 8，尾座顶尖套筒移动手柄为 13。

5. 自动进给手柄

刀架纵、横向自动进给和快速移动采用单手操纵。刀架纵、横向自动进给手柄为 9，位于溜板箱右侧，可沿十字槽纵、横向扳动，扳动方向与刀架运动方向一致。手柄在十字槽中间位置时，进给运动停止。手柄顶部有一快进按钮，按下此钮，可加快移动速度，在安装和加工工件时，可使刀架快速接近和离开工件到合适位置，以提高生产率。松开按钮，快速移动终止。

开合螺母手柄 19 控制溜板箱与丝杠的运动联系。手柄位于上方，用于车削非螺纹表面；沿顺时针方向扳下即闭合，使溜板箱做定距纵向进给，用于车削螺纹。

6. 螺纹种类及丝杠、光杠变换手柄

螺纹种类及丝杠、光杠更换使用的离合手柄为 24，调整螺距和进给量，根据标牌指示扳至所需位置即可。

四、C6140 卧式车床的传动路线

C6140 卧式车床传动路线框图如图 2-4 所示。

在主运动方面，C6140 卧式车床主轴正转时有 24 种转速，其范围为 10～1400r/min；主轴反转时有 12 种转速，其范围为 14～1580r/min。在进给运动方面，对于给定的一组交换齿

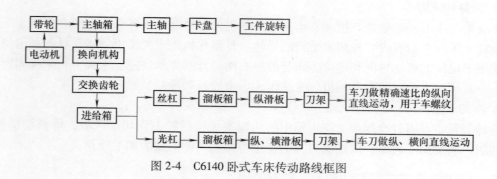

图 2-4　C6140 卧式车床传动路线框图

轮，可得到不同的输出转速，当用光杠传动时可获得纵、横各 64 种进给量，其范围：纵向进给量为 0.028~6.33mm/r，横向进给量为 0.014~3.16mm/r。

用丝杠传动可实现车螺纹所需的精确传动，如需得到更多的进给量或螺距，可配换交换齿轮的齿数。

五、车床操作实习

（1）熟悉车床的外观构造和组成　熟悉各手柄及其作用，熟悉尾座的移动和锁定，各按钮及其作用。

（2）主轴转速变换练习　对照转速手柄位置表，掌握使用各种转速的操作，掌握正、反车及停车操作。

（3）进给量变换练习　在主轴低速转动时，变换光杠、丝杠变换手柄，使光杠转动。对照进给量标牌表，掌握进给量变换的操作。

（4）纵向、横向机动进给的操作练习　在光杠转动的条件下，不断起动和停止纵向或横向机动进给，以熟悉、掌握其操作。

第三节　车　　刀

一、车刀的种类和结构

车刀的种类很多，如图 2-5 所示。根据工件和被加工表面的不同，合理地选用不同种类的车刀不仅能保证加工质量，提高生产率，降低生产成本，而且能延长刀具使用寿命。

按车刀结构的不同，车刀的种类又可分为如图 2-6 所示四种类型，其特点及用途见表 2-2，按车刀刀头材料的不同，车刀的种类还可分为常用的高速工具钢车刀和硬质合金车刀等。

表 2-2　车刀结构类型特点及用途

名　　称	特　　点	适 用 场 合
整体式	用整体高速工具钢制造，刃口可磨得较锋利	小型车床或加工有色金属
焊接式	焊接硬质合金或高速工具钢刀片，结构紧凑，使用灵活	各类车刀，特别是小刀具

（续）

名　称	特　点	适　用　场　合
机夹式	避免了焊接产生的应力、裂纹等缺陷，刀杆利用率高。刀片可集中刃磨获得所需参数，使用灵活方便	加工外圆、端面、车孔、切断、螺纹等
可转位式	避免了焊接刀的缺点，切削刃磨钝后刀片可快速转位，无须刃磨刀具，生产率高，断屑稳定，可使用涂层刀片	大中型车床加工外圆、端面、车孔，特别适用于自动线、数控机床

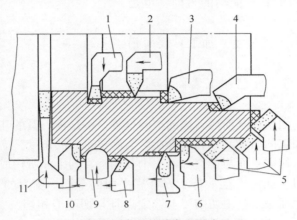

图 2-5　车刀的种类和用途

1—切槽镗刀　2—内螺纹车刀　3—不通孔镗刀　4—通孔镗刀　5—弯头外圆车刀　6—偏刀
7—外螺纹车刀　8—左刃直头外圆车刀　9—成形车刀　10—右刃偏刀　11—切断刀

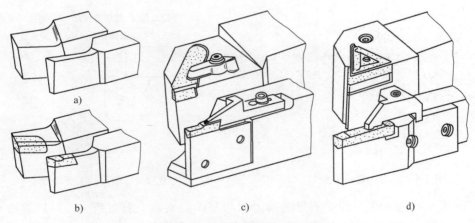

图 2-6　车刀的结构类型

a）整体式　b）焊接式　c）机夹式　d）可转位式

二、车刀的组成和几何角度

车刀由刀杆和切削部分（刀头）组成，如图 2-7 所示。刀杆用来将车刀夹固在车床方刀架上，切削部分则用来切削金属。切削部分主要由"一尖二刃三面五角"组成。

（1）刀尖　主切削刃和副切削刃的相交处。为了增加刀尖强度，实际上刀尖处都磨成一小段圆弧过渡刃或直线。

（2）主切削刃　是前刀面和主后刀面的交线，担负着主要切削任务。

（3）副切削刃　是前刀面和副后刀面的交线，仅在靠刀尖处担负着少量的切削任务，并起一定的修光作用。

（4）前刀面　切屑沿着它流动的刀面，也是车刀的上面。

（5）主后刀面　与工件过渡（加工）表面相对的刀面。

（6）副后刀面　与工件已加工表面相对的刀面。

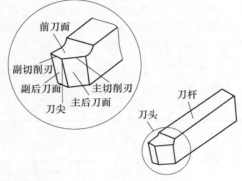

图 2-7　车刀的组成

刀具的几何形状、切削刃及前后刀面的空间位置，都是由刀具的几何角度所决定的，角度的变化会影响切削加工的质量和刀具的寿命。为确定车刀的角度，需要建立辅助平面。车刀的辅助平面由基面、切削平面与正交平面三个互相垂直的平面所构成，如图 2-8 所示。

基面是通过切削刃上选定点且平行于刀杆底平面的平面。车刀的基面平行于车刀底平面，即水平面。切削平面是通过主切削刃上选定点且与切削刃相切，并垂直于基面的平面。正交平面是通过切削刃上选定点并垂直于基面和切削平面的平面。

如图 2-9 所示，车刀切削部分的主要角度有前角 γ_o、后角 α_o、主偏角 κ_r、副偏角 κ_r' 和刃倾角 λ_s。

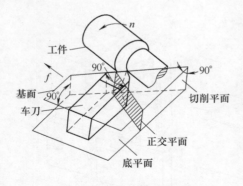

图 2-8　车刀的辅助平面

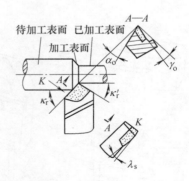

图 2-9　车刀的主要角度

（7）前角 γ_o　在正交平面中测量的前刀面与基面的夹角。前角越大，刀具越锋利，切削力减小，有利于切削，工件表面质量好。但前角太大会降低切削刃强度，容易崩刃。前角一般为 $5°\sim20°$。加工塑性材料和精加工时选较大值，加工脆性材料和粗加工时选较小值。

（8）后角 α_o　在正交平面中测量的主后刀面与切削平面的夹角，其作用是减小车削时主后刀面与工件的摩擦。后角一般为 $6°\sim12°$。粗加工时选较小值，精加工时选较大值。

（9）主偏角 κ_r　主切削刃与进给方向在基面上投影的夹角。主偏角减小，刀尖强度增加，主切削刃参加切削的长度也增加，切削条件得到改善，刀具寿命会延长。但主偏角减小

会引起背向力 F_p 增大（图2-10），工件易产生振动，加工细长轴时易将工件顶弯。常用主偏角有45°、60°、75°和90°几种。

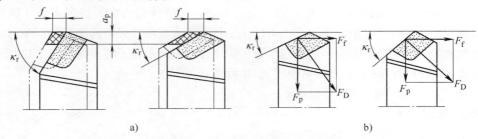

a)　　　　　　　　　　　　b)

图 2-10　主偏角对切削宽度、厚度及背向力 F_p 的影响

a) 对切削宽度和厚度的影响　b) 对背向力 F_p 的影响

（10）副偏角 κ_r'　副切削刃与进给方向在基面上投影的夹角。副偏角主要影响加工表面的表面粗糙度和刀具的强度。由图 2-11 可知，在相同背吃刀量的情况下，减小副偏角，可以减少车削后的残留面积，使表面粗糙度值减小。但小的副偏角会增加副后刀面与已加工表面之间的摩擦。一般选取 5°~15°。

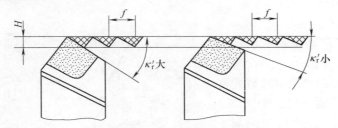

图 2-11　副偏角对残留面积的影响

（11）刃倾角 λ_s　主切削刃与基面在切削平面上投影的夹角，如图 2-12 所示。刃倾角主要影响切屑的流向和刀头的强度。λ_s 一般选取 -5°~+5°。精加工时取正值或零，粗加工时取负值。

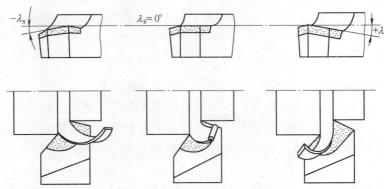

图 2-12　刃倾角对排屑方向的影响

此外，还有与副切削刃和副后刀面对应的副后角 α_o'，在刃磨车刀时要用到。在实际车削加工中，如果刀尖和工件回转中心不在同一水平线上，则刀具的实际角度会有一些变化。

三、车刀的刃磨

未经使用的新车刀或用钝后的车刀需要进行刃磨，得到所需的锋利切削刃后才能进行车削。车刀的刃磨一般在砂轮机上进行，也可以在工具磨床上进行，刃磨高速工具钢车刀应选用白色氧化铝砂轮，刃磨硬质合金车刀应选用绿色碳化硅砂轮。车刀刃磨步骤如图2-13所示：

（1）磨主后刀面　磨出车刀的主偏角 κ_r 和后角 α_o。

（2）磨副后刀面　磨出车刀的副偏角 κ_r' 和副后角 α_o'。

（3）磨前刀面　磨出车刀的前角 γ_o 及刃倾角 λ_s。

（4）磨刀尖圆弧　在主、副切削刃之间磨刀尖圆弧。

经过刃磨的车刀，可用磨石加少量机油对切削刃进行研磨，这样可以提高刀具寿命和加工工件的表面质量。

刃磨车刀时应注意：

1）起动砂轮或刃磨车刀时，磨刀者应站在砂轮侧面，以防砂轮破碎伤人。

2）刃磨时，两手握稳车刀，刀具轻轻接触砂轮，接触过猛会导致砂轮碎裂或因手拿车刀不稳而飞出。

3）被刃磨的车刀应在砂轮圆周上左右移动，以使砂轮磨耗均匀，不出沟槽，避免在砂轮侧面用力粗磨车刀。

4）刃磨高速工具钢车刀时，发热后应将刀具置于水中冷却，以防车刀升温过高而回火软化，而磨硬质合金车刀时不能沾水，以免产生热裂纹。

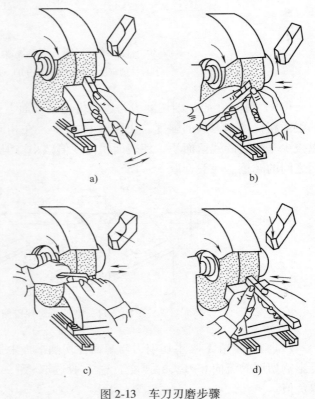

a)　　　　　　　b)

c)　　　　　　　d)

图 2-13　车刀刃磨步骤

a) 磨主后刀面　b) 磨副后刀面　c) 磨前刀面　d) 磨刀尖圆弧

四、车刀的装夹

车刀使用时必须正确装夹，如图2-14所示，基本要求如下：

1）车刀刀尖应与车床主轴轴线等高，可根据尾座顶尖的高度来进行调整。

2）车刀刀杆应与车床主轴轴线垂直，否则将改变主偏角和副偏角的大小。

3）车刀刀体悬伸长度一般不超过刀柄厚度的两倍，否则刀具刚性下降，车削时容易产生振动。

4）垫刀片要平整，并与刀架对齐。垫刀片一般使用2~3片，太多会降低刀柄与刀架的接触刚度。

5）交替拧紧，至少压紧两个螺钉。

6）车刀装夹好后，应检查车刀在工件的加工极限位置时是否会产生运动干涉或碰撞。

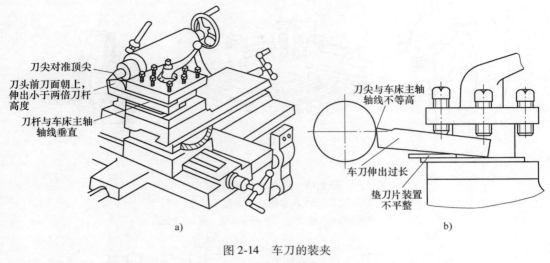

刀尖对准顶尖

刀头前刀面朝上，
伸出小于两倍刀杆
高度

刀杆与车床主轴
轴线垂直

刀尖与车床主轴
轴线不等高

车刀伸出过长

垫刀片装置
不平整

a)   b)

图 2-14　车刀的装夹
a) 正确　b) 错误

第四节　工件的装夹及所用附件

　　车床主要用于加工回转表面。装夹工件时，应使要加工表面回转中心和车床主轴的中心线重合，同时还要把工件夹紧，以承受工件重力、切削力、离心惯性力等，还要考虑装夹方便，以保证加工质量和生产率。车床上常用的装夹附件有：自定心卡盘、单动卡盘、顶尖、中心架、跟刀架、心轴、花盘、车床夹具等。

一、自定心卡盘装夹工件

　　自定心卡盘是车床上最常用的附件，其构造如图 2-15 所示。将方头扳手插入卡盘三个方孔中的任意一个转动时，小锥齿轮带动大锥齿轮转动，其背面的平面螺纹使三个卡爪同时做径向移动，从而夹紧或松开工件。由于三个卡爪同时移动，所以夹持圆形截面工件时可自行对中（故称自定心卡盘），其对中精度为 0.05 ~ 0.15mm。自定心卡盘主要用来装夹截面为圆形、正六边形的中小型轴类、盘套类工件。当工件直径较大用正卡爪不便装夹时，可换用反卡爪进行装夹。

　　工件用自定心卡盘装夹时必须装正夹牢，夹持长度一般不小于10mm。在车床开动时，工件不能有明显的摇摆、跳动，否则要重新装夹或找正。图 2-16 所示为工件装夹的几种形式。

二、单动卡盘装夹工件

　　单动卡盘及其找正如图 2-17 所示。四个卡爪可独立移动，它们分别装在卡盘体的四个径向滑槽内，当扳手插入某一方孔内转动时，就带动该卡爪做径向移动。单动卡盘比自定心卡盘夹紧力大，装夹工件时，需四个卡爪分别调整，所以安装调整困难。但调整好时精度高于自定心卡盘装夹。如图 2-17 所示，单动卡盘适合装夹方形、椭圆形及形状不规则的较大工件。安装工件时需仔细找正。常用的找正方法有划线盘找正和百分表找正。当使用百分表找正时，定位精度可达 0.01mm。

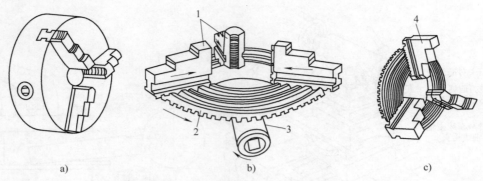

图 2-15 自定心卡盘构造

a）外形 b）内部构造 c）反爪形式

1—卡爪 2—大锥齿轮 3—小锥齿轮 4—反卡爪

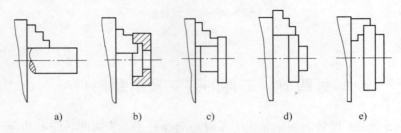

图 2-16 自定心卡盘装夹工件举例

a）、d）正卡爪装夹 b）、c）正卡爪装夹，轴向定位 e）反卡爪装夹

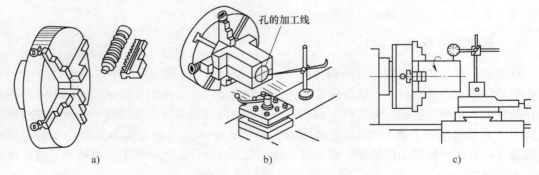

图 2-17 单动卡盘及其找正

a）单动卡盘 b）划线盘找正 c）百分表找正

三、顶尖装夹工件

在车床上加工较长或工序较多的轴类工件时，常使用顶尖装夹工件，如图 2-18 所示。工件装在前、后顶尖间，由鸡心夹头、拨盘带动其旋转，前顶尖装在主轴锥孔中，后顶尖装在尾座套筒中，拨盘同自定心卡盘一样装在主轴端部，鸡心夹头套在工件的端部，靠摩擦力带动工件旋转。生产中也常用一段钢料夹在自定心卡盘中，车成 60°圆锥体作为前顶尖，用自定心卡盘代替拨盘，鸡心夹头则通过卡爪带动旋转。

用双顶尖装夹工件，由于两端都是锥面定位，定位精度高，因而能保证在多次装夹中所加工的各回转表面之间具有较高的同轴度。

用顶尖装夹轴类零件的步骤如下：

（1）车平两端面和钻中心孔　先用车刀将两端面车平，再用中心钻钻中心孔。常用的中心孔有 A、B 两种类型，如图 2-19 所示。A 型中心孔由 60°锥孔和里端小圆柱孔形成，60°锥孔与顶尖的 60°锥面配合。里端的小孔用以保证锥孔与顶尖锥面配合贴切，并可储存润滑油。B 型中心孔的外端比 A 型中心孔多一个 120°的锥面，用以保证 60°锥孔的外缘不被碰坏。另外也便于在顶尖处精车轴的端面。此外还有带螺孔的 C 型中心孔，当需要将其他零件轴向固定在轴上时，可采用这种类型。

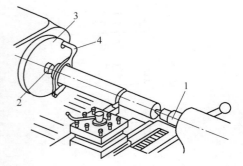

图 2-18　用前、后顶尖装夹工件
1—后顶尖　2—前顶尖
3—拨盘　4—鸡心夹头

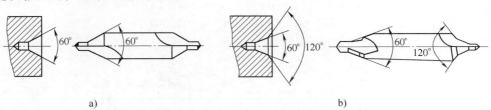

　　　a)　　　　　　　　　　　　　　　b)

图 2-19　中心钻与中心孔
a）A 型　b）B 型

（2）顶尖的选用与装夹　常用的顶尖有固定顶尖和回转顶尖两种，如图 2-20 所示。车床上的前顶尖装在主轴锥孔内随主轴及工件一起旋转，与工件无相对运动，采用固定顶尖。后顶尖可采用回转顶尖或固定顶尖。回转顶尖能与工件一起旋转，不存在顶尖与工件中心孔摩擦发热问题，但准确度不如固定顶尖高，一般用于粗加工或半精加工。轴的精度要求比较高时，采用固定顶尖。但由于工件是在固定顶尖上旋转，所以要合理选用切削速度，并在顶尖上涂凡士林。当工件轴端直径很小不便钻中心孔时，可将工件轴端车成 60°圆锥，顶在反顶尖的中心孔中，如图 2-20d 所示。

（3）工件的装夹　工件靠主轴箱的一端应装上鸡心夹头。顶尖与工件的配合松紧应当适度，过松会导致定心不准，甚至使工件飞出，太紧会增加与后固定顶尖的摩擦，并可能将细长工件顶弯。当加工温度升高时，应将后顶尖稍许松开一些。工件装夹过程如图 2-21 所示。

对于较重或一端有内孔的工件可采用一端卡盘、一端顶尖的装夹方法，如图 2-23 所示。

四、中心架和跟刀架

加工细长轴时，为防止工件被车刀顶弯或工件的振动，需要用中心架或跟刀架增加工件的刚性，以减小工件的变形。

如图 2-22 所示，中心架固定在车床床身上，先在被支承的工件支承处车出一小段光滑表面，然后调整中心架的三个支承爪与其接触。

跟刀架的使用如图 2-23 所示，与中心架不同，它固定在床鞍上，车削时与刀架一起移动，适合光轴加工。使用跟刀架需先在工件上靠后顶尖一端车出一小段外圆，并根据它来调节支承

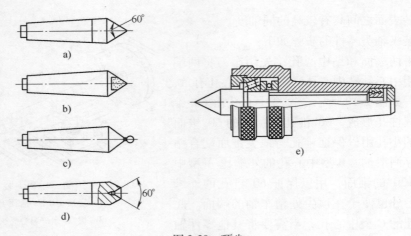

图 2-20　顶尖

a) 固定顶尖　b) 硬质合金顶尖　c) 球头顶尖　d) 反顶尖
（用于无法钻孔的小工件）　e) 回转顶尖

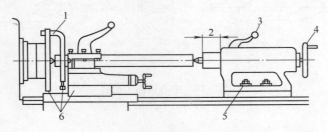

图 2-21　工件装夹过程

1—拧紧鸡心夹头　2—调整套筒伸出长度
3—锁紧套筒　4—调节工件顶尖松紧　5—将尾座固定
6—将刀架移至车削行程左端，用手转动拨盘，检查是否会碰撞

爪的位置和松紧，过松不起作用，过紧则使加工表面出现竹节形。然后再车出工件的全长。

使用中心架或跟刀架时，被支承处要加油进行润滑，工件的转速不能太高，以防工件与支承爪之间摩擦过热而烧坏和磨损。

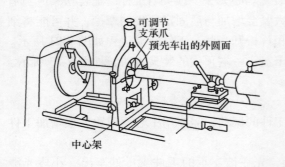

图 2-22　中心架的使用

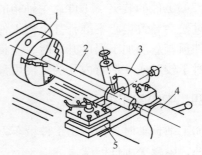

图 2-23　跟刀架的使用

1—自定心卡盘　2—工件
3—跟刀架　4—尾座
5—刀架

五、心轴装夹工件

盘、套类零件的外圆和端面对内孔常有同轴度及垂直度要求，若相关表面无法在自定心卡盘的一次装夹中与孔同时精加工，则需在孔精加工后再以孔定位，即将工件装到心轴上再加工其他有关表面，以保证上述要求。作为定位面的孔，其公差等级不应低于IT8，表面粗糙度 Ra 值不应大于 $1.6\mu m$。心轴的种类很多，常用的有圆柱心轴、锥度心轴和可胀心轴。心轴在前、后顶尖上的装夹方法与轴类零件相同。

1. 圆柱心轴

当工件的长度比孔径小时，常用圆柱心轴装夹，如图 2-24a 所示。工件装入圆柱心轴后，加上垫圈用螺母锁紧，其夹紧力较大。但由于孔与心轴之间有一定的配合间隙，所以对中性比锥度心轴差。减小孔与心轴的配合间隙可提高加工精度。圆柱心轴可一次装夹多个工件，从而实现多件加工。

2. 锥度心轴

锥度心轴如图 2-24b 所示，其锥度为 $1:1000\sim1:5000$。工件压入后，靠摩擦力与心轴固紧。锥度心轴对中准确，装卸方便。但由于切削力是靠心轴锥面与工件孔壁压紧后的摩擦力传递的，所以背吃刀量不宜太大。锥度心轴主要用于单个工件的装夹及精车。

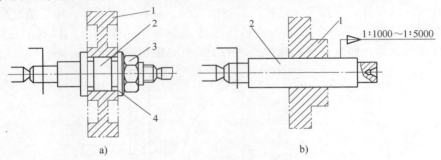

图 2-24　用心轴装夹工件

a）圆柱心轴　b）锥度心轴

1—工件　2—心轴　3—螺母　4—垫圈

3. 可胀心轴

可胀心轴如图 2-25 所示。工件装在可胀锥套上，利用锥套沿锥体心轴的轴向移动使其胀开，撑住工件内孔。

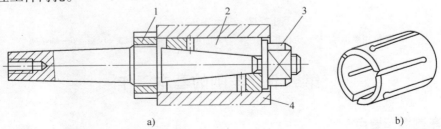

图 2-25　可胀心轴

a）可胀心轴　b）可胀锥套

1、3—螺母　2—可胀锥套　4—工件

六、花盘装夹工件

花盘是装夹在车床主轴上的大直径铸铁圆盘，盘面上有许多长槽用来穿入压紧螺栓，花盘端面平整并与其轴线垂直，如图2-26所示。花盘适合装夹待加工平面与装夹面平行、待加工孔的轴线与装夹面垂直或平行的工件，以及不能用自定心卡盘和单动卡盘装夹或形状不规则的大型工件等。利用花盘或花盘、弯板装夹工件时，也需仔细找正。同时，为减小质量偏心引起的振动，应加平衡块。

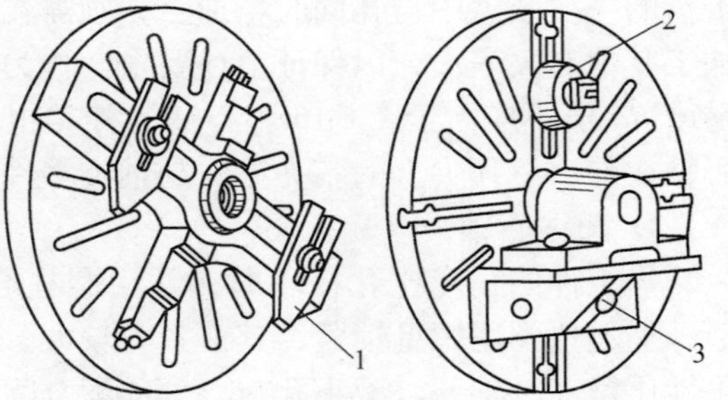

七、车床夹具装夹工件

在成批生产中，为了提高生产率和加工精

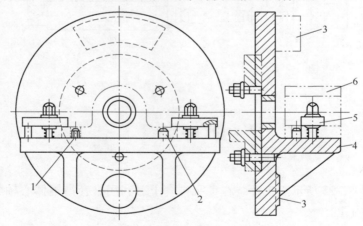

图2-26　用花盘或花盘、弯板装夹工件
1—压板　2—平衡块　3—弯板

度，有些特殊外形的零件也常用车削加工。但自定心卡盘和花盘都无法满足装夹要求，此时，要用到专门为该零件设计的车床夹具（车夹具）。车床夹具是在车床上用来加工工件内、外回转面及端面的夹具。车床夹具多数安装在主轴上。采用车床夹具能实现在车床上安装非回转或对称的零件，并加工一些特殊位置的表面，具有定位可靠、加工精度高、装夹方便和生产率高的特点。图2-27所示为轴承座零件安装在车床夹具上，以底面定位加工孔，不仅位置尺寸易保证，而且孔中心线和底面的平行度也能得到保证。

图2-27　轴承座车床夹具
1—定位用菱形销　2—定位用圆柱销　3—配重　4—夹具体　5—压板　6—轴承座

第五节　车削的基本工作

一、车削操作要点

1. 车削操作步骤

车削的一般操作步骤如下：

（1）调整车床　根据零件的加工要求和选定的切削用量，调整主轴转速 n 和进给量 f。

车床的调整或变速必须在停车时进行。

（2）选择和装夹车刀　根据工件的加工表面和材料的具体情况，将选好的车刀正确而牢固地装夹在刀架上。

（3）装夹工件　根据零件类型合理地选择工件的装夹方法，稳固夹紧工件。

（4）开车对刀　首先开动车床，使刀具与旋转工件的最外点接触，以此作为调整背吃刀量的起点，然后向右退出刀具。

（5）进刀　根据零件的加工要求，合理确定进给次数，并尽可能利用自动进给切削。

2. 刻度盘的使用

在车削工件时，要准确、迅速地获得所车削外圆或长度方向的尺寸，必须正确掌握好中滑板和小滑板刻度盘的使用。以中滑板为例，其原理是：刻度盘紧固在丝杠轴头上，中滑板和丝杠螺母紧固在一起，当用手带着刻度盘手柄转动一周时，丝杠也转一周，这时，螺母带着横刀架移动一个螺距。所以，中滑板移动的距离可根据刻度盘上的格数来计算。刻度盘每转一格，横刀架移动的距离＝丝杠导程/刻度盘一圈格数。对于 C6140 卧式车床，丝杠导程为 5mm，刻度盘每圈等分成 100 格，则每转一格移动的距离为（5÷100）mm＝0.05mm。由于是径向进给，所以工件的直径将减小 0.1mm。

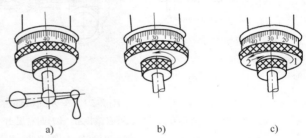

图 2-28　手柄转过头后需退回的方法
a）要求手柄转至 30，但摇过头成 40　b）错误：直接退至 30
c）正确：反转约一圈后，再转至所需位置 30

调整刻度时，如果刻度盘手柄转过头，或试切后发现尺寸不对，而需将车刀退回一数值时，由于丝杠与螺母之间有间隙，刻度盘不能直接退回到所要求刻度，应按图 2-28 所示的方法调整。小滑板的原理与使用方法与中滑板相同。

3. 粗车与精车

工件的加工余量需要经过几次进给才能切除，为了提高生产率，保证加工质量，常将车削分为粗车和精车，这样可以根据不同阶段的加工，合理选择切削参数、机床设备及安排热处理工序等。粗车和精车的加工特点见表 2-3。有时根据需要在粗车和精车之间再加入半精车，其切削参数介于两者之间。

表 2-3　粗车和精车的加工特点

	粗　车	精　车
目的	尽快去除大部分加工余量，使之接近最终的形状和尺寸，提高生产率	切去粗车后的精车余量，保证零件的加工精度和表面粗糙度
加工质量	尺寸精度低：IT14～IT11 表面粗糙度值偏大，$Ra＝12.5～6.3\mu m$	尺寸精度较高：IT8～IT6 表面粗糙度值较小，$Ra＝1.6～0.8\mu m$
背吃刀量	较大，1～3mm	较小，0.3～0.5mm
进给量	较大，0.3～1.5mm/r	较小，0.1～0.3mm/r
切削速度	中等或偏低的速度	一般取高速
刀具要求	切削部分有较高的强度	切削刃锋利、光洁

4. 试切的方法与步骤

由于刻度盘和横向进给丝杠都有误差，往往不能满足较高进刀精度的要求。为了准确定出背吃刀量，保证工件的加工尺寸精度，单靠刻度盘进刀是不行的，需采用如图 2-29 所示的试切方法和步骤。

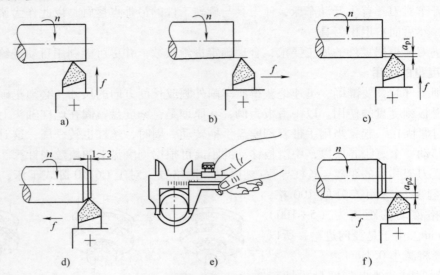

图 2-29　车外圆试切方法及步骤

a）开车对刀，使车刀和工件表面轻微接触　b）向右退出　c）按要求横向进给 a_{p1}　d）试切 1~3mm

e）向右退出，停车，测量　f）调整背吃刀量至 a_{p2} 后，自动进给车外圆

二、各种表面的车削加工

1. 车端面

对工件端面进行车削的方法称为车端面。车端面应用端面车刀。开动车床使工件旋转，移动床鞍（或小滑板）控制切深，中滑板横向进给进行车削，如图 2-30 所示。

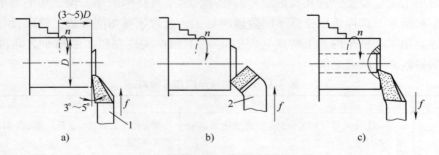

图 2-30　车端面

a）偏刀车端面　b）弯头车刀车端面　c）偏刀车有孔零件端面

1—偏刀　2—弯头车刀

车端面时的注意要点：

1）刀尖要对准工件中心，以免在车出的端面留下小凸台。

2）因端面从边缘到中心的直径是变化的，故切削速度也在变化，不易车出较小的表面粗糙度值，因此工件转速可比车外圆时高一些，最后一刀可由中心向外进给。

3）若端面不平整，应检查车刀和方刀架是否锁紧。为使车刀准确地横向进给而无纵向移动，应将床鞍锁紧在床面上，用小滑板调整切深。

2. 车外圆和台阶

将工件车削成圆柱形外表面的方法称为车外圆。车外圆是车削加工中最基本、最常见的工序。外圆车削的几种情况如图 2-31 所示。

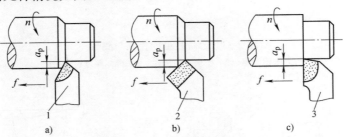

图 2-31　外圆车削的几种情况

a）用 60°外圆车刀　b）用 45°弯头车刀　c）用 90°偏刀

1—左刃直头外圆车刀　2—弯头车刀　3—偏刀

左刃直头外圆车刀主要用于粗车外圆和没有台阶或台阶不大的外圆。弯头车刀用于车外圆（端面和有倒角的外圆）。偏刀的主偏角为 90°，车外圆时径向力很小，常用来车削有垂直台阶的外圆和细长轴。

台阶是由一定长度的圆柱面和端面的组合。很多轴、盘、套类零件上有台阶。台阶的高、低由相邻两段圆柱体的直径所决定。高度小于 5mm 的为低台阶，加工时可由 $\kappa_r = 90°$ 的偏刀在车外圆时一次车出，如图 2-32a 所示。高度大于 5mm 的为高台阶。高台阶在车外圆几次后，用 $\kappa_r > 90°$ 的偏刀沿径向向外进给车出，如图 2-32b 所示。台阶长度的控制与测量如图 2-33 所示。

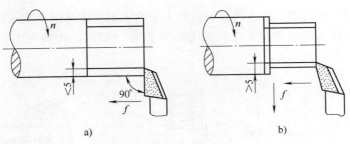

图 2-32　车台阶

a）一次进给　b）多次进给

3. 车槽和切断

（1）车槽　在工件表面上车削出沟槽的方法称为车槽，车槽的形状及加工如图 2-34 所示。轴上的外槽和孔的内槽多属于退刀槽或越程槽，其作用是车削螺纹时便于退刀或磨削时便于砂轮越程，否则无法加工。同时往轴上或孔内装配其他零件时，便于确定其轴向位置。端面槽的主作用是为了减小质量。有些槽还可以卡上弹簧或装上密封圈等。车槽使用切槽刀，如图 2-35 所示。车槽和车端面很相似，如同左右偏刀并在一起同时车左右两个端面。

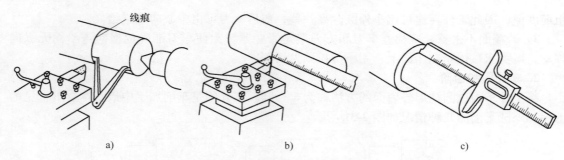

图 2-33　台阶长度的控制与测量

a）卡钳测量　b）金属直尺测量　c）游标深度尺测量

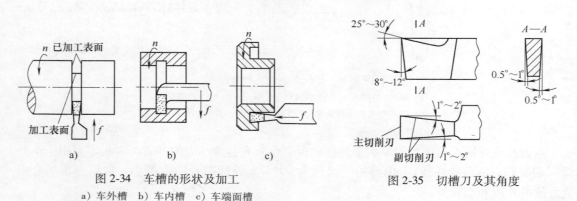

图 2-34　车槽的形状及加工

a）车外槽　b）车内槽　c）车端面槽

图 2-35　切槽刀及其角度

车削宽度为 5mm 以下的窄槽时，可采用主切削刃尺寸与槽宽相等的切槽刀一次车出。宽度大于 5mm 时，一般采用分段横向粗车，最后一次横向切削后，再进行纵向精车的方法，如图 2-36 所示。当工件上有几个同一类型的槽时，槽宽应一致，以便用同一把刀具切削，以提高效率。

（2）切断　切断是将坯料或工件从夹持端上分离下来，主要用于圆棒料按尺寸要求下料或把加工完毕的工件从坯料上切下来，如图 2-37 所示。常用的切断方法有直进法和左右借刀法两种。

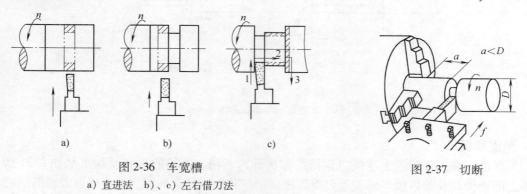

图 2-36　车宽槽

a）直进法　b）、c）左右借刀法

图 2-37　切断

切断要选用切断刀。切断刀的形状与切槽刀相似，只是刀头更加窄长，所以刚性也更差，容易折断，因此切断时应注意以下几点：

1）切断时，刀尖必须与工件中心等高，否则切断处将留有凸台，容易损坏刀具。

2）切断处应靠近卡盘，增加工件刚性，减小切削时的振动。

3）切断刀伸出不宜过长，以增强刀具刚性。

4）切断时，切削速度要低，采用缓慢均匀的手动进给，即将切断时必须放慢进给速度，以免刀头折断。

5）切断钢件应适当使用切削液，以加快切断过程的散热。

4. 孔加工

在车床上可以使用钻头、扩孔钻、铰刀等定尺寸刀具加工孔，也可以使用内孔镗刀镗孔。由于内孔加工在观察、排屑、冷却、测量及尺寸控制等方面都比较困难，再加上刀具的形状、尺寸受内孔尺寸的限制等因素的影响，因而内孔的加工精度比外圆难保证。但孔与工件外圆的同轴度精度比较高，与端面的垂直度精度也较高。

（1）钻孔 用钻头在实体材料上加工孔的方法称为钻孔。在车床上钻孔与在钻床上钻孔的切削运动不同。在钻床上加工时，主运动是钻头的旋转，进给运动是钻头的轴向进给；在车床上钻孔时，主运动是工件旋转，钻头装在尾座的套筒里，用手转动手轮使套筒带着钻头实现进给运动，如图 2-38 所示。钻孔所用刀具为麻花钻，其结构参看本书钳工部

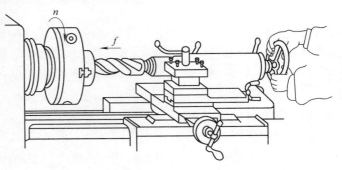

图 2-38 车床上钻孔

分。钻孔的尺寸精度靠钻头直径保证，尺寸公差等级一般低于 IT10，表面粗糙度 $Ra = 50 \sim 12.5 \mu m$，属于孔的粗加工。

车床上钻孔的步骤如下：

1）车平端面。为便于钻头定心，防止钻偏，应先将工件端面车平。

2）预钻中心孔。用中心钻在工件中心处先钻出麻花钻定心孔，或用车刀在工件中心处车出定心小坑。

3）装夹钻头。选择与所钻孔直径对应的麻花钻，麻花钻工作部分长度略长于孔深。如果是直柄麻花钻，则用钻夹头装夹后，再把钻夹头的锥柄插入尾座套筒中。如果是锥柄麻花钻，则可直接插入尾座套筒中。如钻头直径太小，可加用过渡锥套。

4）调整尾座纵向位置。松开尾座锁紧装置，移动尾座，直至钻头接近工件，将尾座锁紧在床身上，此时要考虑加工时套筒伸出不要太长，以保证尾座的刚性。

5）开车钻孔。钻孔是封闭式切削，散热困难，容易导致钻头过热，所以，钻孔的切削速度不宜过高，通常取 $v_c = 0.3 \sim 0.6 m/s$。开始钻削时进给要慢一些，然后以正常进给量进给。钻不通孔时，可利用尾座套筒上的刻度控制深度，也可在钻头上做深度标记来控制孔深，孔的深度还可以用游标深度尺测量。孔将钻通时，应减缓进给速度，以防折断钻头。钻孔结束后，应先退出钻头，然后停车。

6）排屑与润滑。钻深孔时应经常将钻头退出，以利排屑和冷却钻头。钻削钢件时，应

加注切削液。

（2）镗孔　镗孔是利用镗刀对工件上已铸出、锻出或钻出的孔做进一步扩径的加工。如图 2-39 所示，采用扩孔钻扩大孔径的方法详见第六章钳工。

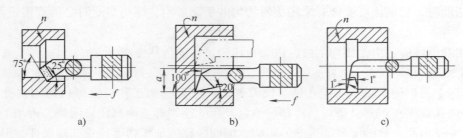

图 2-39　在车床上镗孔
a）镗通孔　b）镗不通孔　c）镗内环形孔

镗孔主要用来加工大直径孔，可以进行粗加工、半精加工和精加工。镗孔可以纠正原来孔的轴线偏斜，提高孔的位置精度。镗刀的切削部分与车刀一样，但镗刀要进入孔内切削，刀杆尺寸受到孔径限制，所以镗刀杆较细，刚性差，因此加工时背吃刀量和进给量都选得较小，进给次数多，生产率不高。镗削加工的通用性很强，应用广泛，镗孔加工的精度接近于车外圆加工的精度。

车床上镗孔的步骤如下：

1）选择和安装镗刀。镗通孔应选用通孔镗刀，不通孔要用不通孔镗刀，镗刀杆应尽可能粗些，伸出刀架的长度应尽量小以减少振动，但应不小于镗孔深度，刀尖与孔中心等高或略高些，以减小镗刀下部碰到孔壁的可能性。刀杆中心线应大致平行于纵向进给方向。镗不通孔时，镗刀刀尖到刀杆背面的距离必须小于孔的半径，否则孔底中心部位无法镗平（图 2-39b）。

2）切削用量选择。镗孔时，因刀杆细，刀头散热条件差，排屑困难，易产生振动和让刀，所以切削用量要比车外圆小些。其调整方法与车外圆基本相同，只是与横向进刀方向相反。

3）试切法。与车外圆相似，其试切过程是：开车对刀—纵向退刀—横向进刀—纵向切削 3~5mm—纵向退刀—停车测量。如已满足尺寸要求，可纵向切削；如未满足尺寸要求，可重新靠横向进刀来调整切削深度，再试切，直至满足尺寸要求。此外，开动车床试切前，应使镗刀在孔内手动试运行一遍，确认无运动干涉后，再开车切削。

4）控制孔深。镗孔深度的控制与车台阶及钻孔相似，如尺寸要求不高，也可采用在刀杆上用粉笔做记号的方法。

5）孔的测量。常用游标卡尺测量孔径和孔深。精度要求较高的孔，可用千分尺或内径百分表测量。大批量生产时，可用塞规测量。

5. 螺纹加工

（1）螺纹的基本要素　在圆柱表面上沿着螺旋线形成的具有相同剖面的连续凸起和沟槽称为螺纹。在各种机械中，带有螺纹的零件很多，应用很广。常用螺纹按用途可分为联接螺纹和传动螺纹两类，前者起联接作用（如螺栓与螺母），后者用于传递运动和动力（如丝杠和螺母）；螺纹按牙型分，有三角形螺纹、梯形螺纹和矩形螺纹等；螺纹按标准分，有米制螺纹和寸制螺纹两种。米制三角形螺纹的牙型角为 60°，用螺距或导程来表示其主要规格，寸制三角形螺纹的牙型角为55°，用每英寸牙数作为主要规格。每种螺纹有左旋、右旋、单线、多线之分，其中以米制三角形螺纹应用最广，又称为普通螺纹。普通螺纹名称符号和要素如图2-40所示。

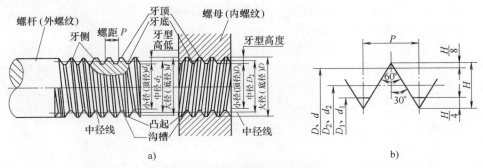

图2-40　普通螺纹名称符号和要素
a）螺纹名称　b）螺纹要素
D_2、d_2—中径　　P—螺距　　D_1、d_1—小径　　D、d—大径　　H—原始三角形高度

大径、螺距、中径、牙型角是最基本的要素。内外螺纹只有当这几个参数一致时才能配合好，是螺纹车削时必须控制的部分。车螺纹时，为了获得准确的螺距，必须用丝杠带动刀架进给，使工件每转一周，刀具移动的距离等于工件螺距，经过多次螺纹车刀横向进给后，完成整个加工过程。图2-41所示是在车床上用螺纹车刀车削螺纹示意图。当工件旋转时，车刀沿工件轴线方向做等速移动形成螺旋线，经多次进给后便成螺纹。下面介绍加工中是如何控制这些要素的。

1）牙型。为了使车出的螺纹形状准确，必须使车刀切削刃部的形状与螺纹轴向截面形状相吻合，即牙型角等于刀尖角。装刀时，精加工的刀具一般前角为零，前刀面应与工件轴线共面；粗加工时可有一小前角，以利于切削。且牙型角的角平分线应与工件轴线垂直，一般常用样板对刀校正，如图2-42所示。

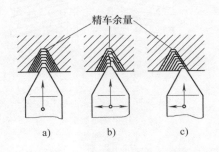

图2-41　车螺纹的进给方式
a）直进法　b）左右切削法　c）斜进法

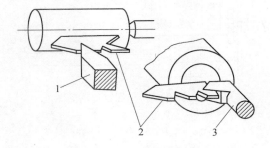

图2-42　用样板对刀校正
1—外螺纹车刀　2—样板　3—内螺纹车刀

螺纹的牙型是经过多次进给而形成的。如图2-41所示，进给方式主要有三种。一是直进法，即用中滑板垂直进给，两个切削刃同时进行切削，此法适用于小螺距螺纹或最后精车；二是左右切削法（又称借刀法），即除用中滑板垂直进给外，同时用小滑板使车刀左、

右微量进给，只有一个切削刃切削，因此车削比较平衡，但操作复杂，适用于塑性材料和大螺距螺纹的粗车；三是斜进法，用于粗车，除了中滑板横向进给外，还利用小滑板使车刀向一个方向微量进给。

2）直径。螺纹的直径是靠控制背吃刀量来保证其精度的，其中小径 $D_1(d_1) = D(d) - 1.082P$，中径 $D_2(d_2) = D(d) - 0.6495P$。

3）导程 P_h 和螺距 P。对于圆柱螺纹，导程是同一条螺旋线上相邻两牙在中径线上对应两点之间的轴向距离；螺距是相邻两牙在中径线上对应两点之间的轴向距离。对于单线普通螺纹，螺距即为导程。车螺纹时，工件每转一周，刀具移动的距离应等于工件的螺距。主轴与丝杠、刀架的传动路线如图 2-43 所示。由图可见，丝杠转速（$n_丝$）与丝杠螺距（$P_丝$）和被加工工件转速（$n_工$）与螺距（P）之间的关系为

$$n_丝 P_丝 = n_工 P$$

车削前，根据工件的螺距，查机床上的进给量表，然后调整进给箱上的手柄（车标准螺距的螺纹）或更换交换齿轮（车特殊螺距的螺纹），即可改变丝杠转速，从而车出不同螺距的螺纹。在车床上能用米制螺纹传动链车普通螺纹，用寸制螺纹传动链车管螺纹和寸制螺纹，用模数螺纹传动链车米制蜗杆，用径节螺纹传动链车寸制蜗杆。

4）线数。由一条螺旋线形成的螺纹称为单线螺纹，由两条或多条螺旋线形成的螺纹称为多线螺纹。图 2-44a 所示为单线螺纹，图 2-44b 所示为双线螺纹。由图可知，当多线螺纹的线数为 n 时，导程和螺距的关系为导程 P_h 等于螺距 P 乘以线数 n，即 $P_h = Pn$。加工多线螺纹时，当车好一条螺旋线上的螺纹后，将螺纹车刀退回到车削的起点位置，将百分表靠在刀架上，利用小滑板将车刀沿进给方向移动一个螺距，再车另一条螺纹。

5）旋向。图 2-44a 所示为右旋螺纹，图 2-44b 所示为左旋螺纹。螺纹旋向常用左（右）手定则来判定，即用手的四指弯曲方向表示螺旋线和转动方向，拇指竖直表示螺旋线沿自身轴线移动的方向，若四指和拇指的方向与右（左）手相合，则称为右（左）旋。螺纹的旋向可用改变螺纹车刀的进给方向来实现，向左进给为右旋，向右进给为左旋。

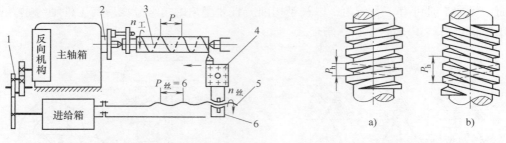

图 2-43　车螺纹传动简图
1—交换齿轮　2—主轴　3—工件
4—车刀　5—丝杠　6—开合螺母

图 2-44　螺纹的旋向和线数
a）单线右旋螺纹
b）双线左旋螺纹

（2）车螺纹操作步骤　直径较小的外、内螺纹可用板牙、丝锥等工具在车床上加工（板牙、丝锥请看钳工部分）。这里只介绍普通螺纹的车削加工，加工时要选用车床的最低转速，车螺纹操作步骤如图 2-45 所示。车螺纹时，要选择好切削用量，一般粗车选切削速度 $v_c = 13 \sim 18 m/min$，每次背吃刀量为 0.15mm 左右，计算好吃刀次数，留精车余量 0.2mm 左右；精车选切削速度 $v_c = 5 \sim 10 m/min$，每次背吃刀量为 $0.02 \sim 0.05mm$。车螺纹时，要不断用切削液冷却、润滑工件。加工一个工件后，要及时清除切屑。

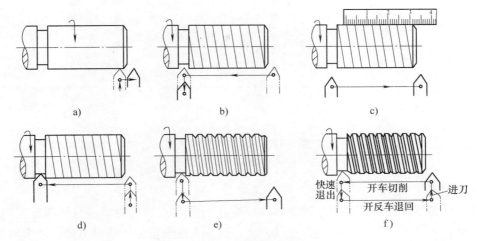

图 2-45 车螺纹操作步骤

a) 开车，使车刀与工件轻微接触记下刻度读数，向右退出车刀　b) 合上开合螺母，
在工件表面上车出一条螺旋线，横向退出车刀，停车　c) 开反车使车刀退到工件
右端，停车，用金属直尺检查螺距是否正确　d) 利用刻度盘调整切深，开车切削

e) 车刀将至行程终了时，应做好退刀停车准备，先快速退出车刀，然后停车，开反车退回刀架

f) 再次横向进给切深，继续切削，其切削过程的路线如图所示

　　在车削过程中和退刀时不得脱开传动系统中任何齿轮或开合螺母，以免车刀与螺纹槽对不上而产生"乱扣"，而应采用开反车退刀的方法。但如果车床丝杠螺距是工件导程的整数倍时，可抬起开合螺母，手动退刀。注意严禁用手触摸工件，或用棉纱揩擦转动的螺纹。

　　(3) 螺纹的测量　螺纹的测量主要是测量螺距、牙型角和中径。因为螺距是由车床的运动关系来保证的，所以用金属直尺测量即可。牙型角是靠车刀的刀尖角及正确安装来保证的，可用螺纹样板测量，如图 2-46 所示。螺纹中径可用螺纹千分尺测量，如图 2-47 所示。成批大量生产时，常用螺纹量规进行综合测量，外螺纹用环规，内螺纹用塞规（各有止、通规一套），如图 2-48 所示。

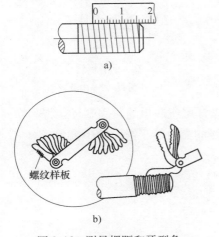

图 2-46 测量螺距和牙型角

a) 用金属直尺测量螺距　b) 用螺纹样板测量牙型角

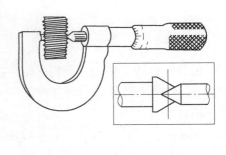

图 2-47 测量螺纹中径

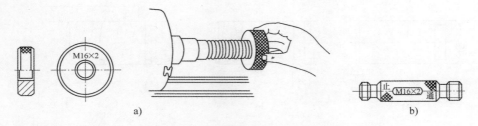

图 2-48　螺纹量规检测法

a）环规及检测方法　b）塞规

6. 车圆锥面

在各种机械结构中，广泛存在圆锥体和圆锥孔的配合，如顶尖尾柄与尾座套筒的配合，被支承工件中心孔的配合，锥销与锥孔的配合。圆锥面配合紧密，装拆方便，经多次拆卸后仍能保证有准确的定心作用。常用车削锥面的方法有宽刀法、小滑板转位法、偏移尾座法、靠模法和数控法。

（1）宽刀法　宽刀法是靠刀具的刃形（角度及长度）横向进给切出所需圆锥面的方法，如图 2-49 所示。此法径向切削力大，易引起振动，适合加工刚性好、锥面长度短的圆锥面。

（2）小滑板转位法　如图 2-50 所示，松开固定小滑板的螺母，使小滑板随转盘转动半锥角 α，然后紧固螺母。车削时，转动小滑板手柄，即可加工出所需圆锥面。这种方法简单，不受锥度大小的限制，但由于受小滑板行程的限制不能加工较长的圆锥面，且表面粗糙度值的大小受操作技术影响，用手动进给，劳动强度大。

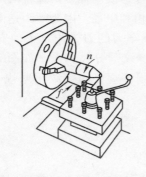

图 2-49　宽刀法

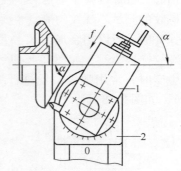

图 2-50　小滑板转位法

1—小滑板　2—中滑板

（3）偏移尾座法　将工件安装在前后顶尖上，松开尾座底板的紧固螺母，将其横向移动一个距离 A，如图 2-51 所示，使工件轴线与主轴轴线的交角等于锥面的半锥角 α。

尾座偏移量 $\qquad A = L\sin\alpha$

当 α 很小时 $\qquad A = L\tan\alpha = L(D-d)/2l$

式中　L——前后顶尖距离，单位为 mm；

$\qquad l$——圆锥长度，单位为 mm；

$\qquad D$——锥面大端直径，单位为 mm；

$\qquad d$——锥面小端直径，单位为 mm。

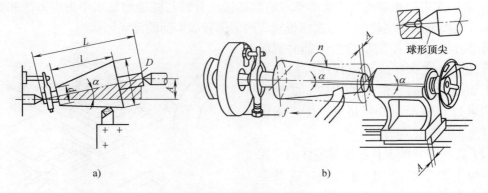

图 2-51　偏移尾座法
a）原理图　b）工作图

为克服工件轴线偏移后中心孔与顶尖接触不良的状况，宜采用球形头的顶尖。偏移尾座法能切削较长的圆锥面，并能自动进给。但由于受到尾部偏移量的限制，只能加工小锥角（小于8°）的圆锥。

（4）靠模法　如图 2-52 所示，在大批量生产中，常用靠模装置控制车刀进给方向，车出所需圆锥面。靠模上的滑块可以沿靠模滑动，而滑块通过连接板与滑板连接在一起，中滑板上的丝杠与螺母脱开，小滑板转过90°，背吃刀量靠小滑板调节。当滑板做纵向自动进给时，滑块就沿着靠模滑动，从而使车刀的运动平行于靠模板，车出所需圆锥面。靠模法可以加工圆锥角小于12°的长圆锥面，加工进给平稳，工件表面质量好，生产率高。

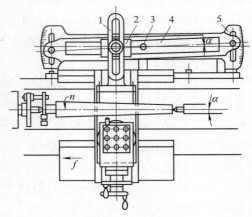

图 2-52　靠模法
1—连接板　2—滑块　3—销钉
4—靠模板　5—底座

（5）数控法　在数控车床上，车刀可根据编制的程序走出圆锥母线的轨迹，车出工件的圆锥。

7. 其他车削加工

在车床上还可以车成形面、滚花、凸轮、盘弹簧、滚压等。

（1）车成形面　有些零件如手柄、手轮等，为了使用方便、美观、耐用等原因，它们的表面不是平直的，而是做成母线为曲线的回转表面，这些表面称为成形面。成形面的车削方法主要有：

1）手动法。如图 2-53 所示，双手同时操纵中滑板和小滑板沿纵、横向移动刀架，或一个方向自动进给，另一个方向手动控制，使刀尖运动轨迹与工件成形面母线轨迹一致。车削过程中要经常用成形样板检验，通过反复加工、检验、修正，最后形成要加工的成形表面。手动法加工简单方便，但对操作者技术要求高，而且生产率低，加工精度低，一般用于单件小批量生产。

2）成形车刀法和靠模法。成形车刀法和靠模法分别与圆锥面加工中的宽刀法和靠模法类似。只是要分别将主切削刃、靠模板制成所需回转成形面的母线形状。

3）数控法。数控法是按工件轴向剖面的成形母线轨迹编制成数控程序后输入数控车床而加工出的成形面的方法。成形面的形状可以很复杂，且质量好，生产率也高（详见数控加工部分）。

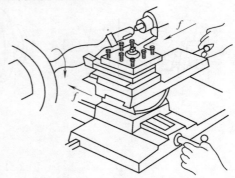

图 2-53　双手控制法车成形面

（2）滚花　一些工具和机器零件的手握部分，为了便于握持，防止打滑，造型美观，常在表面上滚压出各种不同花纹，如千分尺套管、铰杠扳手等。这些花纹可在车床上用滚花刀滚压而成，如图 2-54 所示。

1）花纹种类。有直纹和网纹两种花纹，每种又有粗纹、中纹和细纹之分。花纹的粗细取决于节距 t（即花纹间距）。t 为 1.6mm 和 1.2mm 的是粗纹，t 为 0.8mm 的是中纹，t 为 0.6mm 的是细纹。工件直径或宽度大时选粗纹；反之选细纹。

2）滚花刀。滚花刀由滚轮与刀体组成，滚轮的直径为 20～25mm。滚花刀有单轮、双轮和六轮三种（图 2-55）。单轮滚花刀用于滚直纹；双轮滚花刀有一个左旋滚轮和一个右旋滚轮，用于滚网纹；六轮滚花刀是在同一把刀体上装有三对粗细不等的斜纹轮，使用时根据需要选用合适的节距。

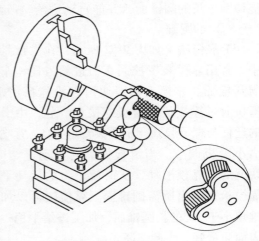

图 2-54　滚花

3）滚花方法。由于滚花后工件直径大于滚花前的直径，其增大值为 $(0.25～0.5)t$，所以滚花前需根据工件材料的性质把工件待滚花部分的直径车小 $(0.25～0.5)t$。把滚花刀安装在车床方刀架上，使滚轮圆周表面与工件平行接触（图 2-54）。滚花时，工件低速旋转，滚轮径向挤压后再做纵向进给。来回滚压几次，直到花纹凸出高度符合要求。工件表面因受滚花刀挤压后产生塑性变形而形成了花纹，因此，滚花时的径向力很大。为了减小开始时的径向压力，可先只让

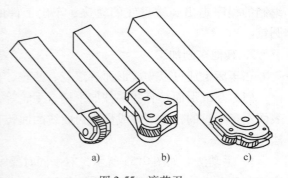

图 2-55　滚花刀

a）单轮滚花刀　b）双轮滚花刀　c）六轮滚花刀

滚轮宽度的一半接触工件表面，或者安装滚花刀时使滚轮圆周表面略倾斜于工件表面，这样

比较容易切入。为防止研坏滚花刀和由于细屑淤塞在滚轮齿隙内而影响花纹清晰程度，滚压中应充分加注切削液。

4）乱纹及其防止方法。滚花操作不当时很容易产生乱纹。其原因有：工件外径周长不能被滚花节距 t 除尽；滚花刀齿磨损或被细屑堵塞；工件转速太高，滚轮与工件表面生产滑动；滚花开始时压力不足，或滚轮与工件接触面积太大。

针对以上原因，可相应采取以下措施预防乱纹：把工件外圆略微车小；更换或清洁滚轮；降低工件转速；滚花开始时，可使用较大压力或把滚花刀装偏一个很小的角度。

第六节 典型零件车削工艺

一、零件加工工艺概念

零件加工工艺是零件加工的方法和步骤。由于零件都是由多个表面组成的，在生产中往往需经过若干个加工步骤才能把毛坯加工成成品，零件形状越复杂，精度、表面粗糙度要求越高，需要加工的步骤也就越多，因此在制订零件的加工工艺时，必须综合考虑，合理安排加工步骤。

制订零件的加工工艺，一般要考虑以下几个问题：

（1）确定毛坯的种类 根据零件的形状、结构、材料和数量确定毛坯的种类（如棒料、锻料、铸件等）。

（2）确定零件的加工顺序 根据零件的精度、表面粗糙度等全部技术要求，以及所选用的毛坯确定零件的加工顺序，除粗、精加工外，还要包括热处理方法的确定及安排。

（3）确定工艺方法及加工余量 确定每一工序所用的机床、工件装夹方法、加工方法、度量方法及加工尺寸（包括为下道工序所留的加工余量）。单件小批量生产中小型零件的加工余量，可按下列数值选用（均指单边余量）。毛坯尺寸大的，取大值；反之，取小值。总余量：手工造型铸件为 3~6mm，自由锻件为 3.5~7mm，圆钢料为 1.5~2.5mm。加工余量：半精车为 0.8~1.5mm，高速精车为 0.4~0.5mm，低速精车为 0.1~0.3mm，磨削为 0.15~0.25mm。

二、典型零件车削加工示例

车削加工中，轴类零件和盘套类零件占绝大部分。轴类零件主要由外圆、台阶、螺纹等组成。如传动轴、主轴、丝杠等长径比大的工件各表面的尺寸精度、形状和位置精度、表面粗糙度要求高。有些表面车削是作为磨削的预加工。为了保证零件的加工精度和装夹方便可靠，一般都以中心孔定位，双顶尖装夹。

盘套类零件主要由外圆、孔和端面组成，除尺寸精度、表面粗糙度要求外，一般须保证外圆与孔的同轴度或径向圆跳动等。在加工中，应尽可能使有位置精度要求的外圆、孔和端面在一次装夹中加工出来。如果不能做到这一点，则通常是先精加工孔，然后以孔定位，把工件安装在心轴上加工外圆和端面。

典型零件为短轴，其车削加工示例如下：

短轴的材料为低碳钢。图 2-56 为短轴的零件图，毛坯取 $\phi40mm\times100mm$ 的棒料，其车削加工工艺过程见表 2-4。

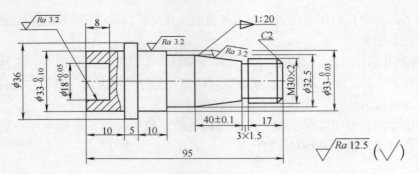

图 2-56　短轴

材料：低碳钢

表 2-4　短轴车削步骤

序号	加工内容	夹具、刀具、量具	加 工 简 图
1	用自定心卡盘夹住工件，伸出长度为 10～20mm，车端面，车平，切深 2～3mm，再钻中心孔	45°弯头车刀、中心钻及钻夹头	
2	将工件调头，用自定心卡盘夹住工件，伸出长度为 30～40mm	自定心卡盘	
（1）	车端面尺寸为 95mm	45°弯头车刀	
（2）	车外圆 $\phi33_{-0.10}^{\;\;0}$ mm，长度为 10mm	右偏刀、游标卡尺	
（3）	车外圆 $\phi36$mm，长度为 10mm，即从端面量起为 20mm，并在离端面 15mm 处，用刀尖刻印痕	右偏刀、游标卡尺	

（续）

序号	加工内容	夹具、刀具、量具	加 工 简 图
（4）	钻孔，深6mm	麻花钻 ϕ15mm	
（5）	镗孔，孔径为 $\phi18^{+0.05}_{0}$ mm，Ra 为 3.2μm，孔深8mm	镗刀、游标卡尺	
3	将工件再调头，夹住外圆 d_2，另一端用回转顶尖顶住	自定心卡盘、回转顶尖	
（1）	粗车外圆 ϕ35mm，然后用刀尖刻出各轴段长度印痕	45° 弯头车刀、游标卡尺	
（2）	粗车 ϕ30.5mm 外圆，长度为20mm	右偏刀、游标卡尺	
（3）	粗车 ϕ32.5mm	右偏刀	
（4）	粗车 ϕ33.5mm，留余量0.5mm	右偏刀	

（续）

序号	加工内容	夹具、刀具、量具	加 工 简 图
(5)	依次精车 $\phi30^{-0.10}_{-0.15}$ mm、 $\phi32$ mm、$\phi33^{0}_{-0.03}$ mm	右偏刀、千分尺	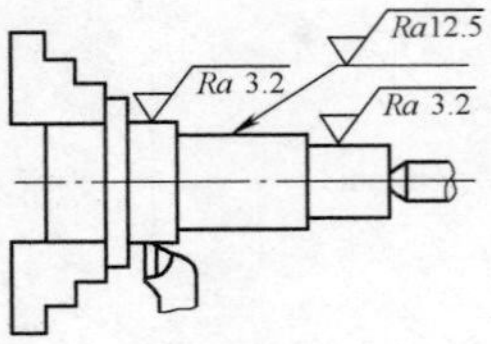
(6)	车圆锥	右偏刀	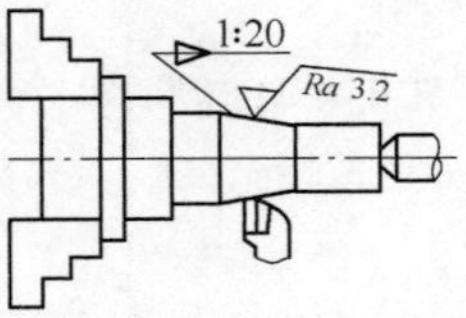
(7)	切槽，倒角	切槽刀、45°弯头车刀 或螺纹车刀	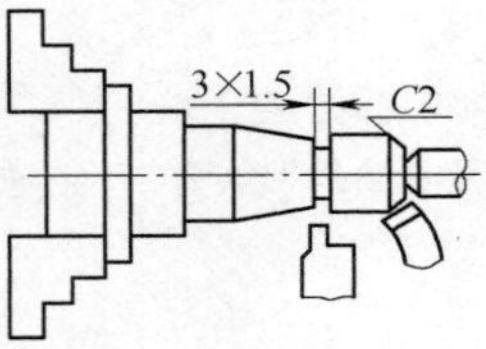
(8)	车螺纹 M30×2	螺纹车刀	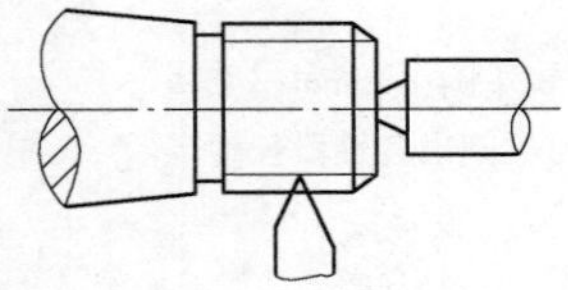
(9)	去毛刺	锉刀	

第七节　车削质量与缺陷分析

车削加工的质量主要是指外圆表面、内孔及端面的表面粗糙度、尺寸精度、形状精度和位置精度。由于各种因素的影响，车削加工可能会产生多种质量缺陷，每个工件车削完毕都需要对其进行质量检验。经过检验，及时发现加工存在的问题，分析质量缺陷产生的原因，提出改进措施，保证车削加工的质量。车削加工外圆、内孔和端面可能发现的质量缺陷及产生原因、预防措施见表 2-5、表 2-6、表 2-7。

表 2-5　车外圆质量缺陷分析及预防措施

质量缺陷	产 生 原 因	预 防 措 施
尺寸超差	看错进刀刻度	看清并记住刻度盘读数刻度，记住手柄转过的圈数
	盲目进刀	根据余量计算背吃刀量，并通过试切法来修正
	量具有误差或使用不当 量具未校零，测量、读数不准	使用前检查量具和校零，掌握正确的测量和读数方法

（续）

质量缺陷	产 生 原 因	预 防 措 施
圆度超差	主轴轴线漂移	调整主轴组件
	毛坯余量或材质不均，产生误差复映	采用多次进给
	质量偏心引起离心惯性力	加平衡块
圆柱度超差	刀具磨损	合理选用刀具材料，降低工件硬度，使用切削液
	工件变形	使用顶尖、中心架、跟刀架，减小刀具主偏角
	尾座偏移	调整尾座
	主轴轴线角度摆动	调整主轴组件
阶梯轴同轴度超差	定位基准不统一	用中心孔定位或减少装夹次数
表面粗糙度值大	切削用量选择不当	提高或降低切削速度，减小进给量和背吃刀量
	刀具几何参数不当	增大前角和后角，减小副偏角
	破碎的积屑瘤	使用切削液
	切削振动	提高工艺系统刚性
	刀具磨损	及时刃磨刀具并用磨石磨光，使用切削液

表 2-6 车床镗孔质量缺陷分析及预防措施

质量缺陷	产 生 原 因	预 防 措 施
尺寸超差	看错进刀刻度	看清并记住刻度盘读数刻度，记住手柄转过的圈数
	盲目进刀	根据余量计算背吃刀量，并通过试切法来修正
	镗刀杆与孔壁产生运动干涉	重新装夹镗刀并空行程试进给，选择合适的刀杆直径
	工件热胀冷缩	粗、精加工相隔一段时间或加注切削液
	量具有误差或使用不当	使用前检查量具和校零，掌握正确的测量和读数方法
圆度超差	主轴轴线漂移	调整主轴组件
	毛坯余量或材质不均，产生误差复映	采用多次进给
	卡爪引起夹紧变形	采用多点夹紧，工件增加法兰
	质量偏心引起离心惯性力	加平衡块
圆柱度超差	刀具磨损	合理选用刀具材料，降低工件硬度，使用切削液
	主轴轴线角度摆动	调整主轴组件
与外圆同轴度超差	二次装夹引起工件轴线偏移	二次装夹时严格找正或在一次装夹中加工出外圆和内孔
表面粗糙度值大	切削用量选择不当	提高或降低切削速度，减小进给量和背吃刀量
	刀具几何参数不当	增大前角和后角，减小副偏角
	破碎的积屑瘤	使用切削液
	切削振动	减少镗刀杆悬伸量，增加刚性
	刀具装夹偏低引起扎刀或刀杆底部与孔壁摩擦	使刀尖高于工件中心，减小刀头尺寸
	刀具磨损	及时刃磨刀具并用磨石磨光，使用切削液

表 2-7　车端面质量缺陷分析及预防措施

质量缺陷	产 生 原 因	预 防 措 施
平面度超差	主轴轴向窜动引起端面不平	调整主轴组件
	主轴轴线角度摆动引起端面内凹或外凸	调整主轴组件
垂直度超差	二次装夹引起工件轴线偏斜	二次装夹时严格找正或采用一次装夹加工
阶梯轴同轴度超差	定位基准不统一	用中心孔定位或减少装夹次数
表面粗糙度值大	切削用量选择不当	提高或降低切削速度，减小进给量和背吃刀量
	刀具几何参数不当	增大前角和后角，减小副偏角，右偏刀由中心向外进给

第八节　其他类型车床

在生产中，除了常用的卧式车床外，还有立式车床、落地车床、转塔车床、仪表车床、自动和半自动车床等，以满足不同形状、不同尺寸和不同生产批量零件的加工需要。但随着数控车床和车削中心的发展，通过机械和液压控制的能自动完成多个工序加工的转塔车床、自动和半自动车床，除在生产线上应用外将逐渐被淘汰，所以下面仅简单介绍立式车床和落地车床。

一、立式车床

立式车床分单柱式与双柱式两种，图 2-57 所示为单柱式（即床身为一个立柱）。单柱式加工的工件直径一般小于 1600mm；双柱式加工的工件直径一般大于 2000mm，甚至可达 8000～10000mm。立式车床用于加工径向尺寸大、轴向尺寸较小的大型零件，如各种机架、壳体等，是汽轮机、重型电动机、矿山冶金等重型机械制造厂不可缺少的加工设备。立式车床在结构布局上的主要特点是主轴垂直布置，并有一个直径很大的圆形工作台，供安装工件之用。工作台台面处于水平位置，因而装夹和校正笨重的工件比较方便。由于工作台及工件的质量由床身导轨或推力轴承承受，大大减轻了主轴及其轴承载荷，因此较易保证加工精度。

二、落地车床

落地车床有一个直径很大的花盘，为了避免花盘中心过高，常把机床安装在地坑中，故称为落地车床。落地车床承载能力大，刚性强，适合加工直径大的圆盘和长轴类工件。

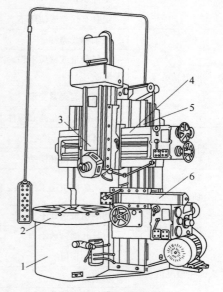

图 2-57　单柱立式车床

1—床身　2—工作台　3—垂直刀架　4—横梁
5—立柱　6—侧刀架

第九节　车工综合训练作业件示例

综合训练作业件为锤子柄。图 2-58 所示为锤子柄零件图，材料可选 Q235，毛坯取 $\phi18mm$ 棒料（圆钢），长度不小于 260mm。其车削加工操作步骤如下：

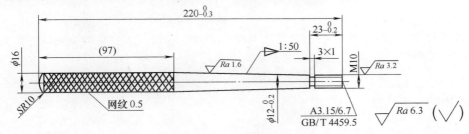

图 2-58　锤子柄

1）用自定心卡盘装夹，棒料伸出 30mm 左右夹紧，车平端面并钻中心孔。

2）用自定心卡盘装夹，棒料伸出 240mm，安装顶尖顶住工件；先车外圆至 $\phi16_{-0.1}^{\ 0}mm$，总长度尺寸为 225mm，后车小端外圆至 $\phi12_{-0.2}^{\ 0}mm$，长度尺寸为 23mm。

3）粗、精车锥度，并抛光至 $Ra1.6\mu m$。

4）精车小外圆 $\phi10mm$ 至要求，倒角 $C1.5$。

5）用滚花刀滚花，长度尺寸为 100mm，用切槽刀切 3mm×1mm 的退刀槽。

6）取长度 221mm，用切断刀切断。

7）调头，车 $SR10mm$ 圆弧，取总长度尺寸 220mm 至要求。

8）调头，车（套）螺纹 M10mm。

复习思考题

2-1　车削可以加工哪些表面？可以达到的加工精度和表面粗糙度值各为多少？

2-2　主轴的转速是否就是切削速度？主轴转速提高，刀架移动就加快，这是否就指进给量加大？

2-3　车床上为什么既有光杠又有丝杠？

2-4　什么是切削用量？单位是什么？

2-5　常用的车刀切削材料有几种？比较它们的切削性能。

2-6　加工 45 钢和 HT200 铸铁时，应选用哪类硬质合金车刀？

2-7　车床上用于装夹工件的方法有哪些？其装夹特点是什么？如何选用？

2-8　比较粗车和精车的加工目的、加工质量、切削用量的差别。

2-9　车削时为什么要开车对刀？

2-10　为什么在车削位置精度有要求的各表面时，必须在一次装夹中车削？

2-11　退刀槽的作用是什么？一般同一零件上几个退刀槽的宽度都应相等，为什么？

2-12　车床上镗孔和车外圆有何不同？

2-13　螺纹的基本三要素是什么？在加工中如何保证？

2-14　车床上加工成形面有哪几种方法？各适用于什么情况？

2-15　锥体的锥度和斜度有何不同？又有何关系？

3

目的和要求

1. 了解铣削加工的工艺特点及加工范围。
2. 了解铣削加工的设备、刀具、附件的性能、用途和使用方法。
3. 掌握铣床的操作要领和简单零件的铣削加工。

铣工实习安全技术

1. 工作时应穿好工作服，并扎紧袖口，女同学必须戴好工作帽，不得戴手套操作机床。

2. 多人共用一台铣床时，只能一人操作，严禁两人同时操作，以防发生意外，并注意他人的安全。

3. 开动铣床前必须检查手柄位置是否正确，检查旋转部分与铣床周围有无碰撞或不正常现象，并对铣床加油润滑。

4. 工件、刀具和夹具必须装夹牢固。

5. 加工过程中不能离开铣床，不能测量正在加工的工件或用手去摸工件，不能用手去清除切屑，应该用刷子进行清除。

6. 严禁开车变换铣床转速，以免发生设备和人身事故。

7. 发现铣床运转有不正常现象时，应立即停车，关闭电源，报告指导教师。

8. 工作结束后，关闭电源，清除切屑，擦拭铣床、工具、量具和其他辅具，加油润滑，清扫地面，保持良好的工作环境。

第一节 概 述

在铣床上用铣刀加工工件的过程称为铣削。铣削是金属切削加工中常用的方法之一。铣削主要用于加工各种平面、沟槽和成形面等，还可以进行钻孔和镗孔。

一、铣削运动和铣削用量

铣削运动分主运动和进给运动。铣削时刀具做快速的旋转运动为主运动，工件做缓慢的直线运动为进给运动。通常将铣削速度、进给量、铣削深度（背吃刀量）和铣削宽度（侧吃刀量）称为铣削用量四要素，如图 3-1 所示。

1. 铣削速度 v_c

铣削速度即为铣刀最大直径处的线速度，可用下式表示

$$v_c = \frac{\pi D n}{1000}$$

式中　D——铣刀切削刃上最大直径，单位为 mm；

n——铣刀转速，单位为 r/min；

v_c——铣刀最大直径处的线速度，单位为 m/min。

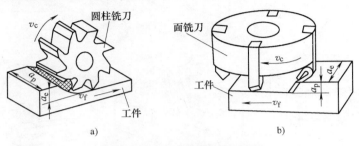

图 3-1　铣削运动及铣削用量
a）在卧铣上铣平面　b）在立铣上铣平面

在铣床标牌上所标出的主轴转速，即每分钟时间内主轴带动铣刀旋转的转数，单位为 r/min。铣削时，一般是通过选择一定的铣刀转速 n 来获得所需要的铣削速度 v_c。生产中根据刀具材料、工件材料，选择合适的切削速度，计算出铣刀转速 n，再从机床所具有的转速中适当进行选定。

2. 进给量

铣削进给量有三种表示方式：

（1）进给速度 v_f（mm/min）　指每分钟内，工件相对铣刀沿进给方向移动的距离，也称为每分钟进给量。

（2）每转进给量 f（mm/r）　指铣刀每转过一转时，工件相对铣刀沿进给方向移动的距离。

（3）每齿进给量 f_z（mm/z）　指铣刀每转过一个齿时，工件相对铣刀沿进给方向移动的距离。

三种进给量之间的关系为

$$v_f = fn = f_z z n$$

式中　n——铣刀转速，单位为 r/min；

z——铣刀齿数。

铣床标牌上所标出的进给量，采用每分钟进给量。

3. 铣削深度 a_p 和铣削宽度 a_e

铣削深度 a_p 是指平行于铣刀轴线方向上切削层的厚度，单位为 mm。铣削宽度 a_e 是指垂直于铣刀轴线方向上切削层的宽度，单位为 mm。

二、铣削加工范围及特点

1. 铣削加工范围

铣削通常在卧式铣床和立式铣床上进行。铣削主要用来加工各类平面、沟槽和成形面。利用万能分度头还可以进行分度工作。有时也可以在铣床上对工件进行钻孔、镗孔加工。铣削加工举例如图 3-2 所示。

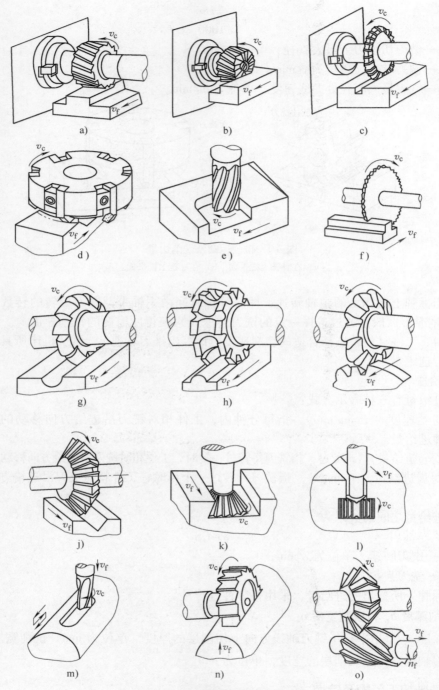

图 3-2　铣削加工举例

a）圆柱铣刀铣平面　b）套式面铣刀铣台阶面　c）三面刃铣刀铣直角槽　d）面铣刀铣平面

e）立铣刀铣凹平面　f）锯片铣刀铣切断　g）凸半圆弧铣刀铣凹圆弧面　h）凹半圆弧铣刀铣凸圆弧面

i）齿轮铣刀铣齿轮　j）角度铣刀铣 V 形槽　k）燕尾槽铣刀铣燕尾槽　l）T 形槽铣刀铣 T 形槽

m）键槽铣刀铣键槽　n）半圆键槽铣刀铣半圆键槽　o）角度铣刀铣螺旋槽

铣削加工的工件尺寸公差等级一般可达 IT10~IT8，表面粗糙度值一般为 $Ra = 6.3 \sim 1.6 \mu m$。

2. 铣削特点

1）铣削时，由于铣刀是旋转的多齿刀具，每个刀具是间歇进行切削的，因此铣刀切削刃的散热条件好，可提高切削速度，生产率高。

2）铣刀的种类很多，铣削的加工范围很广。

3）由于铣刀刀齿的不断切入和切出，使切削力不断地变化，易产生冲击和振动。

第二节 铣 床

铣床的种类很多，最常用的是万能卧式铣床和立式铣床。这两类铣床适用性强，主要用于单件、小批生产中加工尺寸不太大的工件。此外，还有龙门铣床、工具铣床、数控铣床等。数控铣床具有适应性强、精度高、生产率高、劳动强度低等优点。

一、万能卧式铣床

万能卧式铣床的主要特点是主轴轴线与工作台台面平行，呈水平位置。工作台可沿纵、横和垂直三个方向移动，并可在水平面内转动一定的角度，以适应铣削时不同的工作需要。X6132 万能卧式铣床的外形如图 3-3 所示。

X6132 万能卧式铣床的型号中，X——铣床；6——卧式铣床，1——万能升降台铣床，32——工作台宽度的1/10（即工作台宽度为320mm）。

X6132 的旧型号为 X62W。

X6132 万能卧式铣床的主要组成部分及作用如下：

（1）床身 用来固定和支承铣床上所有的部件。电动机、主轴及主轴变速机构等均安装在它的内部。

（2）横梁 上面装有吊架，用来支承刀杆外伸的一端，以增加刀杆的刚度。并可根据工作要求沿水平导轨移动，以调整其伸出的长度。

（3）主轴 用以安装铣刀刀杆并带动铣刀旋转。主轴是空心轴，前端有锥度为 7：24 的精密锥孔。

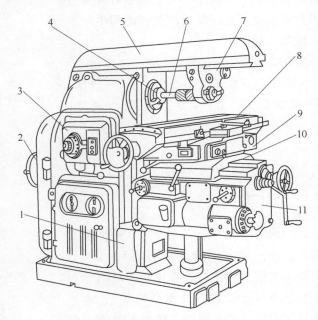

图 3-3 X6132 万能卧式铣床

1—床身 2—电动机 3—主轴变速机构 4—主轴
5—横梁 6—刀杆 7—吊架 8—纵向工作台
9—转台 10—横向工作台 11—升降台

（4）纵向工作台　用来安装工件或夹具，并可沿转台上的水平导轨做纵向移动。纵向移动有手动和机动两种。

（5）转台　它的作用是能将纵向工作台在水平面内扳转一定的角度（最大角度为±45°），以便铣削螺旋槽等。

（6）横向工作台　位于升降台上面的水平导轨上，可带动纵向工作台做横向移动。横向移动有手动和机动两种。

（7）升降台　可沿床身的垂直导轨上下移动，以调整工作台面到铣刀的距离，并做垂直进给。

二、立式铣床

立式铣床的主要特点是主轴轴线与工作台台面垂直。立式铣床上能装夹镶有硬质合金刀片的面铣刀进行高速铣削，因而生产率高，应用广泛。

X5032立式铣床的外形如图3-4所示。

X5032立式铣床的型号中，X——铣床，5——立式铣床，0——立式升降台铣床，32——工作台宽度的1/10（即工作台宽度为320mm）。

X5032的旧型号为X52。

三、龙门铣床

龙门铣床因有一个"龙门"式的框架而得名，四主轴龙门铣床如图3-5所示。龙门铣床的框架两侧有垂直导轨，每侧导轨上安装有一个侧铣头（水平铣头），垂直导轨间安装一水平横梁，横梁上有两个垂直铣头。框架上面是顶梁。这样龙门铣床有四个独立的主轴，均可安装铣刀，通过工作台的移动，刀具可同时对几个面进行加工，生产率高。龙门铣床刚性好，功率大，适合加工大型零件，或同时加工多个中型零件。

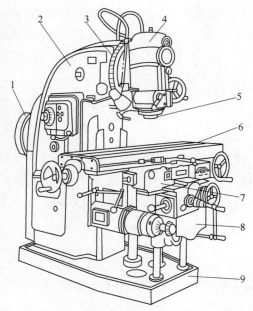

图3-4　X5032立式铣床

1—电动机　2—床身　3—主轴头架旋转刻度

4—主轴头架　5—主轴　6—纵向工作台

7—横向工作台　8—升降台　9—底座

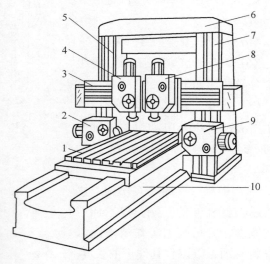

图3-5　四主轴龙门铣床

1—工作台　2、9—水平铣头　3—横梁　4、8—垂直铣头

5、7—立柱　6—顶梁　10—床身

第三节 铣 刀

一、铣刀的种类

铣刀的种类很多，按其装夹方式可分为带孔铣刀和带柄铣刀两大类。采用孔装夹的铣刀称为带孔铣刀（图 3-6），一般用于卧式铣床。采用柄部装夹的铣刀称为带柄铣刀，有锥柄和直柄两种形式（图 3-7），多用于立式铣床。常用的铣刀形状和用途如下：

1. 圆柱铣刀

如图 3-6a 所示。圆柱铣刀主要用其圆柱面的刀齿铣削平面。

2. 三面刃铣刀和锯片铣刀

如图 3-6b、c 所示。三面刃铣刀主要用于加工不同宽度的直角沟槽、小平面和台阶面等。锯片铣刀主要用于切断工件或铣削窄槽。

3. 成形铣刀

如图 3-6d、g、h 所示。成形铣刀主要用在卧式铣床上加工各种成形面，如凸圆弧、凹圆弧和齿轮等。

4. 角度铣刀

如图 3-6e、f 所示。角度铣刀具有各种不同的角度，用于加工各种角度的沟槽及斜面等。角度铣刀分为单角铣刀和双角铣刀，双角铣刀又分为对称双角铣刀和不对称双角铣刀。

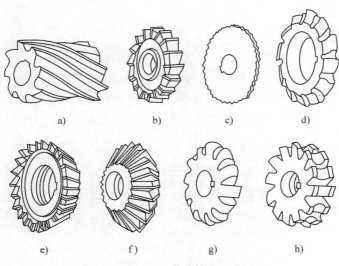

图 3-6 带孔铣刀

a）圆柱铣刀 b）三面刃铣刀 c）锯片铣刀 d）齿轮铣刀
e）单角铣刀 f）双角铣刀 g）凸半圆弧铣刀 h）凹半圆弧铣刀

5. 镶齿面铣刀

如图 3-7a 所示。通常刀体上装有硬质合金刀片，刀杆伸出部分短，刚性好，可用于平面的高速铣削。

6. 立铣刀

如图 3-7b 所示。立铣刀是一种带柄铣刀，有直柄和锥柄两种，适合于铣削端面、斜面、沟槽和台阶面等。

7. 键槽铣刀和 T 形槽铣刀

如图 3-7c、d 所示。键槽铣刀专门用于加工封闭式键槽，T 形槽铣刀专门用于加工 T 形槽。

8. 燕尾槽铣刀

如图 3-7e 所示。燕尾槽铣刀专门用于加工燕尾槽。

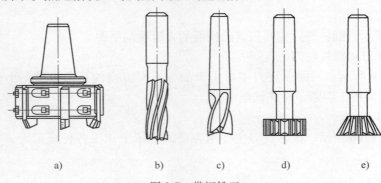

图 3-7 带柄铣刀
a）镶齿面铣刀 b）立铣刀 c）键槽铣刀 d）T 形槽铣刀 e）燕尾槽铣刀

二、铣刀的装夹

1. 带孔铣刀的装夹

带孔铣刀多用在卧式铣床上，使用刀杆装夹，如图 3-8 所示。装夹时，刀杆锥体一端插入机床主轴前端的锥孔中，并用拉杆穿过主轴将刀杆拉紧，以保证刀杆与主轴锥孔紧密配合；然后将铣刀和套筒的端面擦净套在刀杆上，铣刀应尽可能靠近主轴，以增加刚性，避免刀杆发生弯曲，影响加工精度；在拧紧刀杆压紧螺母之前，必须先装好吊架，以防刀杆弯曲变形。

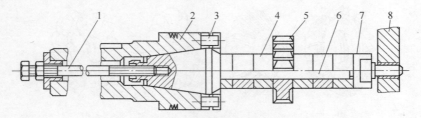

图 3-8 带孔铣刀的装夹
1—拉杆 2—主轴 3—端面键 4—套筒 5—铣刀
6—刀杆 7—螺母 8—吊架

2. 面铣刀的装夹

面铣刀一般中间带有圆孔，通常将铣刀装在短刀杆上，再将刀杆装入机床的主轴上，并用拉杆螺钉拉紧，如图 3-9 所示。

3. 带柄铣刀的装夹

对于直径为 12～50mm 的锥柄铣刀，根据铣刀锥柄尺寸（一般为 2～4 莫氏锥度），选择合适的过渡套筒，将各配合面擦净，装入机床主轴孔中，用拉杆拉紧（图 3-10a）。对于直径为 3～20mm 的直柄立铣刀，可用弹簧夹头装夹（图 3-10b），将铣刀的直柄插入弹簧套内，旋紧螺母，压紧弹簧套的端面，使弹簧套的外锥面受压，缩小孔径，从而夹紧直柄铣刀。

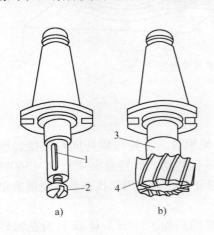

图 3-9 面铣刀的装夹

a）短刀杆 b）装夹在短刀杆上的面铣刀

1—键 2—螺钉 3—垫套 4—铣刀

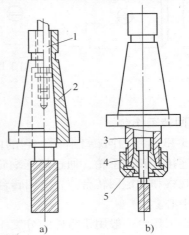

图 3-10 带柄铣刀的装夹

a）锥柄铣刀的装夹 b）直柄铣刀的装夹

1—拉杆 2—变锥套 3—夹头体
4—螺母 5—弹簧套

第四节　铣床附件及工件装夹

一、铣床附件

铣床的主要附件有机用平口虎钳、回转工作台、分度头和万能铣头等。

1. 机用平口虎钳

图 3-11 所示为带转台的机用平口虎钳，主要由底座、钳身、固定钳口、活动钳口、钳口铁以及螺杆等组成。底座下镶有定位键，装夹时将定位键放在工作台的 T 形槽内，即可在铣床上获得正确的位置。钳身下部为圆形刻度盘，松开钳身上的压紧螺母，钳身就可以通过刻度盘指示，扳转到所需的位置。

工作时先校正平口虎钳在工作台上的位置，然后再夹紧工件。校正平口虎钳的方法如图 3-12 所示。校正的目的是保证固定钳口与工作台台面的垂直度和平行度。

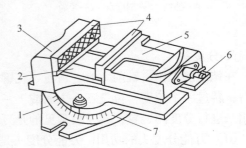

图 3-11 机用平口虎钳

1—底座 2—钳身 3—固定钳口
4—钳口铁 5—活动钳口 6—螺杆 7—刻度盘

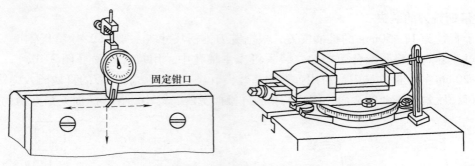

图 3-12　百分表校正平口虎钳

2. 回转工作台

图 3-13 所示为回转工作台。它的内部有一副蜗轮蜗杆，手轮与蜗杆同轴连接，回转台与蜗轮连接。转动手轮，通过蜗杆蜗轮传动，使回转台转动。回转台圆周有 0°～360° 刻度，可用来观察和确定回转台位置。回转台中央的孔可以装夹心轴，用以找正和方便地确定工件的回转中心。

回转工作台一般用于零件的分度工作和非整圆弧面的加工。图 3-14 所示为在回转工作台上铣圆弧槽的情况，工件装夹在回转台上，铣刀旋转，缓慢地摇动手轮，使回转台带动工件进行圆周进给，铣削圆弧槽。

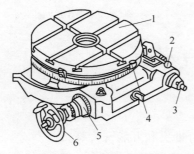

图 3-13　回转工作台

1—回转台　2—离合器手柄　3—传动轴
4—挡铁　5—刻度盘　6—手轮

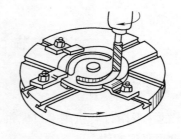

图 3-14　在回转工作台上铣圆弧槽

3. 分度头

在铣削加工中，铣削六方、齿轮、花键键槽等工件时，要求工件每铣过一个面或一个槽之后，转过一个角度，再铣下一个面或下一个槽等。这种转角工作称为分度。分度头就是一种用来进行分度的装置，其中最常见的是万能分度头。

（1）万能分度头的功用　万能分度头是铣床的重要附件，其主要功用是：①能对工件在水平、垂直和倾斜位置进行分度，如图 3-15 所示；②铣削螺旋槽或凸轮时，能配合工作台的移动使工件连续旋转。图 3-16 所示为利用分度头铣削螺旋槽。

（2）万能分度头的结构　万能分度头的结构如图 3-17 所示，在它的基座上装有回转体，

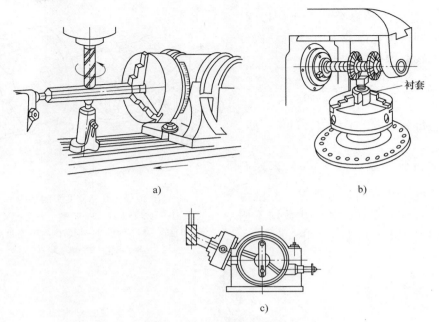

a)   b)

c)

图 3-15 用分度头装夹工件

a）水平位置装夹　b）垂直位置装夹　c）倾斜位置装夹

分度头的主轴可随回转体在垂直平面内向上 90°和向下 10°范围内转动。主轴的前端通常装上自定心卡盘或顶尖。分度时拔出定位销，转动手柄，通过蜗轮蜗杆带动分度头主轴旋转进行分度。万能分度头的传动系统如图 3-18a 所示。当手柄转一圈时，通过齿数比为 1∶1 的直齿圆柱齿轮副传动，使单头蜗杆也转一圈，由于蜗轮的齿数为 40，所以当蜗杆转一圈时，蜗轮带动主轴转 1/40 圈。若工件在整个圆周上的等分数为 Z，则每分一个等份就要求分度头主轴转 1/Z 圈，这时分度手柄所需转过的圈数 n 可由下列比例关系推得：

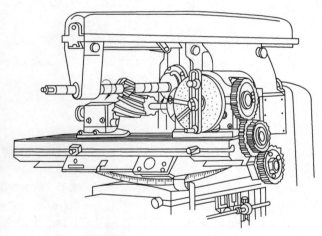

图 3-16 利用分度头铣削螺旋槽

$$1:40 = \frac{1}{Z}:n \quad 即\ n = \frac{40}{Z}$$

式中　n——手柄转数；

　　　Z——工件等分数；

　　　40——分度头定数。

（3）分度方法　使用分度头分度的方法很多，有直接分度法、简单分度法、角度分度法和差动分度法等。这里仅介绍最常用的简单分度法。

简单分度法的计算公式为 $n = 40/Z$。如铣削直齿圆柱齿轮齿数为 36，每一次分度时，手柄转数为

$$n = \frac{40}{Z} = \frac{40}{36} = 1\frac{1}{9} = 1\frac{6}{54}$$

也就是说，每分一齿，手柄需转过 $1\frac{1}{9}$ 圈。

而 $\frac{1}{9}$ 圈是通过分度盘（图 3-18b）来控制的。一般分度头备有两块分度盘。分度盘的两面各钻有许多圈孔，各圈孔数均不相等，但在同一孔圈上的孔距是相等的。

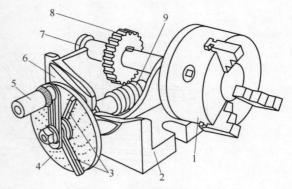

图 3-17   万能分度头的结构
1—自定心卡盘 2—基座 3—分度叉
4—分度盘 5—手柄 6—回转体 7—分度头主轴
8—蜗轮 9—单头蜗杆

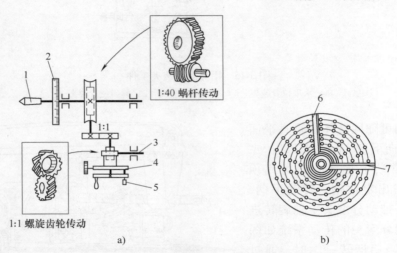

1:40 蜗杆传动

1:1 螺旋齿轮传动

a)

b)

图 3-18   万能分度头的传动系统及分度盘
a) 传动示意图 b) 分度盘
1—主轴 2—刻度环 3—交换齿轮轴 4—分度盘 5—定位销 6、7—分度叉

第一块分度盘正面各圈孔数依次为 24、25、28、30、34、37；反面为 38、39、41、42、43。

第二块分度盘正面各圈孔数依次为 46、47、49、51、53、54；反面为 57、58、59、62、66。

简单分度时，分度盘固定不动。将分度手柄上的定位销拔出，调整至孔数是 9 的倍数的孔圈上，即在孔数为 54 的孔圈上。分度时，手柄转过一圈后，再沿孔数为 54 的孔圈上转过 6 个孔间距即可。

为了避免每次数孔的烦琐及确保手柄转的孔距数可靠，可调整分度盘上分度叉之间的夹角，使之相当于欲分的孔间距数，这样依次进行分度时，就可以准确无误。

4. 万能铣头

万能铣头如图 3-19 所示。为了扩大卧式铣床的工作范围，可在其上安装一个万能立铣

头，如图 3-19a 所示。铣头的主轴可以在相互垂直的两个平面内旋转，不仅能完成立铣和卧铣的工作，还可以在工件的一次装夹中，进行任意角度的铣削（图 3-19b、c）。

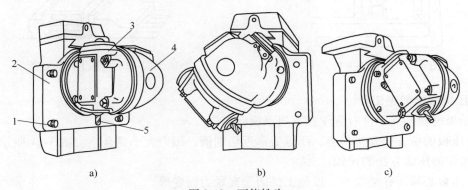

图 3-19   万能铣头

1—螺栓   2—底座   3—铣头主轴壳体   4—壳体   5—铣刀

二、工件的装夹

1. 机用平口虎钳装夹工件

用机用平口虎钳装夹工件时应注意下列事项：

1）工件的被加工面应高出钳口（图 3-20），必要时可用平行垫铁垫高工件（图 3-21）。

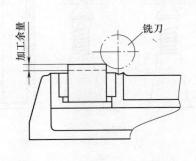

图 3-20   余量层高出钳口平面

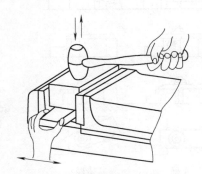

图 3-21   用平行垫铁装夹工件

2）需将比较平整的表面紧贴固定钳口和垫铁，以防止铣削时工件松动。工件与垫铁间不应有间隙，故需一面夹紧，一面用木榔头或铜棒敲击工件上部（图 3-21）。夹紧后用手挪动工件下的垫铁，如有松动，说明工件与垫铁之间贴合不好，应该松开机用平口虎钳，重新夹紧。

3）为防止工件已加工表面被夹伤，往往在钳口与工件之间垫软金属片。

4）为保证铣削工件的两平面垂直，将基准面靠向固定钳口，在工件和活动钳口之间放一圆棒，通过圆棒将工件夹紧，这样能使基准面与固定钳口很好地贴合，如图 3-22 所示。

5）刚性不足的工件需要撑实，以免夹紧力使工件变形。图 3-23 所示为框形工件的夹紧，中间采用调节螺钉撑实。

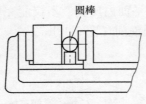

图 3-22　用圆棒夹持工件

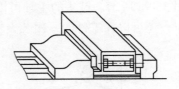

图 3-23　框形工件的夹紧

2. 压板螺栓装夹工件

用压板螺栓装夹工件时应注意下列事项：

1）压板的位置要安排得当，压点要靠近切削面，压力大小要合适。图 3-24 所示为各种正确与错误的压紧方法的比较。

2）压板必须压在垫铁处，以免工件因受夹紧力而变形。

3）夹紧毛坯面时，应在工件和工作台间垫铜皮或垫铁；夹紧已加工面时，应在压板和工件表面间垫铜皮，以免压伤工作台面和工件已加工面。

4）装夹薄壁工件时，在其空心位置处要用活动支承件支撑住，如图 3-25 所示。否则工件因受切削力易产生振动和变形。

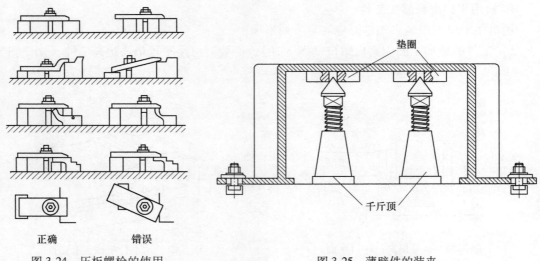

图 3-24　压板螺栓的使用　　　　图 3-25　薄壁件的装夹

5）工件夹紧后，要用划针复查加工线是否仍与工作台平行，避免工件在装夹过程中变形或走动。

3. 分度头装夹工件

分度头装夹工件的方法通常有以下几种：

1）用自定心卡盘和后顶尖夹紧工件（图 3-26a）。

2）用前、后顶尖夹紧工件（图 3-26b）。

3）工件套装在心轴上，用螺母压紧，然后同心轴一起被装夹在分度头和后顶尖之间（图 3-26c）。

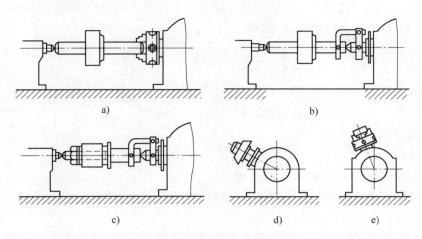

图 3-26 用分度头装夹工件的方法

a）一夹一顶 b）双顶尖顶工件 c）双顶尖顶心轴 d）心轴装夹 e）卡盘装夹

4）工件套装在心轴上，心轴装夹在分度头的主轴锥孔内，并可按需要使主轴倾斜一定的角度（图 3-26d）。

5）工件直接用卡盘夹紧，并可按需要使主轴倾斜一定的角度（图 3-26e）。

第五节 铣削的基本工作

一、铣平面

卧式铣床和立式铣床均可进行平面铣削。使用圆柱铣刀、三面刃圆盘铣刀、面铣刀和立铣刀都可以方便地进行水平面、垂直面及台阶面的加工，如图 3-27 所示。

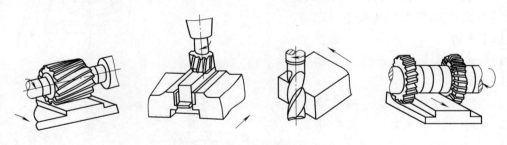

图 3-27 平面铣削

在卧式铣床上，利用圆柱铣刀圆周上的切削刃铣削工件的方法，称为周铣法。这种方法可分为逆铣和顺铣两种，如图3-28所示。

1. 逆铣法

在铣刀和工件已加工面的切点处，铣刀切削刃的运动方向和工件的进给方向相反（图3-28a），称为逆铣法。逆铣时，刀齿的负荷是逐渐增加的（切削厚度从零变到最大），刀齿切入有滑行现象，这样就增加了刀具磨损，增大了工件的表面粗糙度值。逆铣时，铣刀对工件产生一个向上抬的垂直分力 F_{fN}，这对工件的夹固不利，还会引起振动。但铣刀对工件的水平分力 F_f 与工作台的进给方向相反，在水平分力的作用下，工作台丝杠与螺母间总是保持紧密接触而不会松动，丝杠与螺母的间隙对铣削没有影响。

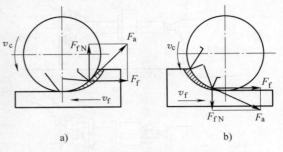

图 3-28　逆铣和顺铣
a）逆铣法　b）顺铣法

2. 顺铣法

铣刀和工件接触处的旋转方向和工件的进给方向相同（图 3-28b），称为顺铣法。顺铣时，每个刀齿的切削厚度从最大减小到零，因而避免了铣刀在已加工表面上的滑行过程，使刀齿的磨损减小。铣刀对工件的垂直分力 F_{fN} 将工件压向工作台，减少了工件振动的可能性，使铣削平稳。但铣刀对工件的水平分力 F_f 与工件的进给方向一致，由于工作台丝杠和固定螺母之间一般都存在间隙，易使铣削过程中的进给不均匀，造成机床振动甚至抖动，影响已加工表面质量，对刀具寿命不利，甚至会发生打坏刀具现象。这样就制约了顺铣法在生产中的应用，因此，目前生产中仍广泛采用逆铣法铣平面。

二、铣斜面

工件的斜面常用下面几种方法进行铣削。

1. 把工件倾斜所需角度

此方法是将工件倾斜适当的角度，使斜面转到水平的位置，然后采用铣平面的方法来铣斜面。装夹工件的方法有以下四种：

1）根据划线，用划针找平斜面（图 3-29a）。

2）在万能虎钳上装夹（图 3-29b）。

3）使用倾斜垫铁装夹（图 3-29c）。

4）使用分度头装夹（图 3-29d）。

2. 把铣刀倾斜所需角度

该方法通常在装有万能铣头的卧式铣床或立式铣床上使用。将刀杆倾斜一定角度，工作台采用横向进给进行铣削，如图 3-30 所示。

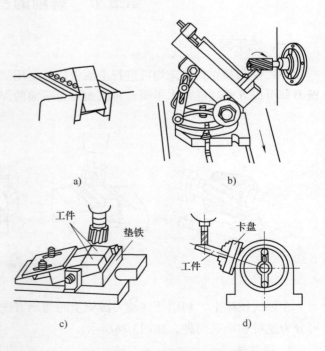

图 3-29　用倾斜工件法铣斜面

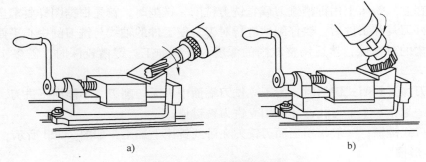

图 3-30　用倾斜刀杆法铣斜面
a) 用带柄立铣刀　b) 用面铣刀

3. 用角度铣刀铣斜面

对于一些小斜面，可以用角度铣刀进行加工，如图 3-31 所示。

三、铣沟槽

在铣床上利用不同的铣刀可以加工键槽、直角槽、T 形槽、V 形槽、燕尾槽和螺旋槽等各种沟槽。这里仅介绍键槽、T 形槽和螺旋槽的加工过程。

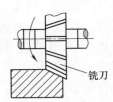

图 3-31　用角度
铣刀铣斜面

1. 铣键槽

轴上的键槽有开口式和封闭式两种。铣键槽时工件的装夹方法很多，常用的如图 3-32 所示。每一种装夹方法都必须使工件的轴线与进给方向一致，并与工作台台面平行。封闭式

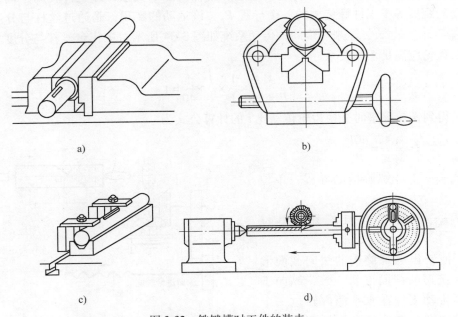

图 3-32　铣键槽时工件的装夹
a) 用机用平口虎钳装夹　b) 用抱钳装夹　c) 用 V 形块装夹　d) 用分度头装夹

键槽一般是在立式铣床上用键槽铣刀或立铣刀铣削。铣削时，首先根据图样要求选择相应的铣刀，安装好刀具和工件后，要仔细地进行对刀，使工件的轴线与铣刀的中心平面对准，以保证所铣键槽的对称性，然后调整铣削的深度，进行加工。键槽较深时，需多次进给进行铣削。

用立铣刀加工封闭式键槽时，由于立铣刀端面中央无切削刃，不能向下进刀，因此必须预先在槽的一端钻一个下刀孔，才能用立铣刀铣键槽。

对于开口式键槽，一般采用三面刃铣刀在卧式铣床上加工，如图3-32d所示。

2. 铣 T 形槽

加工 T 形槽必须先用立铣刀或三面刃铣刀铣出直角槽（图3-33a），然后在立式铣床上用 T 形槽铣刀铣出 T 形槽底槽（图3-33b），最后用角度铣刀铣出倒角（图3-33c）。

由于 T 形槽的铣削条件差，排屑困难，所以应经常清除切屑，切削用量应取小些，应加注足够的切削液。

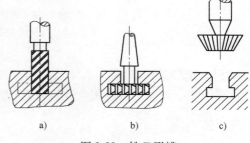

a)　　　　　b)　　　　　c)

图 3-33　铣 T 形槽

3. 铣螺旋槽

在铣削加工中，经常会遇到螺旋槽的加工，如斜齿圆柱齿轮的齿槽、麻花钻头、立铣刀、螺旋圆柱铣刀的沟槽等。

螺旋槽的铣削常在卧式万能铣床上进行。铣削螺旋槽的工作原理与车螺纹基本相同。

铣削时，刀具做旋转运动，工件一方面随工作台做纵向直线移动，同时又被分度头带动做旋转运动。如图3-16所示，两种运动必须严格保持如下关系，即工件转动一周，工作台纵向移动的距离等于工件螺旋槽的一个导程 P_h。该运动的实现，是通过丝杠与分度头之间的交换齿轮 z_1、z_2、z_3、z_4 来实现的，传动系统如图3-34所示。工作台丝杠与分度头侧轴之间的交换齿轮应满足下列关系

$$\frac{P_h}{P}\frac{z_1}{z_2}\frac{z_3}{z_4}\times\frac{1}{1}\times\frac{1}{1}\times\frac{1}{40}=1$$

化简后，得到铣螺旋槽时交换齿轮传动比 i 的计算公式为

$$i=\frac{z_1}{z_2}\frac{z_3}{z_4}=\frac{40P}{P_h}$$

式中　P_h——工件螺旋槽的导程，单位为 mm；

　　　P——工作台丝杠螺距，单位为 mm。

为了使铣出的螺旋槽的法向截面形状与盘形铣刀的截面形状一致，纵向工作台必须带动工件在水平面内转过一个角度，以使螺旋槽的槽向与铣刀旋转平面相一致。工作台转过的角度等于工件的螺旋角，转过的方向由螺旋槽的方向

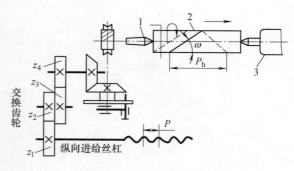

图 3-34　铣螺旋槽传动系统

1—分度头主轴　2—工件　3—尾座

决定。如图 3-35 所示,铣左旋螺旋槽时沿顺时针方向扳转工作台,铣右旋螺旋槽时沿逆时针方向扳转工作台。

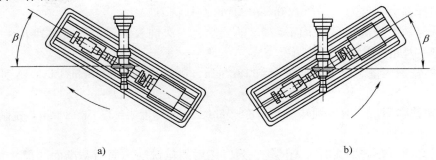

图 3-35 铣螺旋槽时工作台的转向
a) 铣左螺旋槽 b) 铣右螺旋槽

铣螺旋槽时应注意事项如下:

1) 铣螺旋槽时,由于分度头主轴随工作台的移动而转动。因此,需松开分度头主轴紧固手柄,松开分度盘紧固螺钉,并将分度手柄的插销插入分度盘孔中,切削时不得拔出,以免铣坏螺旋槽。

2) 一条螺旋槽铣削完毕后,应落下升降台,然后退刀再进行分度,否则由于分度头和铣床工作台之间存在传动间隙,把已铣好的螺旋槽再铣坏。

3) 铣削多条螺旋槽时,每当铣完一槽后需分度时,分度手柄拔出孔盘后,不能移动工作台,否则会造成圆周等分不均匀,出现废品。

第六节 典型零件的铣削加工

一、长方体零件的加工

在 X6132 万能卧式铣床上,采用圆柱铣刀铣削如图 3-36 所示的工件,毛坯各加工尺寸余量为 5mm,材料为 HT200。

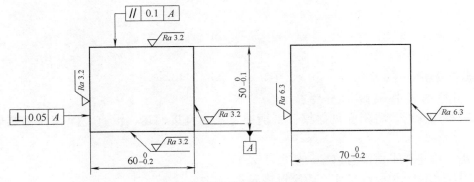

图 3-36 方铁铣成六面

1. 铣削步骤

（1）装夹并校正　装夹并校正机用平口虎钳。

（2）选择并装夹铣刀　选择 ϕ80mm×80mm 圆柱铣刀。

（3）选择铣削用量　根据表面粗糙度的要求，一次铣去全部余量而达到 $Ra = 3.2\mu m$ 是比较困难的，因此分粗铣和精铣两次完成。

1）粗铣铣削用量。取主轴转速 $n = 118$r/min，进给速度 $v_f = 60$mm/min，铣削宽度 $a_e = 2$mm。

2）精铣铣削用量。取主轴转速 $n = 180$r/min，进给速度 $v_f = 37.5$mm/min，铣削宽度 $a_e = 0.5$mm。

（4）试铣削　在铣平面时，先试铣一刀，然后测量铣削平面与基准面的尺寸和平行度，与侧面的垂直度。

（5）铣削顺序　以 A 面为粗定位基准铣削 B 面（图 3-37a），保证尺寸 52.5mm；以 B 面为定位基准铣削 A（或 C）面（图 3-37b），保证尺寸 62.5mm；以 B 和 A（或 C）面为定位基准铣削 C（或 A）面（图 3-37c），保证尺寸 $60_{-0.20}^{0}$mm；以 C（或 A）和 B 面为定位基准铣削 D 面（图 3-37d），保证尺寸 $50_{-0.10}^{0}$mm；以 B（或 D）面为定位基准铣削 E 面（图 3-37e），保证尺寸 72.5mm；以 B（或 D）和 E 面为定位基准铣削 F 面（图 3-37f），保证尺寸 $70_{-0.20}^{0}$mm。

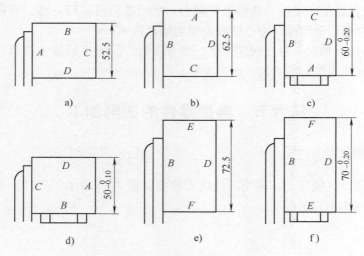

图 3-37　铣削六面体顺序

2. 质量分析

（1）铣削的尺寸不符合图样要求

1）调整切深时，将刻度盘摇错；手柄摇过头，直接回退，没有消除丝杠和螺母的间隙，使尺寸超差。

2）工件或垫铁平面没有擦净，使尺寸铣小。

3）看错图样上的标注尺寸，或测量错误。

（2）铣削表面的表面粗糙度不符合图样要求

1）进给量过大，或进给时中途停顿，产生"深啃"。

2）铣刀装夹不好，跳动过大，铣削不平稳。

3）铣刀不锋利，已磨损。

（3）垂直度和平行度不符合要求

1）固定钳口与工作台面不垂直，铣出的平面与基准面不垂直。这时应在固定钳口和工件基准面间垫纸或薄铜片。图3-38a 所示为当加工面与基准面间的夹角小于 90°时，应在上面垫纸或薄铜片；图3-38b 所示为当加工面与基准面间的夹角大于 90°时，应在下面垫纸或薄铜片。以上方法，只适用于单件小批量零件的加工。

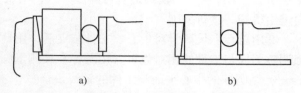

图 3-38 垫纸或薄铜片调整垂直度
a）垫钳口上部　b）垫钳口下部

2）铣端面时钳口没有校正好，铣出的端面与基准面不垂直。

3）垫铁不平行或垫铁与工件之间贴合不实，铣出的平面与基准面不垂直或不平行。

4）圆柱铣刀有锥度，铣出的平面与基准面不垂直或不平行。

3. 操作时应注意事项

1）及时用锉刀修整工件上的毛刺和锐边，但不要锉伤工件已加工表面。

2）用锤子轻击工件时，不要砸伤已加工表面。

3）铣钢件时应使用切削液。

二、键槽的加工

在立式铣床上铣削如图 3-39 所示的封闭式键槽。

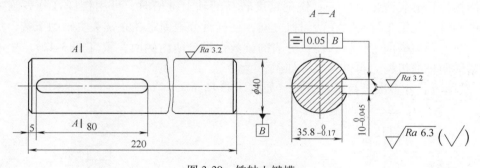

图 3-39 铣轴上键槽

1. 铣削步骤

1）装夹并校正机用平口虎钳，固定钳口，使其与工作台纵向进给方向平行。

2）根据图样要求，选择键槽铣刀的直径应小于 10mm，用弹簧夹头装夹键槽铣刀。

3）选择铣削用量，取主轴转速 $n = 475 \text{r/min}$，背吃刀量 $a_\text{p} = 0.2 \sim 0.4 \text{mm}$，手动进给。

4）试铣检查铣刀尺寸（先在废料上铣削）。

5）装夹并找正工件。为了便于对刀和检验槽宽尺寸，应使轴的端头伸出钳口以外。

6）对中心铣削，使铣刀中心平面与工件轴线重合。通常使用的对刀方法有：

①切痕对中心法。装夹找正工件后，适当调整机床，使键槽铣刀中心大致对准工件的中

心，然后开动机床使铣刀旋转，让铣刀轻轻接触工件，逐渐铣出一个宽度约等于铣刀直径的小平面，用肉眼观察使铣刀的中心落在小平面宽度中心上，再上升工件，在平面两边铣出两个小阶台（图 3-40），使两边阶台高度一致，则铣刀中心平面通过了工件轴线，然后锁紧横向进给机构，进行铣削。

②用游标卡尺测量对中心。工件装夹后，用钻夹头夹持与键槽铣刀直径相同的圆棒，适当调整圆棒与工件的相对位置，用游标卡尺测量圆棒圆柱面与两钳口的距离（图 3-41），若 $a = a'$，则圆棒的中心平面与工件的轴线重合。

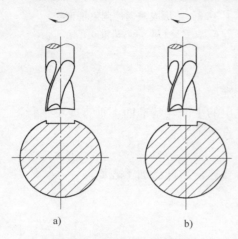

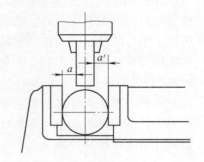

图 3-40　判断中心是否对准

a）两边阶台一致　b）两边阶台不一致

图 3-41　测量对中心

③用杠杆百分表测量对中心。铣削精度较高的轴上键槽时，可用杠杆百分表测量对中心。对中心时，先把工件夹紧在两钳口之间，杠杆百分表固定在立铣头主轴的下端，用手转动主轴，适当调整横向工作台，使百分表的读数在钳口两内侧面一致（图 3-42）。中心对好后，锁紧横向进给机构，再进行工件加工。

7）铣削时，分多次进行垂直进给，如图 3-43 所示。

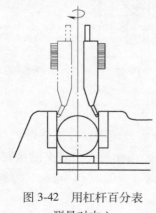

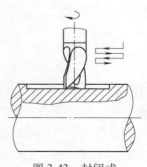

图 3-42　用杠杆百分表
测量对中心

图 3-43　封闭式
键槽的铣削

8）测量卸下工件。

此外，精度要求不高时，也可采用母线对刀法，即刀具先在工件侧面母线上对出痕迹，然后刀具上升后向工件中心方向移动，移动距离为工件半径加刀具半径，此时完成刀具对中。

2. 质量分析

（1）键槽的宽度尺寸不符合图样要求

1）没有经过试切检查铣刀尺寸就加工工件。

2）用键槽铣刀铣削，铣刀圆跳动过大；用三面刃铣刀铣削，铣刀轴向圆跳动过大，将键槽铣宽。

3）铣削时，背吃刀量过大，进给过大，产生让刀现象，将键槽铣宽。

（2）键槽的中心与工件轴线不对称

1）中心没有对准。

2）成批加工时，采用机用平口虎钳装夹，没有检查毛坯尺寸，因工件外圆直径的制造公差，影响了键槽的对称度。

3）扩刀铣削时，中心两边扩铣的余量不一致。

（3）键槽两侧与工件轴线不平行

1）用机用平口虎钳或 V 形块装夹工件时，机用平口虎钳或 V 形块没有校正好。

2）轴的外圆直径两端不一致，有大小头。

3. 操作时应注意事项

1）铣刀应装夹牢固，防止铣削时松动。

2）铣刀磨损后应及时刃磨或更换，以免铣出的键槽表面粗糙度不符合要求。

3）工作中不使用的进给机构应锁紧，工作完毕后再松开。

4）测量工件时铣刀应停止旋转。

5）铣削时用小毛刷清除切屑。

复习思考题

3-1 铣削加工一般可以完成哪些工作？

3-2 X6132 万能卧式铣床主要由哪几部分组成？各部分的主要作用是什么？

3-3 铣床的主运动是什么？进给运动是什么？

3-4 顺铣和逆铣有何不同？实际应用情况怎样？

3-5 试叙述一下铣床主要附件的名称和用途。

3-6 铣一齿数 $z = 28$ 的齿轮，试用简单分度法计算出每铣一齿，分度头手柄应转过多少圈？（已知分度盘各圈孔数为 37、38、39、41、42、43）。

3-7 铣床上工件的主要装夹方法有哪几种？

3-8 铣轴上的键槽时，如何进行对刀？对刀的目的是什么？

3-9 铣螺旋槽时，工件有哪几个运动？各运动应保持什么关系？工作台为什么要扳转一个角度？

3-10 要在直径 $D = 75\text{mm}$ 的铣刀毛坯上铣出一条右旋螺旋槽，其螺旋角 $\omega = 30°$，铣床工作台的进给丝杠螺距 $P = 6\text{mm}$，求分度头交换齿轮的齿数。

4

第四章
磨 工

目的和要求

1. 了解磨削加工的工艺特点及加工范围。
2. 了解磨床的种类及用途，掌握外圆磨床和平面磨床的操纵方法。
3. 了解砂轮的特性、砂轮的选择和使用方法。
4. 掌握在外圆磨床及平面磨床上正确装夹工件的方法，完成磨外圆和磨平面的加工。

磨工实习安全技术

与车工实习安全技术有许多相同之处，可参照执行，在操作过程中更应注意以下几点：

1. 操作者必须戴工作帽，长发压入帽内，以防发生人身事故。
2. 多人共用一台磨床时，只能一人操作，并注意他人的安全。
3. 砂轮是在高速旋转下工作的，禁止面对砂轮站立。
4. 砂轮起动后，必须慢慢引向工件，严禁突然接触工件；背吃刀量也不能过大，以防背向力过大将工件顶飞而发生事故。
5. 用电磁吸盘时应尽量吸大面积的面，必要时加垫。用垫铁要合适。起动时间为 1 ~ 2min，工件吸牢后才能工作。

第一节 概 述

在磨床上用砂轮作为切削工具，对工件表面进行加工的方法称为磨削加工。

磨削加工是零件精加工的主要方法之一，与车、钻、刨、铣等加工方法相比有以下特点：

1）磨削过程是包括切削、刻划和抛光作用的综合复杂过程。在磨削过程中，由于磨削速度很高，产生大量切削热，磨削温度可达 1000℃ 以上。为保证工件表面质量，磨削时必须使用大量的切削液。

2）磨削不仅能加工一般的金属材料，如钢、铸铁及有色金属，而且可以加工硬度很高，用金属刀具很难加工，甚至根本不能加工的材料，如淬火钢、硬质合金等。

3）磨削加工尺寸公差等级可达 IT6 ~ IT5，表面粗糙度可达 $Ra = 0.8 ~ 0.1\mu m$。高精度磨削时，尺寸公差等级可超过 IT5，表面粗糙度可达 $Ra = 0.05\mu m$ 以下。

4）磨削加工的背吃刀量较小，故要求零件在磨削之前先进行半精加工。

磨削加工的用途很广，它可以利用不同类型的磨床分别磨削外圆、内孔、平面、沟槽、成形面（齿形、螺纹等）以及刃磨各种刀具（图4-1）。此外，磨削还可完成毛坯的预加工和清理等粗加工工作。

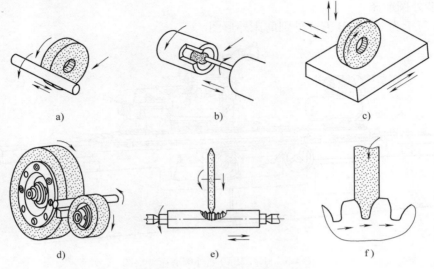

图4-1 磨床加工范围

a）外圆磨削　b）内圆磨削　c）平面磨削
d）无心磨削　e）螺纹磨削　f）齿轮磨削

第二节 磨 床

磨床可分为万能外圆磨床、普通外圆磨床、内圆磨床、平面磨床、无心磨床、工具磨床、齿轮磨床和螺纹磨床等多种类型。

一、平面磨床

平面磨床主要用于磨削工件上的平面。图4-2所示为M7120D平面磨床，主要由床身、工作台、立柱、磨头及砂轮修整器等部分组成。工作台由液压传动做往复直线运动，也可用手轮操纵。工作台上装有电磁吸盘或其他夹具，用以装夹工件。

磨头（也称砂轮架）可由液压传动或通过转动横向进给手轮，沿滑板的水平导轨做横向进给运动。摇动垂直进给手轮，可调整磨头在立柱垂直导轨上的高低位置，并可完成垂直方向的进给运动。

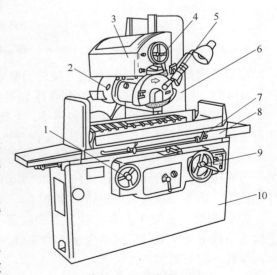

图4-2 M7120D平面磨床

1—驱动工作台手轮　2—磨头　3—滑板　4—横向
进给手轮　5—砂轮修整器　6—立柱　7—行程挡块
8—工作台　9—垂直进给手轮　10—床身

二、外圆磨床

外圆磨床分为普通外圆磨床和万能外圆磨床。

1. 万能外圆磨床

图 4-3 所示为 M1432B 万能外圆磨床外形图。

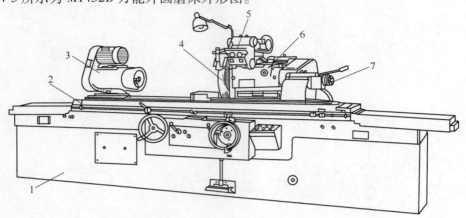

图 4-3　M1432B 万能外圆磨床外形图
1—床身　2—工作台　3—头架　4—砂轮　5—内圆磨头　6—磨头　7—尾架

M1432B 型号的含义如下：

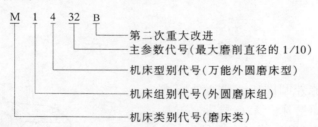

即最大磨削直径为 320mm 的万能外圆磨床。

M1432B 主要组成部分的名称和作用如下：

（1）床身　床身 1 用来安装各部件，上部装有工作台和磨头，内部装有液压传动系统。床身上的纵向导轨供工作台移动用，横向导轨供磨头移动用。

（2）磨头　磨头 6 用来安装砂轮，并有单独电动机，通过传动带带动砂轮高速旋转。磨头可在床身后部的导轨上做横向移动。移动方式有自动间歇进给、手动进给、快速趋近工件和退出。磨头绕垂直轴可旋转一定角度。

（3）头架　头架 3 上有主轴，主轴端部可以装夹顶尖、拨盘或卡盘，以便装夹工件。主轴由单独电动机通过带传动变速机构带动，使工件可获得不同的转动速度。头架可在水平面内偏转一定的角度。

（4）尾架　尾架 7 的套筒内有顶尖，用来支承工件的另一端。尾架在工作台上的位置，可根据工件长度的不同进行调整。尾架可在工作台上纵向移动。扳动尾架上的杠杆，顶尖套筒可伸出或缩进，以便装卸工件。

（5）工作台　工作台 2 靠液压驱动，沿着床身的纵向导轨做直线往复运动，使工件实现纵向进给。在工作台前侧面的 T 形槽内，装有两个换向挡块，用以操纵工作台自动换向。工作台也可手动，分上、下两层，上层可在水平面内偏转一个不大的角度（±8°），以便磨削圆锥面。

（6）内圆磨头　内圆磨头 5 是磨削内圆表面用的，在它的主轴上可装上内圆磨削砂轮，由另一台电动机带动。内圆磨头绕支架旋转，使用时翻下，不用时翻向磨头上方。

2. 普通外圆磨床

普通外圆磨床没有内圆磨头，头架和磨头不能在水平面内回转角度，其余结构与万能外圆磨床基本相同。在普通外圆磨床上，可以磨削工件的外圆柱面及锥度不大的外圆锥面。

三、内圆磨床

内圆磨床主要用于磨削内圆柱面、内圆锥面及端面等。图 4-4 所示为 M2120 内圆磨床，主要由床身、工作台、头架、磨具架、砂轮修整器等部分组成。在磨锥孔时，头架在水平面内偏转一个角度。内圆磨床的磨削运动与外圆磨床相同。

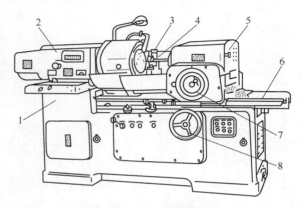

图 4-4　M2120 内圆磨床

1—床身　2—头架　3—砂轮修整器　4—砂轮　5—磨具架
6—工作台　7—操纵磨具架手轮　8—操纵工作台手轮

第三节　砂　轮

一、砂轮构成的要素、参数及其选择

砂轮是由磨料和结合剂以适当的比例混合，经压缩再烧结而成。砂轮的构造如图 4-5 所示。砂轮由磨粒、结合剂和空隙三个要素组成。磨粒相当于切削刀具的切削刃，起切削作用；结合剂使各磨粒位置固定，起支持磨粒的作用；空隙则有助于排除切屑。砂轮的性能由磨料、粒度、结合剂、硬度及组织五个参数决定，如表 4-1 所列。

1. 磨料

常用的磨料有氧化铝（刚玉类）、碳化硅、立方氮化硼和人造金刚石等，其分类代号、性能及适用范围见表 4-1。砂轮上由磨料制成的磨粒是一颗形状很不规则的多面体，颗粒的平均尖角为 104°~108°，平均尖角端圆角半径为 7.4~35μm。磨粒尖端在砂轮上的分布，无论在方向、高低，还是在砂轮的轴向和径向都是随机分布的，而且在磨削过程中，磨粒的形状还将不断地变化。

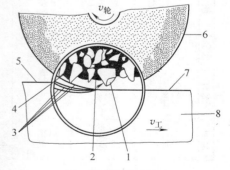

图 4-5　砂轮的构造

1—磨粒　2—结合剂　3—过渡表面
4—空隙　5—待加工表面　6—砂轮
7—已加工表面　8—工件

表4-1　砂轮的三个要素和五个参数

磨粒

磨料

系别	名称	代号	颜色	性能	适用范围
氧化物	棕刚玉	A	棕褐色	硬度较低，韧性较高	磨削碳钢、合金钢、可锻铸铁与青铜
	白刚玉	WA	白色	较A硬度高，磨粒锋利，韧性差 韧性比刚玉WA好	磨削淬硬的高碳钢、合金钢、高速工具钢、成形零件、磨削薄壁零件，磨削高速工具钢、不锈钢、成形磨削、刃磨工具，高质量表面磨削
	铬刚玉	PA	玫瑰红色		
碳化物	黑碳化硅	C	黑色带光泽	比刚玉类硬度高，导热性好，但韧性差	磨削铸铁、黄铜、耐火材料及其他非金属材料
	绿碳化硅	GC	绿色带光泽	较C硬度高，导热性好，韧性较差	磨削硬质合金、宝石、光学玻璃等
	碳化硼	BC	黑色	比刚玉、C、GC都硬、耐磨、高温易氧化	研磨硬质合金
高硬磨料	人造金刚石	MBD	白、浅绿、黑色	硬度最高，耐热性较差	研磨硬质合金、光学玻璃、大理石、宝石、陶瓷等高硬度材料
	立方氮化硼	CBN	棕黑色	硬度仅次于MBD，韧性较MBD好	磨削高性能高速工具钢、不锈钢、耐热钢及其他难加工材料

粒度

标记	适用范围
F4~F14	荒磨
F14~F30	一般磨削。加工表面粗糙度值可达Ra0.8μm
F30~F100	半精磨、精磨和成形磨削。加工表面粗糙度值可达Ra0.8~0.16μm
F100~F240	精磨、精密磨、超精磨、珩磨 成形磨、刃磨刀具、珩磨
F150~F400	精磨、精密磨、超精磨
F360及更细	超精密磨、镜面磨、精研。加工表面粗糙度值可达Ra0.05~0.012μm

结合剂

种类

名称	代号	特性	适用范围
陶瓷	V	耐热、耐油和耐酸、耐碱的侵蚀，强度较高，较脆	除薄片砂轮外，能制成各种砂轮
树脂	B	强度较高，富有弹性，具有一定抛光作用，耐热性差，不耐酸碱	荒磨砂轮、磨窄槽、切断用砂轮、高速砂轮、镜面磨砂轮
橡胶	R	强度更高，弹性更好，抛光作用好，耐热性差，不耐油和酸	磨削轴承沟道砂轮、无心磨导轮、切割薄片砂轮、抛光砂轮

硬度

等级	超软				软		中软		中		中硬		硬			超硬
代号	D	E	F	G	H	J	K	L	M	N	P	Q	R	S	T	Y
选择	磨末淬硬钢选用L~N，磨淬火合金钢选用H~K，磨硬质合金磨削时选用K~L，高表面质量磨削时选用H~K，刃磨硬质合金刀具时选用H~J															

空隙

组织

组织号	0	1	2	3	4	5	6	7	8	9	10	11	12	13	14
磨粒率(%)	62	60	58	56	54	52	50	48	46	44	42	40	38	36	34
用途	成形磨削、刃磨刀具			精密磨削	磨削淬火钢				磨削韧性大而硬度不高的材料					磨削热敏性高的材料	

砂轮

2. 粒度

粒度是用筛选法分级，以每英寸筛网长度上筛孔的数目表示。如 F46 粒度是表示正好能通过每英寸长度为 46 个孔眼的筛网，而不能通过下一档每英寸长度为 60 个孔眼筛网的磨粒。粒度分粗磨粒与微粉两类，其表示符号及适用范围见表 4-1。

磨料的粒度直接影响磨削的生产率和磨削质量。粗磨时，余量大、磨削用量大，或在磨削软材料时，为了防止砂轮堵塞和产生烧伤，应选用粗砂轮；精磨时，为获得小的表面粗糙度值和保持砂轮轮廓精度，应选用细砂轮。

3. 结合剂

结合剂的种类、代号、特性及适用范围见表 4-1。

4. 硬度

砂轮硬度是指磨粒结合的牢固程度，硬度越高，磨粒越不易脱落。硬度分级见表 4-1。磨软材料时，选硬砂轮；磨硬材料时，选软砂轮。粗磨选软砂轮，精磨选较硬砂轮。通常粗磨比精磨低 1~2 级。

5. 组织

组织表示砂轮结构的紧密程度，分为紧密、中等和疏松三大类。组织号是以磨粒在砂轮中所占百分比来确定的，见表 4-1。磨粒所占比例越小，空隙就越多，砂轮就越疏松。空隙可以容纳切屑，使砂轮不易堵塞，还可把切削液带入磨削区，降低磨削温度。但过于疏松会影响砂轮强度。粗磨时，选用较疏松砂轮；精磨时，选用较紧密砂轮。常用砂轮是 5~6 级。

二、砂轮形状与代号

常用砂轮形状、代号及用途见表 4-2。

表 4-2 常用砂轮形状、代号及用途

砂轮名称	代号	断面简图	基本用途
平形砂轮	1		根据不同尺寸，分别用在外圆磨、内圆磨、平面磨、无心磨、工具磨、螺纹磨和砂轮机上
双斜边砂轮	4		主要用于磨齿轮齿面和磨单线螺纹
双面凹一号砂轮	7		主要用于外圆磨削和刃磨工具，还用作无心磨的磨轮和导轮
平行切割砂轮	41		主要用于切断和开槽等
粘结或夹紧用筒形砂轮	2		用于立式平面磨床上
杯形砂轮	6		主要用其端面刃磨刀具，也可用其圆周磨平面和内孔
碗形砂轮	11		通常用于刃磨刀具，磨机床导轨
碟形砂轮	12a		适于磨铣刀、铰刀、拉刀等，大尺寸的一般用于磨齿轮的齿面

砂轮的特性代号一般标注在砂轮端面上，用以表示砂轮的型号、形状、尺寸、磨料、粒度、硬度、结合剂、组织及允许的最高线速度。如 1—300×32×80—WAF60K5V—30m/s，即表示砂轮的形状为平形砂轮（1），尺寸外径为 300mm，厚度为 32mm，内径为 80mm。磨料为白刚玉（WA），粒度为 F60，硬度为中软（K），组织号为 5 号，结合剂为陶瓷（V），最高工作速度为 30m/s。

三、砂轮的检查、装夹、平衡和修整

砂轮因在高速下工作，因此装夹前必须经过外观检查，不应有裂纹。

装夹砂轮时，要求将砂轮不松不紧地套在轴上。在砂轮和法兰盘之间垫上 1～2mm 厚的弹性垫板（皮革或橡胶所制），如图 4-6 所示。

为了使砂轮平稳地工作，砂轮须静平衡，如图 4-7 所示。砂轮静平衡的过程是：将砂轮装在心轴上（放在平衡架轨道的刀口上）。如果不平衡，较重的部分总是转在下面，这时可移动法兰盘端面环槽内的平衡铁进行平衡，然后再进行检查。这样反复进行，直到砂轮可以在刀口上任意位置都能静止，这就说明砂轮各部分质量均匀。这种方法称为静平衡。一般直径大于 125mm 的砂轮都应进行静平衡。

砂轮工作一定时间以后，磨料逐渐变钝，砂轮工作表面空隙被堵塞，这时须进行修整，使已磨钝的磨粒脱落，以恢复砂轮的切削能力和外形精度。砂轮常用金刚石刀进行修整，如图 4-8 所示。修整时要用大量切削液，以避免金刚石因温度剧升而破裂。修整后的砂轮需再平衡。

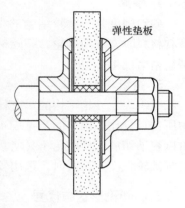

图 4-6 　砂轮的装夹

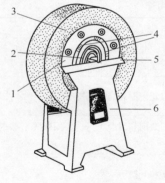

图 4-7 　砂轮的静平衡
1—砂轮套筒　2—心轴　3—砂轮
4—平衡铁　5—平衡轨道　6—平衡架

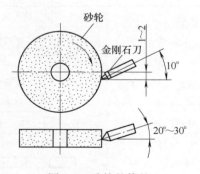

图 4-8 　砂轮的修整

第四节 　工件的装夹

一、平面磨削的工件装夹

磨平面时，一般是以一个平面为基准磨削另一个平面。若两个平面都要磨削且要求平行

时，则可互为基准，反复磨削。

磨削中小型工件的平面，常采用电磁吸盘工作台吸住工件。电磁吸盘工作台的工作原理如图4-9所示。1为钢制吸盘体，在它的中部凸起的芯体A上绕有线圈2，钢制盖板3被绝缘层4隔成一些小块。当线圈2中通过直流电时，芯体A被磁化，磁力线由芯体A经过钢制盖板3→工件→钢制盖板3→钢制吸盘体1→芯体A而闭合（图中用虚线表示），工件被吸住。绝磁层由铅、铜或巴氏合金等非磁性材料制成。它的作用是使绝大部分磁力线都能通过工件再回到吸盘体，而不能通过盖板直接回去，这样才能保证工件被牢固地吸在工作台上。

当磨削键、垫圈、薄壁套等尺寸小而壁较薄的工件时，因工件与工作台接触面积小，吸力弱，容易被磨削力弹出去而造成事故。因此，装夹这类工件时，必须在工件四周或左右两端用挡铁围住，以免工件走动，如图4-10所示。

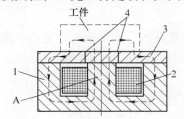

图4-9 电磁吸盘工作台的工作原理
1—钢制吸盘体（A为芯体） 2—线圈
3—钢制盖板 4—绝缘层

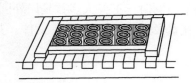

图4-10 用挡铁围住工件

二、外圆磨削的工件装夹

（1）顶尖装夹 轴类零件常用顶尖装夹。装夹时，工件支持在两顶尖之间（图4-11），其装夹方法与车削中所用方法基本相同。但磨床所用的顶尖都是不随工件一起转动的，这样可以提高加工精度，避免由于顶尖转动而带来的误差。后顶尖是靠弹簧推力顶紧工件的，这样可以自动控制松紧程度。

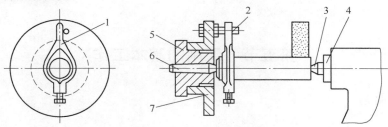

图4-11 顶尖装夹
1—夹头 2—拨杆 3—后顶尖 4—尾架套筒 5—头架主轴 6—前顶尖 7—拨盘

磨削前，工件的中心孔均要进行修研，以提高其几何精度和减小表面粗糙度值。修研的方法在一般情况下是用四棱硬质合金顶尖（图4-12）在

图4-12 四棱硬质合金顶尖

车床或钻床上进行挤研，研亮即可；当中心孔较大、修研精度较高时，必须选用磨石顶尖或铸铁顶尖做前顶尖，一般顶尖做后顶尖。修研时，头架旋转，工件不旋转（用手握住）。研好一端再研另一端，如图 4-13 所示。

（2）卡盘装夹　卡盘有自定心卡盘、单动卡盘和花盘三种，与车床基本相同（见第二章第四节）。无中心孔的圆柱形工件大多采用自定心卡盘，不对称工件采用单动卡盘，形状不规则的采用花盘装夹。

（3）心轴装夹　盘套类空心工件常以内孔定位磨削外圆，往往采用心轴来装夹工件。常用的心轴种类和车床装夹用心轴类似（见第二章第四节）。心轴必须和卡箍、拨盘等传动装置一起配合使用。其装夹方法与顶尖装夹相同。

三、内圆磨削的工件装夹

磨削内圆时，工件大多数是以外圆和端面作为定位基准的。通常采用自定心卡盘、单动卡盘、花盘及弯板等夹具装夹工件。其中最常用的是用单动卡盘通过找正装夹工件（图4-14）。

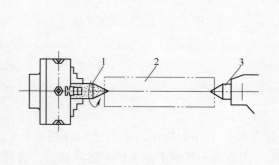

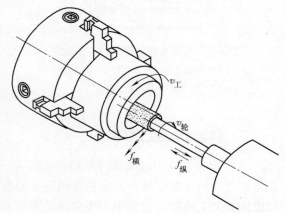

图 4-13　用磨石顶尖修研中心孔
1—磨石顶尖　2—工件　3—后顶尖

图 4-14　单动卡盘装夹工件

第五节　磨削的基本工作

一、平面磨削

1. 磨削方法

平面磨削常用的方法有两种：一种是在卧轴矩形工作台平面磨床上用砂轮的周边进行磨削，即周磨法（图 4-15a）；另一种是在立轴圆形工作台平面磨床上用砂轮的端面进行磨削，即端磨法（图 4-15b）。

当台面为矩形工作台时，磨削工作由砂轮的旋转运动（主运动）和砂轮的垂直进给、工件的纵向进给、砂轮的横向进给等运动来完成。当台面为圆形工作台时，磨削工作由砂轮的旋转运动（主运动）和砂轮的垂直进给、工作台的旋转等运动来完成。

周磨法（图 4-15a）用砂轮圆周面磨削平面。周磨时，砂轮与工件接触面积小，排屑及冷却条件好，工件发热量少，因此磨削易翘曲变形的薄片工件，能获得较好的加工质量，但磨削效率较低，适用于精磨。

端磨法（图 4-15b）用砂轮端面磨削平面。端磨时，由于砂轮轴伸出较短，而且主要是受轴向力，因而刚性较好，能采用较大的磨削用量。此外，砂轮与工件接触面积大，因而磨削效率高；但发热量大，也不易排屑和冷却，故加工质量较周磨低，适用于粗磨。

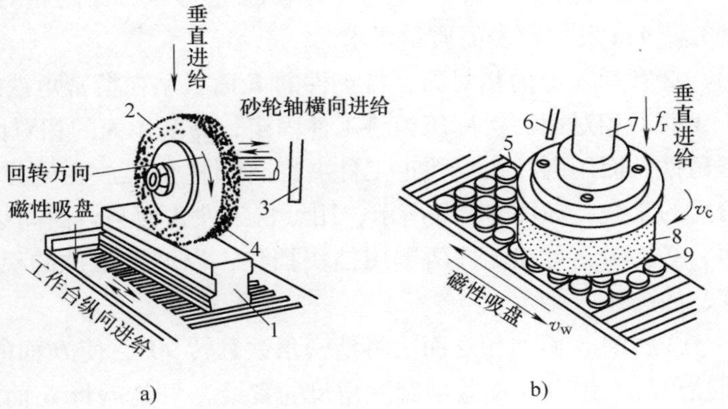

2. 平面磨削举例

方箱体工件如图 4-16 所示。

该工件可在 M7140A 卧轴矩台平面磨床上，用白刚玉磨料，F60 粒度、陶瓷结合剂、中软 K 的平形砂轮磨削。

（1）磨削操作步骤

1）装夹工件。

①擦净工作台面。

②修去工件上的毛刺，检查磨削余量，并将工件 C 面吸牢在电磁工作台上。

③对刀至砂轮下缘与工件顶面有 0.5mm 间隙。调整行程挡块，确定纵向和横向行程。

图 4-15　磨平面的方法

a）周磨法　b）端磨法

1、5—工件　2、8—砂轮　3、6—切削液管
4—砂轮周边　7—砂轮轴　9—砂轮端面

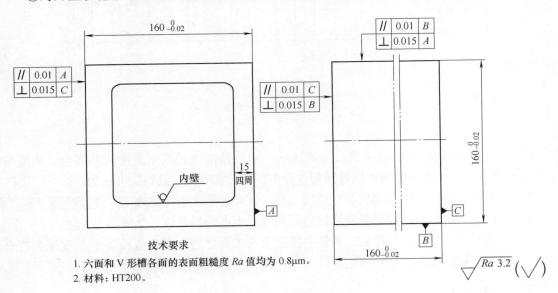

技术要求

1. 六面和 V 形槽各面的表面粗糙度 Ra 值均为 0.8μm。
2. 材料：HT200。

图 4-16　方箱体工件

2）磨削工件。

①磨削 C 面的相对面。先手动垂直进给，见火花后取粗磨磨削深度 0.03mm 做纵向进

给，并起动自动横向进给沿全宽磨削工件。再垂直进给磨削工件全宽，直至剩 0.03 ~ 0.04mm 余量后，再转入精磨。精磨前需稍许退刀以修整砂轮。然后按磨削深度 0.005 ~ 0.01mm、横向进给量 0.05 ~ 0.1mm 进行精磨至尺寸。最后应光磨 1 ~ 2 个全行程。

将工件翻转 180°，在电磁工作台面上吸牢 C 面的相对面，按上述同样方法磨削 C 面至 $160_{-0.02}^{0}$mm 尺寸及表面质量要求。

②磨削 A 面的相对面。将工件的 B 面紧贴在精密角铁的垂直面上，如图 4-17a 所示，找正 A 面的相对面后，用压板将工件固定，磨削 A 面的相对面达到表面质量要求。也可不用精密角铁，而用圆柱角尺找正工件，即将圆柱角尺放在电磁工作台面上，工件 B 面紧贴圆柱角尺的素线，如图 4-17b 所示，用纸将工件 A 面与台面间垫实后吸牢，便可磨削 A 面的相对面。必要时，可在工件两侧用挡块挡住，以增强工件的稳定性，但挡块高度应低于工件高度，如图 4-17c 所示。

③磨削 B 面的相对面。将精密角铁翻转 90°，使 B 面的相对面向上，便可磨削之。若用圆柱角尺，则以 A 面紧贴圆柱角尺的素线，只是需将 B 面的相对面向上，如图 4-17d 所示，B 面放在工作台面上，并用纸垫实吸牢后进行磨削。

④磨削 A、B 面。以 A 面的相对面为基准并吸牢在电磁工作台面上磨削 A 面；以 B 面的相对面为基准磨削 B 面，并分别达到 $160_{-0.02}^{0}$mm 尺寸要求和表面粗糙度要求。磨 A 面时，也可用挡块挡住工件。

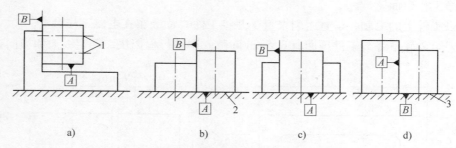

图 4-17　方箱体的磨削
1—夹紧　2、3—垫板

（2）容易出现的问题和解决方法　箱体三个定位基准面相互垂直度误差超差，主要与工作台精度、加工步骤的合理性以及磨削过程中的清洁度有关。其解决方法为：

1）为确保工作台面的平面度和直线度，在正式磨削前，应将电磁工作台面精磨一遍。

2）发现三个定位基准面的垂直度误差超差时，不可磨削其他三个面。

3）精确校正三个定位基准面，要复查精密角铁本身垂直度和垂直面的平面度是否符合要求，要注意偏重导致的不稳定性。

二、外圆磨削

1. 磨削运动

在外圆磨床上磨削外圆，需要下列几种运动（图 4-1a）：

1）主运动——砂轮高速旋转。

2）圆周进给运动——工件以本身的轴线定位进行旋转。

3）纵向进给运动——工件沿着本身的轴线做往复运动。

4）横向进给运动——砂轮向着工件做径向切入运动。它在磨削过程中一般是不进给的，而是在行程终了时周期地进给。

2. 磨削用量

（1）砂轮圆周速度 $v_轮$　指砂轮外圆上任一点砂粒在单位时间内所走的距离。一般外圆磨削时，$v_轮 = 30 \sim 50\text{m/s}$。如 M1432B 万能外圆磨床的新砂轮外径为 400mm，此时转速为 1660r/min，则此时 $v_轮$ 为 35m/s。

（2）工件圆周速度 $v_工$　一般 $v_工 = 13 \sim 26\text{m/min}$。粗磨时 $v_工$ 取大值，精磨时 $v_工$ 取小值。

（3）纵向进给量 $f_纵$　一般 $f_纵 = (0.2 \sim 0.8)B$。B 为砂轮宽度，粗磨时取大值，精磨时取小值。

（4）横向进给量 $f_横$　磨削时一般横向进给量很小。通常 $f_横 = 0.005 \sim 0.05\text{mm}$。

3. 磨削方法

在外圆磨床上磨削外圆的方法常用的有纵磨法和横磨法两种，而其中又以纵磨法用得最多。

（1）纵磨法　如图 4-18 所示。磨削时，工件转动（圆周进给），并与工作台一起做直线往复运动（纵向进给），当每一纵向行程或往复行程终了时，砂轮按规定的吃刀量做一次横向进给运动，每次磨削深度很小。当工件加工到接近最终尺寸时（留下 0.005 ~ 0.01mm），无横向进给地走几次，至火花消失即可。纵磨法的特点是，可用同一砂轮磨削长度不同的各种工件，且加工质量好，但磨削效率较低。目前在生产中应用最广，特别是在单件、小批生产以及精磨时均采用这种方法。

（2）横磨法　又称径向磨削法或切入磨削法，如图 4-19 所示。磨削时工件无纵向进给运动，而砂轮以很慢的速度连续地或断续地向工件做横向进给运动，直至把磨削余量全部磨掉为止。横磨法的特点是生产率高，但精度较低且表面粗糙度值较大。横磨法适于磨削长度较短的外圆表面及两侧都有台阶的轴颈。

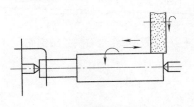

图 4-18　纵磨法磨外圆

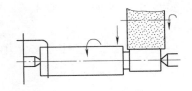

图 4-19　横磨法磨外圆

三、内圆磨削

内圆磨削与外圆磨削相比，砂轮直径由于受工件孔径的限制，一般较小，而悬伸长度又较大，刚性差，磨削用量不能高，所以生产率较低；又由于砂轮直径较小，砂轮的圆周速度较低，加上冷却排屑条件不好，所以表面粗糙度值不易减小。因此，磨削内圆时，为了提高生产率和加工精度，应尽可能选用较大直径的砂轮且砂轮轴伸出长度应尽可能缩短。

作为孔的精加工，成批生产中常用铰孔，大量生产中常用拉孔。由于磨孔具有万能性，不需要成套的刀具，故在小批量及单件生产中应用较多。特别是对于淬硬工件，磨孔仍是精加工孔的主要方法。

1. 磨削运动

磨削内圆的运动与磨削外圆基本相同，但砂轮的旋转方向与磨削外圆相反（参见图4-14）。

2. 磨削用量

（1）砂轮圆周速度 $v_{轮}$　磨削内圆时，由于砂轮直径较小，但又要求切削速度较高，一般 $v_{轮}=15\sim25\mathrm{m/s}$，因此内圆磨头的转速一般都很高，在 20000r/min 左右。

（2）工件圆周速度 $v_{工}$　一般 $v_{工}=15\sim25\mathrm{m/min}$。表面粗糙度要求高时，应取较小值；粗磨或砂轮与工件的接触面积大时，应取较大值。

（3）纵向进给速度 $v_{纵}$　磨内圆时，工作台的 $v_{纵}$ 应比磨外圆时稍大些，一般粗磨时 $v_{纵}=1.5\sim2.5\mathrm{m/min}$，精磨时 $v_{纵}=0.5\sim1.5\mathrm{m/min}$。

（4）横向进给量 $f_{横}$　一般粗磨时 $f_{横}=0.01\sim0.03\mathrm{mm}$，精磨时 $f_{横}=0.002\sim0.01\mathrm{mm}$。

3. 磨削方法

磨削内圆通常是在内圆磨床或万能外圆磨床上进行。磨削时，砂轮与工件的接触方式有两种：一种是后面接触（图4-20a），另一种是前面接触（图4-20b）。在内圆磨床上采用后面接触，在万能外圆磨床上采用前面接触。

内圆磨削的方法有纵磨法和横磨法，其操作方法和特点与外圆磨削相似。纵磨法应用最为广泛。

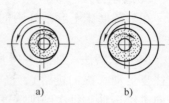

a)　　　　b)

图 4-20　砂轮与工件的接触形式

四、圆锥面磨削

磨削圆锥面通常用下列两种方法：

（1）转动工作台法　这种方法大多用于磨削锥度小、锥面较长的工件（图4-21、图4-22）。

（2）转动头架法　这种方法常用于磨削锥度较大的工件（图4-23）。

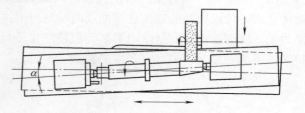

图 4-21　转动工作台磨削外圆锥面

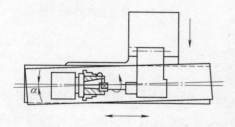

图 4-22　转动工作台磨削内圆锥面

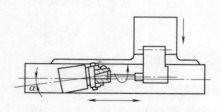

图 4-23　转动头架磨削内圆锥面

第六节　其他磨削简介

一、无心外圆磨削

无心外圆磨削使用的是无心外圆磨床。无心外圆磨床的结构完全不同于一般的外圆磨床，其工作原理如图 4-24 所示。

磨削时，工件不需要装夹，而是放在砂轮与导轮之间，由托板支承着；工件轴线略高于砂轮与导轮轴线，以避免工件在磨削时产生圆度误差；工件由橡胶结合剂制成的导轮带动做低速旋转（$v_w = 0.2 \sim 0.5 \mathrm{m/s}$），并由高速旋转着的砂轮进行磨削。

由于导轮轴线与工件轴线不平行，倾斜一个角度 α（$\alpha = 1° \sim 4°$），因而导轮旋转时所产生的线速度 v_r 可以分解成两个分量，其中 $v_w = v_r \cos\alpha$ 垂直于工件的轴线，使工件产生旋转运动，而 $v_{fx} = v_r \sin\alpha$ 则平行于工件的轴线，使工件做轴向进给运动。

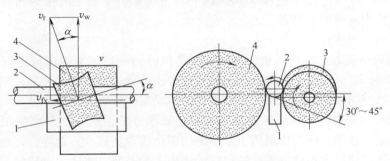

图 4-24　无心外圆磨削工作原理示意图

1—托板　2—工件　3—导轮　4—砂轮

无心外圆磨削的生产率高，主要用于成批及大量生产中磨削细长轴和无中心孔的短轴等。

一般无心外圆磨削的工件尺寸公差等级为 IT6 ~ IT5，磨削的工件表面粗糙度 Ra 值为 $0.8 \sim 0.2 \mu m$。

二、高精度磨削

磨削过程中，砂轮表面的修整质量和磨床主轴的振动是决定磨削工件表面粗糙度值大小和精度高低的主要因素。因此，对砂轮、磨床和磨削工艺应提出以下基本要求：

1）砂轮。修整后的砂轮表面磨粒必须具有微刃性和等高性（图 4-25）。

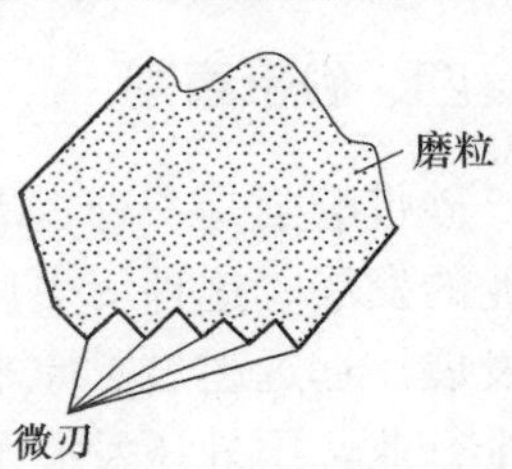

这种磨粒磨削时，能在工件表面上切下微细的磨屑，形成较光滑的表面，也可在适当的磨削压力下，使半钝状态的微刃与工件表面发生摩擦抛光作用而形成光滑表面。例如，用小修整导程 S_d 和小修整深度 t_d 的较强粒度（F60 ~ F320）砂轮来磨削工件，能获得 $Ra = 0.04 \sim 0.02 \mu m$

图 4-25　磨粒的微刃

的表面粗糙度；若用更细的粒度、树脂结合剂并加有石墨填料的砂轮，在适当的磨削压力下，经过一定时间的磨削——抛光作用，则可获表面粗糙度 Ra 值不大于 $0.01\mu m$ 的表面——镜面。

2）磨床。砂轮主轴必须有很高的回转精度；磨床工作台要能达到 $4\sim10mm/min$ 的低速度，且能平稳移动而无爬行现象；要求砂轮架能灵活精确地微量进给（$2\mu m$），消除一切振源；切削液要过滤干净并及时更换，以免磨屑拉毛工件表面。

3）工艺参数。对镜面磨削前一道工序的工件尺寸精度、形状精度的要求都较高，且表面粗糙度值低。镜面磨削时，砂轮旋转线速度为 $15\sim20m/s$，工件旋转线速度为 $10\sim15m/min$，工作台移动速度为 $50\sim200mm/min$，径向进给量为 $2\sim5\mu m$，磨削时，径向进给 $1\sim3$ 次，然后光磨几次至几十次，才能达到镜面程度。

三、高速磨削

普通磨削的砂轮线速度一般在 $35m/s$ 以下，当在 $45m/s$ 以上时称为高速磨削，高速磨削是近代磨削技术发展的一种新工艺。

高速磨削有下列优点：

（1）磨削效率提高　砂轮线速度提高后，单位时间内通过磨削区域进行切削的磨粒数大大增加，此时，如果保持每颗磨粒切去的切削厚度与普通磨削时的一样，则进给量可以大大提高，在磨削相同余量的情况下，磨削所用的机动时间可大大缩短。

（2）砂轮寿命提高　砂轮线速度提高以后，如果进给量仍与普通磨削相同，则每颗磨粒切去的切削厚度减少，磨粒切削刃上承受的切削负荷也就减少，这样，每颗磨粒的切削能力相对提高，从而使每次修整后的砂轮可以磨去更多的金属，提高了砂轮的寿命。

（3）工件表面质量提高　随着砂轮线速度的加快，每颗磨粒切去的切削厚度变薄，磨粒通过磨削区域时，留在工件表面上的切痕深度变浅，因而工件表面粗糙度值减小。另外，由于切削厚度变薄，磨粒作用在工件上的法向磨削力相应减小，从而提高了工件的加工精度。

实现高速磨削的条件是：

1）提高砂轮的结合强度。

2）磨床高速旋转部件必须做平衡试验。

3）磨床的动刚度要好，电动机功率要适当加大。

4）冷却效果、安全措施要好。

四、砂带磨削

砂带磨削是一种古老而又新兴的加工方法，很早以前就有人用砂纸抛光工件。随着现代工业的发展，这种历史悠久的加工工艺得到不断改进。近几十年来，砂带磨削技术已获得很大发展，远远超过了原来只能进行粗加工和抛光的范围。现在，砂带磨削的应用范围已遍及各个行业。国外还发展了砂带强力磨削，在磨削铸铁时，每小时金属磨除量达到 $230kg$，甚至超过了车、铣、刨等粗加工工艺，是一种很有发展前途的磨削工艺。它有下列独特优点：

1）砂带可以做得比砂轮宽，切削面积大，因而磨削效率高。

2）砂带磨削不受工件尺寸、形状的限制，适用于各种复杂型面工件的加工。

3）砂带磨削由于砂带很轻，功率损失很小，功率利用率可达 96%，也就是说输入的全部能量几乎都转变为磨削金属的有用功。

4）砂带更换比较方便，调整时间短，同时，砂带磨削操作安全，因为砂带断裂不会造成人身和设备事故。

5）砂带磨削表面质量较高，表面粗糙度 Ra 值可达 $0.4 \sim 0.2\mu m$，精度可以保证在 ±0.005mm 或更高。

6）砂带磨床结构简单，生产成本较低，而生产率高，所以砂带磨削的经济效益十分显著。

砂带磨床的结构如图 4-26 所示，它由砂带、接触轮、张紧轮、支承轮或支承板（工作台）等几部分组成。

砂带安装在接触轮和张紧轮上，由回转运动实现切削运动，工件自传动带送至支承板上方的磨削区，实现进给运动，经过砂带磨削区即完成加工任务。

砂带磨床与一般磨床的最大不同在于，砂带磨床是用砂带代替砂轮作为切削工具。砂带是在柔软的基体上用粘结剂均匀地粘上一层磨料而做成的。每颗磨粒在高压静电场的作用下直立在基体上，并以均匀的间隔排列（图 4-27）。制造砂带的磨料多为氧化铝、碳化硅，也有采用金刚石及立方氮化硼的。基体的材料是布或纸。将磨料粘在基体上的粘结剂可以是动物胶或合成树脂胶。

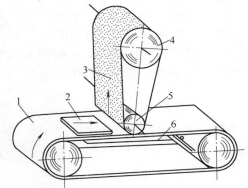

图 4-26　砂带磨床的结构
1—传送带　2—工件　3—砂带
4—张紧轮　5—接触轮　6—支承板

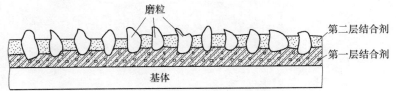

图 4-27　砂带的构造

接触轮的作用在于控制磨粒对工件的接触压力和切削角度。接触轮的材料和形状对砂带磨削的加工效率和表面粗糙度影响很大，应该根据不同的加工要求来进行选择。

接触轮一般是用钢和铸铁做芯，在其上绕注一层硬橡胶制成。橡胶越硬，则金属切除率越高；橡胶越软，则磨削表面越光洁。

复习思考题

4-1　磨削加工的精度一般可达几级？表面粗糙度 Ra 值可达多少？

4-2　外圆磨床和内圆磨床的主运动和进给运动是什么？有何差别？

4-3　磨削适用于加工哪类零件？

4-4　试述外圆磨床与平面磨床的构造有何异同。

4-5　磨床为何要选用液压传动？磨床工作台的往复运动是如何实现的？

4-6　砂轮在装夹前静平衡的作用是什么？

4-7　如何修整砂轮？为什么要修整砂轮？

4-8　为什么要对中心孔进行修研？怎样修研？

4-9　磨削加工能获得较高精度的原因是什么？

4-10　磨削外圆的方法有哪两种？各有什么特点？

4-11　外圆锥面的磨削都有什么方法？

4-12　磨细长轴类工件时，应注意些什么？

4-13　怎样在平面磨床上装夹工件？

4-14　磨平面形工件时，应注意什么？

4-15　比较平面磨削时周磨法和端磨法的优缺点。

4-16　无心外圆磨削的特点是什么？

第五章
其他切削加工

目的和要求

1. 了解刨工、镗工、拉削加工和齿轮加工的工艺特点及加工范围。
2. 了解上述工种加工的设备、刀具的性能、用途和使用方法。
3. 了解上述工种机床的操作要领及其主要调整方法。
4. 了解上述工种的基本工作。

其他切削加工实习安全技术

与车工、铣工实习安全技术有很多相同点，可参照执行，在操作过程中需要更加注意以下几点：

1. 多人共用一台机床时，只能一人操作，严禁两人同时操作。
2. 刨床工作台和滑枕的调整不能超过极限位置，以防发生人身和设备事故。
3. 开动刨床后，滑枕前严禁站人，以防发生人身事故。

第一节　刨　　工

在刨床上用刨刀加工工件的方法称为刨削加工。

一、刨削运动与刨削用量

在牛头刨床上刨削时，刨刀的直线往复运动为主运动，工件的间歇移动为进给运动。刨削运动如图 5-1 所示。

1. 刨削速度 v_c

刨刀和工件在刨削时的相对速度为刨削速度，即刨刀刨削时往复运动的平均速度。其值的计算式为

$$v_c = \frac{2Ln}{1000}$$

式中　L——工作行程长度，单位为 mm；

　　　n——滑枕每分钟的往复次数，单位为往复次数/min。

2. 进给量 f

刨刀每往复一次，工件横向移动的距离，单位为mm/往

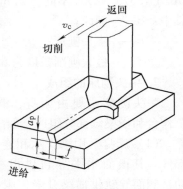

图 5-1　刨削运动

复一次。B6065 牛头刨床上的进给量

$$f = \frac{k}{3}$$

式中 k——刨刀每往复行程一次棘轮被拨过的齿数。

3. 刨削深度 a_p

指已加工面与待加工面之间的垂直距离，单位为 mm。

二、刨削特点

由于刨削的主运动是直线往复运动，反向运动时要克服惯性力，刀具在切入和切出时易产生冲击和振动，这样就限制了刨削速度的提高。又由于回程不切削，因而刨削的生产率较低，目前多被铣削、拉削等代替。但对于加工窄而长的表面时，仍可得到较高的生产率。同时由于刨床结构简单，操作简便，刨刀与车刀基本相同，制造和刃磨简单，因此刨削的通用性好。

刨削加工的工件尺寸公差等级一般为 IT10～IT8，表面粗糙度一般为 $Ra = 6.3～1.6\mu m$。

三、刨床

刨床可分为两大类：牛头刨床和龙门刨床。牛头刨床主要加工尺寸不超过 1000mm 的中、小型工件，龙门刨床主要加工较大的箱体、支架、床身等零件。

1. 牛头刨床的型号

按照 GB/T 15375—2008《金属切削机床—型号编制方法》的规定表示，如 B6050 中字母和数字的含义如下：

其中：B——类别：刨床类；

6——组别：牛头刨床组；

0——型别：普通牛头刨床型；

50——主参数：最大刨削长度的
1/10，即最大刨削长度为 500mm。

以前规定的刨床型号，其表示方法与
GB/T 15375—2008 不同，如 B665。

其中：B——刨床；

6——牛头刨床；

65——最大刨削长度为 650mm。

2. 牛头刨床的组成

牛头刨床主要由床身、滑枕、刀架、工作台和横梁等部分组成，如图 5-2 所示。

（1）床身   用来支承和连接刨床的各部件。其顶面水平导轨供滑枕做往复运动，侧面导轨供横梁升降，床身内部装有变速机构和摆杆机构。

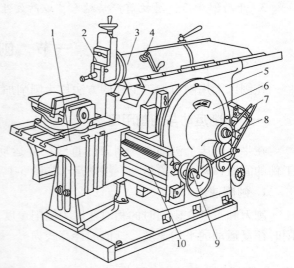

图 5-2   B6065 牛头刨床
1—工作台   2—刀架   3—滑枕   4—行程位置调整手柄
5—床身   6—摆杆机构   7—变速机构   8—行程长度调整方榫
9—进刀机构   10—横梁

（2）滑枕　滑枕前端装有刀架，用来带动刀架沿床身水平导轨做直线往复运动。滑枕往复运动的快慢、行程的长度和位置，均可根据加工需要进行调整。

（3）刀架　用以夹持刨刀，如图 5-3 所示，刨刀装夹在刀架上，转动刀架进给手柄，滑板可沿转盘上的导轨上下移动，以调整刨削深度或在加工垂直面时做进给运动。松开转盘上的螺母，将转盘扳转一定角度后，可使刀架做斜向进给，以加工斜面。滑板上还装有可偏转的刀座。抬刀板可绕刀座上的 A 轴向上抬起，使刨刀在返回行程时离开工件已加工表面，以减少刀具与工件的摩擦。

（4）横梁与工作台　横梁上装有工作台及工作台进给丝杠，它可带动工作台沿床身导轨做升降运动。工作台是用来装夹工件的，可沿横梁导轨做水平方向移动或做间隙进给运动，并可随横梁做上下调整。

3. 牛头刨床的传动和调整

（1）B6065 牛头刨床的传动　牛头刨床的主运动和进给运动传动都很有特点，主运动是典型的曲柄滑块摆杆机构，其滑枕的移动速度是不均匀的，往前加工时慢，回退时快，进给运动则是棘轮机构。图 5-4 所示为 B6065 牛头刨床传动系统图，其传动路线为

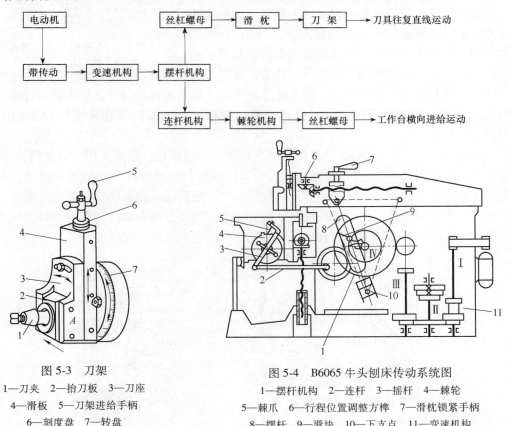

图 5-3　刀架
1—刀夹　2—抬刀板　3—刀座
4—滑板　5—刀架进给手柄
6—刻度盘　7—转盘

图 5-4　B6065 牛头刨床传动系统图
1—摆杆机构　2—连杆　3—摇杆　4—棘轮
5—棘爪　6—行程位置调整方榫　7—滑枕锁紧手柄
8—摆杆　9—滑块　10—下支点　11—变速机构

（2）牛头刨床的调整

1）摆杆机构。如图 5-5 所示，由电动机经带传动到齿轮变速机构，带动大齿轮转动，大齿轮端面上的滑块也随之转动，并在摆杆槽内滑动，迫使摆杆绕下支点摆动，带动滑枕做

往复直线运动。滑枕向前运动时，滑块的转角为 α，滑枕向后运动时，滑块的转角为 β，由于 $\alpha>\beta$，所以工作行程时速度慢，回程时速度快。滑枕运动到两端时，速度为零，运动到中间时，速度最高，即滑枕在运动过程中的速度是变化的。

刨削时，根据工件与滑枕行程长度、滑枕起始位置及滑枕行程速度是否相适应进行调整。

①滑枕行程长度的调整。滑枕行程长度一般比工件加工长度长 30～40mm。调整时，松开行程长度调整方榫 8（图 5-2）端部的滚花螺母，然后用曲柄转动方榫 8，可改变滑块在大齿轮端面上的位置，使摆杆的摆动幅度随之改变，从而改变滑枕行程长度。沿顺时针方向转动时，滑枕行程增长，沿逆时针方向转动则行程缩短。

②滑枕行程位置的调整。调整时，松开滑枕锁紧手柄 7（图 5-4），转动行程位置调整方榫 6，通过一对锥齿轮传动，带动丝杠旋转，使滑枕移动到所需位置。沿顺时针方向转动时，滑枕起始位置向后移动；反之，滑枕向前移动。

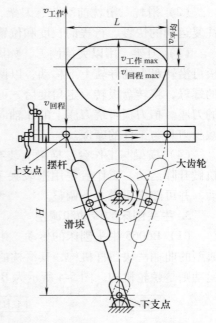

图 5-5　牛头刨床摆杆机构

③滑枕往复运动速度的调整。滑枕往复运动速度是由滑枕每分钟往复次数和行程长度确定的。调整时，根据变速标牌所示位置，扳动变速手柄，可使滑枕获得六种不同的行程速度。

2）棘轮机构。工作台的横向进给是间歇运动，通过棘轮机构来实现。棘轮机构如图 5-6 所示。当大齿轮带动一对齿数相等的齿轮 1、2 转动时，通过连杆 3 使棘爪 4 摆动，并拨动固定在进给丝杠上的棘轮 5 转动。棘爪每摆动一次，便拨动棘轮和丝杠转动一定角度，使工作台实现一次横向进给。由于棘爪背面是斜面，当它朝反方向摆动时，爪内弹簧被压缩，棘爪从棘轮齿顶滑过，不带动棘轮转动，所以工作台的横向进给是间歇的。

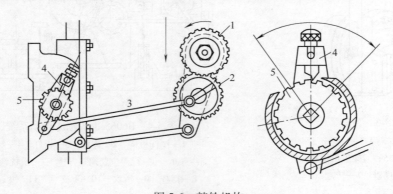

图 5-6　棘轮机构
1、2—齿轮　3—连杆　4—棘爪　5—棘轮

①横向进给量的调整。进给量的大小取决于滑枕每往复一次时棘爪所能拨动的棘轮齿数

k，调整棘轮护罩缺口的位置，从而改变 k 值，可改变横向进给量。k 值调整范围为 $1\sim10$。

②横向进给方向的调整。提起棘爪转动 $180°$，放回原来的棘轮齿槽中，此时棘爪的斜面与原来反向，棘爪每摆动一次，与拨动棘轮的方向相反，即可实现进给运动的反向。此处，还必须将护罩反向转动，使另一边露出棘轮的齿，以便棘爪拨动。变向时，连杆 3 在齿轮 2 中的位置应调转 $180°$，以便刨刀后退时进给。

提起棘爪转动 $90°$，使其与棘轮齿脱离接触，停止自动进给。

四、刨削加工范围

刨削主要用来加工平面、各种沟槽和成形面等，刨削加工范围如图 5-7 所示。

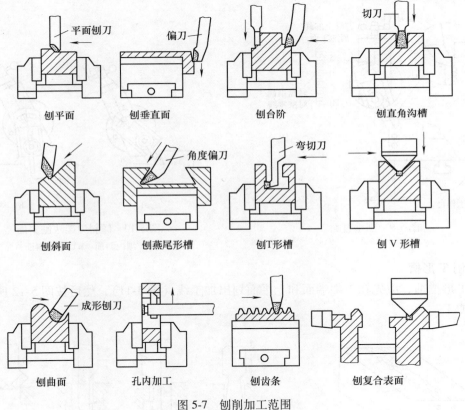

图 5-7　刨削加工范围

五、刨削的基本工作

1. 刨平面

粗刨时，用普通平面刨刀。精刨时，用窄的精刨刀（切削刃圆弧半径为 $3\sim5$mm）。一般刨削深度 $a_p=0.2\sim2$mm，进给量 $f=0.33\sim0.66$mm/往复一次，刨削速度 $v_c=17\sim50$m/min。粗刨时，a_p 和 f 取大值，v_c 取低值；精刨时，a_p 和 f 取小值，v_c 取高值。

2. 刨垂直面和斜面

刨垂直面是利用手摇刀架使刀具做垂直进给运动来加工平面的方法。通常采用偏刀刨削。一般在不能或不便于进行水平面刨削时才用。常用于加工台阶面和长工件的端面（图 5-8）。

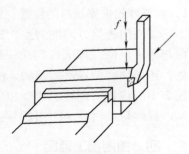

　　加工前，要调整刀架转盘的刻度线对准零线，以保证加工面与工件底平面垂直。为避免刨刀回程时划伤工件的已加工表面，刀座应偏转 10°~15°（图 5-9），使其上端偏离加工面的方向。

图 5-8　加工长工件端面

　　零件上的斜面分为内斜面和外斜面两种。

　　刨斜面的方法和刨垂直面基本相同，只是刀架转盘必须按工件所需加工的斜度扳转一定角度，转动刀架进给手柄，使刀具沿斜向进给，如图 5-10 所示。

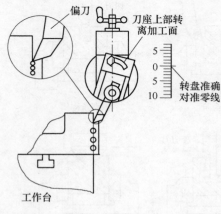

图 5-9　刨垂直面

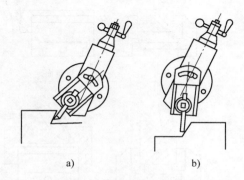

a)　　　　　　　　　b)

图 5-10　倾斜刀架法刨斜面

a）刨内斜面　b）刨外斜面

3. 刨 T 形槽

　　刨 T 形槽前，应先在工件端面和上平面划出加工线（图 5-11），然后按图 5-12 所示的步骤进行加工。

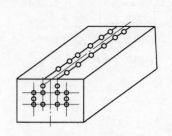

图 5-11　T 形槽工件的划线

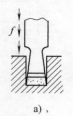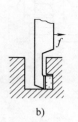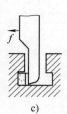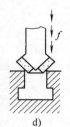

a)、　　　　b)　　　　c)　　　　d)

图 5-12　T 形槽刨削步骤

a）刨直槽　b）刨右侧凹槽

c）刨左侧凹槽　d）倒角

第二节　镗　　工

　　镗削加工是镗刀做回转主运动，工件或镗刀做进给运动的切削加工方法。

一、镗削运动与工艺特点

镗削时，工件被装夹在工作台上，并由工作台带动做直线进给运动，镗刀用镗刀杆或刀盘装夹，由主轴带动做回转主运动。主轴在回转的同时，可根据需要做轴向进给运动，或与工作台配合做进给运动。

镗削加工主要是加工工件上各种孔和孔系，特别适合于箱体、机架等结构复杂的大型零件上的多孔加工。此外，还能加工平面、沟槽等。在卧式镗床上，还可以利用平旋盘和其他机床附件，镗削大孔、大端面、槽及进行攻螺纹等一些特殊的镗削加工。

镗削的工艺特点如下：

1）适合加工大型工件上的孔，大型工件做回转主运动时，转速不宜太高，工件上的孔或孔系直径相对较小，不易实现高速切削。

2）适合加工结构复杂、外形不规则的工件，孔或孔系在工件上往往不处于对称中心或平衡中心，此时若工件回转，则平衡较困难，容易因平衡不良而引起加工中的振动。

3）适合加工大直径的孔。

4）适合加工孔系，用数控镗床进行孔系加工，可以获得很高的孔距精度。

5）工艺适应能力强，能加工形状多样、大小不一的各种工件的多种表面。

6）镗孔的经济尺寸公差等级为IT9~IT7，表面粗糙度 Ra 值为 $3.2~0.8\mu m$。

二、镗削加工设备

镗削加工设备是镗床，可分为卧式镗床、立式镗床和龙门镗床等。现在广泛使用安装了数控系统的镗床。

1. 卧式镗床

卧式镗床是镗床中应用最广泛的一种。它主要是进行孔加工，镗孔尺寸公差等级可达IT7，表面粗糙度 Ra 值为 $1.6~0.8\mu m$。卧式镗床的主参数为主轴直径。其镗轴呈水平布置并做轴向进给，主轴箱沿前立柱导轨做垂直移动，工作台做纵向或横向移动。这种镗床应用广泛且比较经济，它主要用于箱体（或支架）类零件的孔加工及与孔有关的面加工。

卧式镗床主要由床身、主轴箱、工作台、平旋盘和前、后立柱等组成，如图5-13所示。

2. 龙门镗床

龙门镗床是集机、电、液等先进技术于一体的大型机械加工设备，因总体结构由一个龙门架组成而得名，一般兼具有铣削加工功能，所以也称为龙门镗铣床，其结构形式类似于第三章图3-5四轴龙门铣床。它适用于航空、发电、机床、汽车等行业半精加工和精加工，也可以用于粗加工。适用于加工形状复杂、加工精度高、通用机床无法加工或很难保证加工质量的大型零件，如壳体、箱型零件等。

三、镗削加工范围

镗削加工的工艺范围较广，它可以镗削单孔或孔系，还可以进行钻孔、铰孔，以及用多种刀具进行平面、沟槽和螺纹的加工。图5-14所示为卧式镗床上镗削加工示例。机座、箱体、支架等外形复杂的大型工件上直径较大的孔，特别是有位置精度要求的孔系，常在数控镗床上结合镗模加工。镗孔尺寸公差等级为IT7~IT6，孔距精度可达 $0.015\mu m$，表面粗糙度 Ra 值为 $1.6~0.8\mu m$。

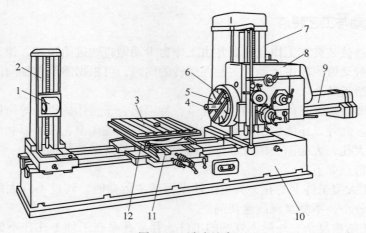

图 5-13　卧式镗床

1—镗刀杆支承座　2—后立柱　3—工作台　4—主轴　5—平旋盘　6—径向刀具溜板
7—前立柱　8—主轴箱　9—后尾筒　10—床身　11—下滑座　12—上滑座

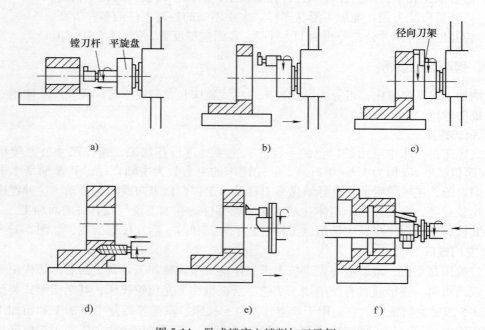

图 5-14　卧式镗床上镗削加工示例

a）用主轴安装镗刀杆镗小孔　b）用平旋盘安装镗刀镗大直径孔
c）用平旋盘上的径向刀架镗平面　d）钻孔　e）用工作台进给镗螺纹　f）用主轴进给镗螺纹

第三节　拉 削 加 工

　　拉削加工就是用各种不同的拉刀在相应的拉床上切削出各种内、外几何表面的一种加工方法。

一、拉削运动与工艺特点

拉削时，拉刀的直线运动为主运动，加工余量是借助于拉刀上一组刀齿分层切除的。这些刀齿一个比一个高地排列着，当拉刀相对于工件做直线运动时，拉刀上的刀齿一个一个地从工件上切削一层金属，如图 5-15 所示，当全部刀齿通过工件后，即完成了工件的加工。所以，拉刀经过工件一次即完成粗、半精、精加工，生产率高，质量好。

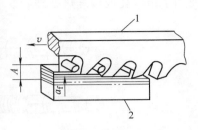

图 5-15　拉削过程
1—拉刀　2—工件

拉削的工艺特点如下：

1）拉刀在一次行程中能切除加工表面的全部余量，故拉削生产率较高。

2）拉刀制造精度高，切削部分有粗切和精切之分；校准部分又可对加工表面进行校正和修光，所以拉削加工精度较高，经济尺寸公差等级可达 IT9～IT7，表面粗糙度 Ra 值为 1.6～0.4μm。

3）拉床采用液压传动，故拉削过程平稳。

4）拉刀适应性较差，一般拉刀都是根据零件要求定制的，所以一把拉刀只适于加工某一种尺寸和公差等级的一定形状的加工表面，且不能加工台阶孔、不通孔和特大直径的孔。由于拉削力很大，拉削薄壁孔时容易变形，因此薄壁孔不宜采用拉削。

5）拉刀结构复杂，制造费用高，因此只有在大批量生产中才能显示其经济、高效的特点。

二、拉削加工设备

拉削机床简称拉床，按加工表面所处的位置可分为内拉床和外拉床。按拉床的结构和布局形式，又可分为卧式拉床、立式拉床和连续式（链条式）拉床等。

图 5-16 所示为卧式拉床。拉削时工作拉力较大，所以拉床一般采用液压传动。常用拉床的额定拉力有 100kN、200kN 和 400kN 等。

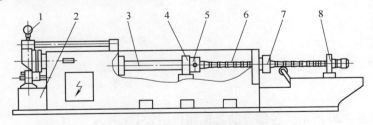

图 5-16　卧式拉床示意图
1—压力表　2—液压部件　3—活塞拉杆　4—随动支架　5—刀架　6—拉刀　7—工件　8—随动刀架

三、拉刀

拉刀的种类很多，按加工表面的不同可分为内拉刀和外拉刀。内拉刀用于拉削各种形状的通孔和孔中通槽，图 5-17 所示为常用的各种内拉刀；外拉刀用来拉削工件的外表面，如图 5-18 所示。按加工时拉刀受力性质的不同又可分为拉刀和推刀。拉刀是在拉伸状态下工作的，而推刀则是在压缩状态下工作的，如图 5-19 所示。推刀一般都比较短，齿数少，主要用于精修孔或校准热处理后变形的孔。

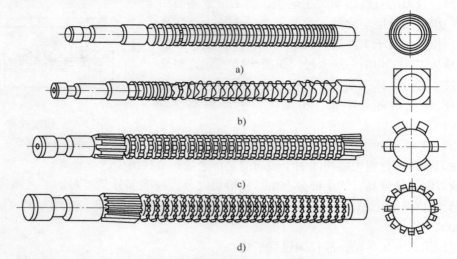

图 5-17　各种内拉刀

a）圆孔拉刀　b）方孔拉刀　c）花键拉刀　d）渐开线拉刀

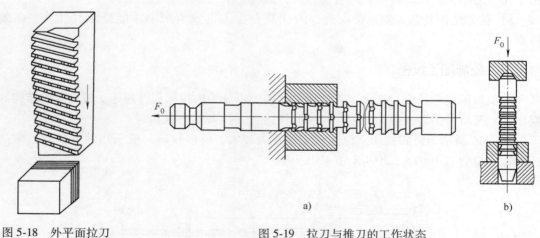

图 5-18　外平面拉刀

图 5-19　拉刀与推刀的工作状态

a）拉刀　b）推刀

圆孔拉刀如图 5-20 所示，各部分的名称和作用如下：

（1）柄部　用来将拉刀夹持在拉床上，以传递动力。

（2）颈部　柄部和过渡锥的连接部分。

（3）过渡锥　颈部与前导部之间的过渡部分，起对准中心作用。

（4）前导部　切削部进入工件前，起引导作用，防止拉刀歪斜，并可检查前孔径是否太小，以免拉刀第一个刀齿因余量太大而损坏。

（5）切削部　担负切削工作，包括粗切齿和精切齿，每个齿都有齿升量，切去全部加工余量。

（6）校准部　起刮光、校准作用，刀齿无齿升量，提高工件表面质量及精度。

（7）后导部　保持拉刀的最后的正确位置，防止拉刀在即将离开工件时，因工件下垂而损坏已加工表面及刀齿。

（8）支托部　保持拉刀不使其下垂。

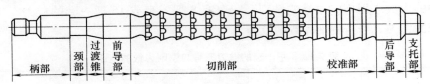

图 5-20　圆孔拉刀

四、拉削加工范围

在拉床上加工各种孔型，如图 5-21 所示。拉削加工前，必须先在工件上通过钻、镗等加工出一通孔，以便拉刀柄部穿入完成后续拉削。

工件的外形应具有易于准确地装夹在拉床上的形状，否则加工时易产生误差。拉削时，根据需要在工件端面垫以球面垫圈，如图 5-22 所示，这样有助于工件上的孔自动调整到与拉刀轴线一致的方向。

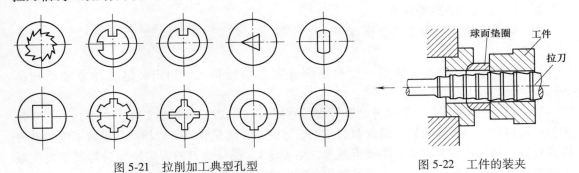

图 5-21　拉削加工典型孔型

图 5-22　工件的装夹

第四节　齿轮加工

齿轮是机械传动中应用最广泛的零件之一。齿轮的种类很多，如直齿圆柱齿轮、斜齿轮、螺旋齿轮、锥齿轮等。加工齿轮齿形的方法很多，但基本上可以分为成形法和展成法两大类。在铣床上铣削齿轮是成形法加工，在插齿机和滚齿机上加工齿轮是展成法加工。

一、成形法

成形法是用与被切齿轮齿槽形状相符的成形铣刀切出齿形的方法，如图 5-23 所示。齿轮铣刀有成形齿轮铣

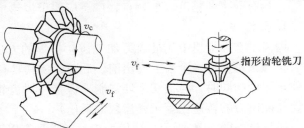

图 5-23　用成形齿轮铣刀和指形齿轮铣刀加工齿轮

刀和指形齿轮铣刀两种，其中成形齿轮铣刀在卧式铣床上铣齿，指形齿轮铣刀在立式铣床上铣齿。

1. 铣削方法

首先选择并装夹铣刀。选择成形齿轮铣刀时，除模数与被切齿轮的模数相同外，还要根据被切齿轮的齿数选用相应刀号的铣刀。一般有 8 把一套或 15 把一套的铣刀。表 5-1 所列为 8 把一套的铣刀刀号与铣削齿数的范围。

表 5-1　8 把一套的铣刀刀号与铣削齿数的范围

刀号	1	2	3	4	5	6	7	8
铣削齿数范围	12~13	14~16	17~20	21~25	26~34	35~54	55~134	135 以上及齿条

在卧式铣床上铣削直齿圆柱齿轮时，常用分度头和尾架装夹工件，如图 5-24 所示。铣齿深（齿高 h）即工作台的升高量 $H = 2.25m$（m 代表模数）。当一个齿槽铣好后，利用万能分度头进行一次分度，再铣下一个齿槽，直至铣完全部齿槽。

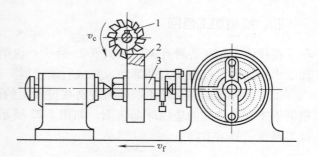

图 5-24　用齿轮铣刀加工齿形
1—齿轮铣刀　2—齿轮坯　3—心轴

2. 成形法铣削齿轮的特点

1）设备简单，只用普通铣床即可，刀具成本低。

2）生产率低，因为每铣削一个齿槽都要重复消耗切入、切出、退出和分度等辅助时间。

3）齿轮的精度低，一般尺寸公差等级可达到 IT11~IT9。因为在实际生产中，不可能每加工一种模数、一种齿数的齿轮就制造一把成形铣刀，而只能将模数相同且齿数不同的铣刀编成号数，每号铣刀有它规定的铣齿范围，见表 5-1。每号铣刀的刀齿轮廓只与该号范围最小齿数齿槽的理论轮廓相一致，对其他齿数的齿轮只能获得近似齿形。

成形铣削齿形主要用于修配或单件生产，由于效率和精度低，目前也逐渐被精度更高、更灵活方便的电火花线切割所代替。批量大和精度要求高的齿轮加工则采用展成法。

二、展成法

展成法是利用齿轮刀具与被切齿轮的互相啮合运转而切出齿形的方法，如插齿和滚齿加工等，具有效率和精度高的特点，广泛应用于齿轮单件或成批生产。

1. 插齿加工

插齿是在插齿机上用插齿刀加工齿轮齿形的方法，如图 5-25 所示。插齿刀形状类似圆柱齿轮，只是在每一个齿上磨出前、后角，使其具有锋利的切削刃。插齿时，插齿刀在做上下往复运动的同时，与被切齿坯强制地保持一对齿轮的啮合关系，即 $n_工/n_刀 = z_刀/z_工$（被切齿轮与插齿刀的转速比等于其齿数的反比）。

插齿机如图 5-26 所示，插齿加工时通常具有以下四种运动：

（1）主运动　插齿刀的上下往复直线运动。

（2）分齿运动　插齿刀与齿坯之间强制地保持一对齿轮啮合关系的运动。

（3）径向进给运动　插齿刀向工件径向进给以逐渐切至全齿深的运动。

（4）让刀运动　为了避免插齿刀在回程时和齿面摩擦，工件所做的退让和复位的径向往复运动。

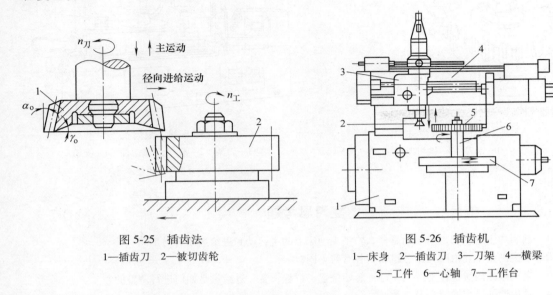

图 5-25　插齿法
1—插齿刀　2—被切齿轮

图 5-26　插齿机
1—床身　2—插齿刀　3—刀架　4—横梁
5—工件　6—心轴　7—工作台

插齿加工所能达到的尺寸公差等级为 IT8～IT7，表面粗糙度 Ra 值一般为 $1.6\mu m$。插齿加工效率不及滚齿加工，但插齿不仅可以加工直齿圆柱齿轮，还可以加工滚齿无法加工的双联齿轮、多联齿轮和内齿轮。

2. 滚齿加工

滚齿是在滚齿机上用滚刀加工齿轮的方法，如图 5-27 所示。滚刀的形状与蜗杆相似，但要在垂直于螺旋线的方向开出若干个槽，形成刀齿并磨出切削刃。一排排刀齿就像能进行切削加工的齿条刀，所以滚齿的工作原理相当于齿条与齿轮的啮合原理。滚齿时，滚刀与被切齿轮之间应具有严格的强制啮合关系，即滚刀每转一圈，被切齿轮应转过 K 个齿（K 为滚刀的线数）。滚齿时，为使滚刀刀齿的运动方向（即螺旋齿的切线方向）与被切齿轮方向一致，滚刀的刀杆必须偏转一定的角度。

滚齿机如图 5-28 所示，在加工直齿圆柱齿轮时有以下三个运动：

（1）主运动　滚刀的旋转运动。

（2）分齿运动　滚刀与被切齿轮之间强制地保持着齿条齿轮啮合关系的运动，即 $n_{工}/n_{刀}=K/z_{工}$。

（3）垂直进给运动　滚刀沿工件轴线进给，以逐渐切出整个齿宽的运动。

滚齿除用于加工直齿圆柱齿轮外，还可以加工斜齿圆柱齿轮、蜗轮和链轮。滚齿加工所能达到的尺寸公差等级为 IT8～IT7，表面粗糙度 Ra 值为 $3.2～1.6\mu m$。

滚齿和插齿均能用同一把刀具加工同一模数不同齿数的齿轮，其加工精度和生产率都比成形法高，是齿轮齿形的半精加工。当齿轮精度要求超过 7 级时，还需进行齿轮的精加工。齿轮齿形精加工的方法有剃齿、珩齿和磨齿等，分别在剃齿机、珩齿机和磨齿机上进行。

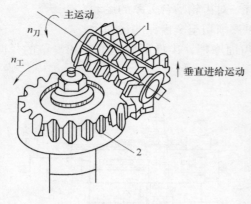

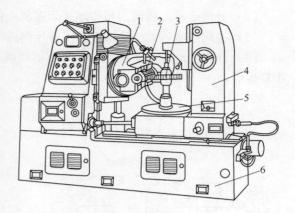

图 5-27　滚齿法

1—滚刀　2—被切齿轮

图 5-28　滚齿机

1—刀架　2—滚刀　3—工件　4—支架

5—工作台　6—床身

复习思考题

5-1　刨削的主运动和进给运动是什么？牛头刨床上的主运动和进给运动有何不同？

5-2　牛头刨床主要由哪几部分组成？各有何不同？

5-3　牛头刨床的滑枕往复运动、行程起始位置、行程长度、进给量是如何进行调整的？

5-4　试述镗削加工的特点及应用。

5-5　试述拉削加工的特点及应用。

5-6　分析比较成形法和展成法加工圆柱齿轮的特点。

5-7　齿轮有哪些加工方法？

5-8　插齿机和滚齿机的主运动和进给运动分别有哪些？

第六章
钳 工

目的和要求

1. 了解钳工工作在机械制造及维修中的作用。
2. 掌握划线、锯削、锉削、钻孔、攻螺纹和套螺纹的方法及应用。
3. 掌握钳工常用工具、量具的使用方法，独立完成钳工作业。
4. 了解刮削、研磨的方法和应用。
5. 了解钻床的组成、运动和用途，了解扩孔、铰孔及锪孔的方法。
6. 了解机械装配的基本知识，能装拆简单部件。

钳工实习安全技术

1. 钳工工作台应放在光线适宜、便于操作的地方。
2. 钻床、砂轮机应安放在场地边缘。操作钻床时，不允许戴手套；使用砂轮机时，要戴防护眼镜，以保证安全。
3. 零件或坯料应平稳整齐地放在规定区域，并避免碰伤已加工表面。
4. 工具安放应整齐，取用方便。不用时，应整齐地收藏于工具箱内，以防损坏。
5. 量具应单独放置和收藏，不要与工件或工具混放，以保持精确度。
6. 清除切屑要用刷子，不要用嘴吹，更不要用手直接去抹、拉切屑，以免划伤。
7. 要经常检查所用的工具和机床是否有损坏，发现有损坏不能使用时，必须修好后再用。
8. 使用电动工具时，应有绝缘防护和安全接地措施。

第一节 概 述

钳工是一个古老的工种，它以手工操作为主，使用各种工具来完成工件的加工、装配和修理等工作。其基本操作有划线、錾削、锯削、锉削、刮削、研磨、钻孔、扩孔、锪孔、铰孔、攻螺纹、套螺纹及装配等。加工时，工件一般被夹紧在钳工工作台的台虎钳上。

钳工常用设备有：钳工工作台（图6-1）、台虎钳（图6-2）、砂轮机等。台虎钳是钳工最常用的夹持工具。錾削、锯削、锉削以及许多其他钳工操作都要利用台虎钳来完成。台虎钳一般可分为固定式和回转式两种。其规格以钳口的宽度表示，有100mm、125mm、150mm等。

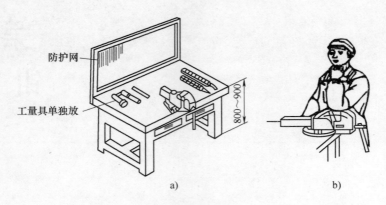

图 6-1 钳工工作台
a）工作台 b）台虎钳的合适位置高度

钳工常用工具有：划线用划针、划规（圆规）、划针盘、中心冲（样冲）和平板，錾削用锤子和各种錾子，锉削用各种锉刀，锯削用锯弓和锯条，孔加工用麻花钻、各种锪钻和铰刀，攻螺纹、套螺纹用各种丝锥、板牙和铰杠，刮削用平面刮刀和曲面刮刀，各种扳手和螺钉旋具等。

钳工常用量具有：金属直尺、刀口形直尺、内外卡钳、游标卡尺、游标高度尺、千分尺、直角尺、游标万能角度尺、塞尺和百分表等。

钳工根据其加工内容的不同，可分为普通钳工、划线钳工、模具钳工、工具钳工、装配钳工、钻工和维修钳工等。

钳工使用的工具简单，操作灵活方便，能够加工形状复杂、质量要求高的零件，并能完成一般机械加工难以完成的工作，因此钳工在机械制造和维修业中占有很重要的地位。它的主要任务有：

1）零件加工前的准备工作，如毛坯的清理、划线等。

2）单件或小批量生产中的零件加工。

3）精密零件的加工，如量具、样板上某些配合面的刮研等。

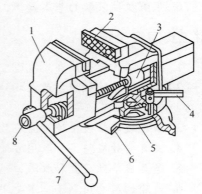

图 6-2 台虎钳
1—活动钳身 2—固定钳身 3—螺母
4—短手柄 5—夹紧盘 6—转盘座
7—长手柄 8—丝杠

4）产品的装配、调试，装配前对零件进行钻孔、铰孔、攻螺纹、套螺纹，装配时，对配合零件进行修整等。

5）机器设备的维修。

第二节 钳工的基本工作

一、划线

划线就是根据图样要求，在毛坯或半成品上划出加工尺寸界线的操作过程。

1. 划线的作用

1）在毛坯上明确地表示出加工余量、加工位置界线，作为工件装夹及加工的依据。

2）通过划线，检查毛坯的形状和尺寸是否符合图样要求，避免不合格的毛坯投入机械加工而造成浪费。

3）通过划线，合理分配各加工面的加工余量（也称借料），从而保证少出或不出废品。

2. 划线的种类

（1）平面划线 在工件或毛坯的一个平面上划线（图6-3）。

（2）立体划线 在工件或毛坯的长、宽、高三个方向上划线（图6-4）。

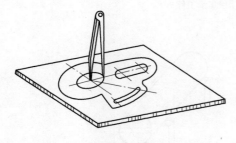 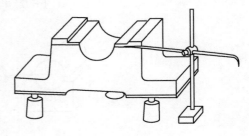

图6-3 平面划线 　　　　　　　　图6-4 立体划线

3. 划线工具及用途

（1）平板或平台 划线平板或平台是划线的基准工具，如图6-5所示。它由铸铁制成，并经时效处理，其上平面是划线的基准平面，经过精细加工，平直光洁。使用时，注意保持上平面水平，表面清洁，使用部位均匀，要防止碰撞和锤击。长期不用时，应涂油防锈。

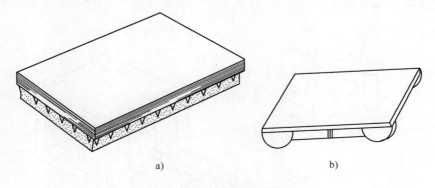

a) 　　　　　　　　　　　　　b)

图6-5 划线基准工具

a）划线平台 b）划线平板

（2）千斤顶、V形铁和角铁 千斤顶和V形铁都是放在平板上支承工件用的工具。千斤顶用于支承较大或不规则的工件，并可对工件进行调整（图6-6）。圆形工件则用V形铁支承，以保证工件轴线与平板平行，便于划出中心线。较长的工件应放在两个等高的V形铁上（图6-7）。角铁是另一种常用的支承工具，它一般与压板配合使用，可划出互相垂直的线。

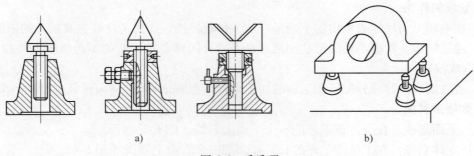

图 6-6　千斤顶

a）千斤顶结构　b）千斤顶支承工件

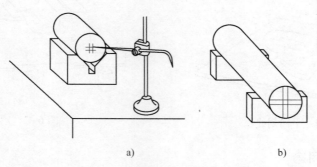

图 6-7　V 形铁

a）V 形铁的应用　b）等高 V 形铁的应用

（3）划线方箱　方箱用于装夹尺寸较小而加工面较多的工件。工件固定在方箱上，翻转方箱便可把工件上互相垂直的线在一次装夹中全部划出来（图 6-8）。

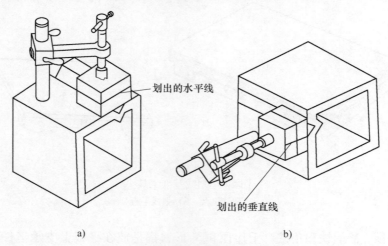

划出的水平线

划出的垂直线

a）　　　　　　　　　　　　　　　b）

图 6-8　方箱的应用

a）划水平线　b）翻转划垂直线

（4）划针及划线盘　划针是用来在工件上划线的工具，它多由高速工具钢制成，尖端经磨锐后淬火，其形状及用法如图 6-9 所示。划线盘是带有划针的可调划线工具，也常用来找正工件位置。图 6-10 所示为用划线盘划线。

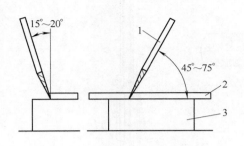

图 6-9　用划针划线
1—划针　2—金属直尺　3—工件

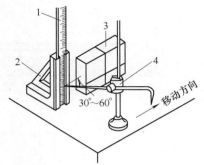

图 6-10　用划线盘划线
1—金属直尺　2—尺座　3—工件　4—划针盘

（5）划规和划卡　划规形如绘图用的圆规，用于划圆周和圆弧线、量取尺寸以及等分线段（图 6-11）。划卡又称单脚规，用以确定轴、孔的中心位置，也可用来划平行线（图 6-12）。

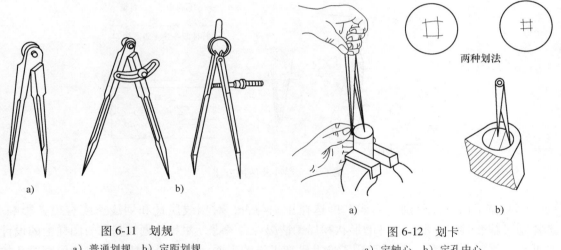

图 6-11　划规
a）普通划规　b）定距划规

图 6-12　划卡
a）定轴心　b）定孔中心

（6）划线量具　划线常用的量具有金属直尺、直角尺及游标高度尺，如图 6-13 所示。直角尺两直角边之间成精确的直角，不仅可划垂直线，还可找正垂直面。游标高度尺是附有划线量爪的精密高度划线工具，也可测量高度，但不可对毛坯划线，以防损坏硬质合金划线脚。

（7）样冲　样冲是用以在工件上打出样冲眼的工具。划好的线段和钻孔前的圆心都需要打样冲眼，以便所划的线模糊时，仍能识别线的位置，便于定位（图 6-14）。

4. 划线基准及其选择

（1）划线基准　划线时，选择工件上的某些点、线、面作为工件上其他点、线、面的度量起点，划出其余的尺寸线，则被选定的点、线、面称为划线基准。

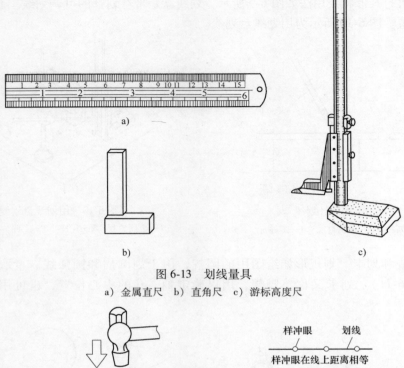

图 6-13　划线量具

a）金属直尺　b）直角尺　c）游标高度尺

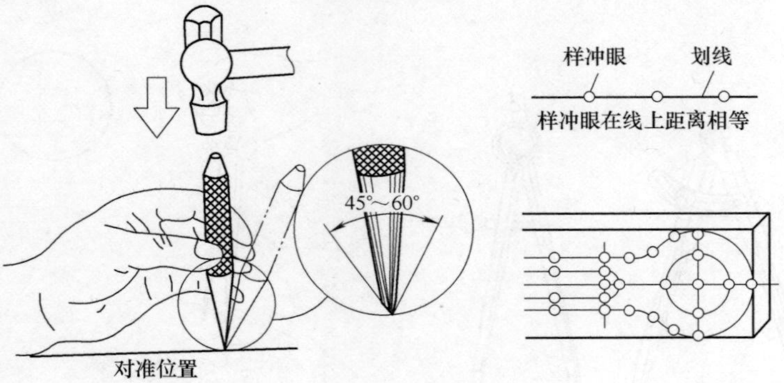

图 6-14　样冲及使用方法

（2）基准的选择原则　划线基准选择正确与否，对划线质量和划线速度有很大影响。选择划线基准时，应根据工件的形状和加工情况综合考虑，尽量使划线基准与图样上的设计基准相一致（图 6-15）。尽量选用工件上已加工过的表面；工件为毛坯时，应选用重要孔的中心线为基准；毛坯上没有重要孔，则应选较大的平面为基准。

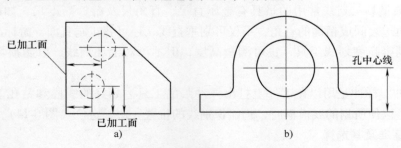

图 6-15　划线基准

a）以已加工表面为基准　b）以孔的中心线为基准

（3）基准的几种类型 分别为两个互相垂直的外平面（图 6-16a）、两条中心线（图 6-16b）、一个平面和一条中心线（图 6-16c）。

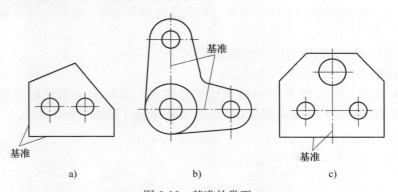

图 6-16 基准的类型

a）两个面 b）两条中心线 c）一个面、一条中心线

5. 划线步骤

1）详细研究图样，确定划线基准。

2）检查并清理毛坯，剔除不合格件，在划线表面涂涂料。

3）工件有孔时，用铅块或木块塞孔并确定孔的中心。

4）正确安放工件，选择划线工具。

5）划线。首先划出基准线，再划出其他水平线。然后翻转找正工件，划出垂直线。最后划出斜线、圆、圆弧及曲线等。

6）根据图样，检查所划的线是否正确，再打出样冲眼。

6. 划线示例

不同形状的零件，其划线的方法、步骤是不相同的，即便是相同形状的零件，其划线方法、步骤也可能不相同。

（1）平面划线 图 6-17a 所示为摇杆臂零件图。该零件的划线是在钢板上进行的。划线步骤如下（图 6-17b）：

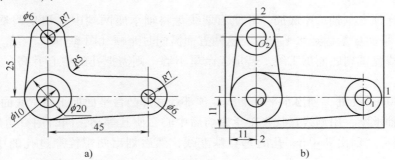

图 6-17 平面划线

a）摇杆臂零件图 b）平面划线图

1）清理干净钢板，涂上涂料。

2）钢板的边缘量取 11mm，分别划出水平基准线 1-1 和垂直基准线 2-2 及圆点 O。

3）量取 $OO_1 = 45mm$、$OO_2 = 25mm$，以 1-1 和 2-2 线为基准划出中心线。

4）分别以 O、O_1、O_2 为圆心，划出 $\phi6mm$、$\phi10mm$、$\phi20mm$ 及 $R7mm$ 的圆。

5）划出 O、O_1 两圆的两条切线和 O、O_2 两圆的两条切线，再划出圆弧 $R = 5mm$ 切于两切线。

6）根据零件图，检查所划尺寸线的正确性。

7）打样冲眼。

（2）立体划线　图 6-18 所示为轴承座的零件图。该轴承座需要划线的部位有底面、$\phi40mm$ 轴承座内孔及其两个大端面、$2\times\phi10$ 孔及其端面。其划线步骤如下：

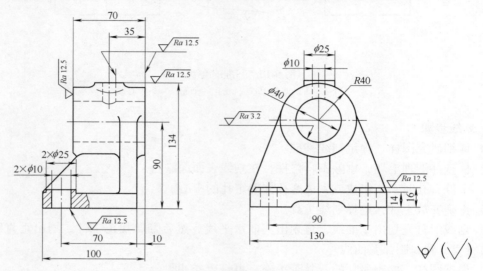

图 6-18　轴承座的零件图

1）研究图样，清理并检查毛坯是否合格，涂上涂料，确定划线基准和装夹方法。

2）在 $\phi40mm$ 孔内塞塞块，初划 $\phi40mm$ 孔和 $R = 40mm$ 外轮廓的中心，使轴承孔壁的厚度均匀、四周有足够的加工余量、顶部和底部凸台以及底面有加工余量。否则要做适当的借料，移动所找的中心线。

3）用千斤顶支承轴承座底面，并使用划线盘将轴承座两端中心初步调整到同一高度，同时使底面上平面尽量达到水平位置。这两方面需同时兼顾（图 6-19a）。

4）用划线盘试划底面加工线。若加工余量不够，则需把孔的中心升高，重新划线，直到符合要求。

5）在 $\phi40mm$ 孔处，划出水平基准线、顶部和底部凸台平面加工线、底面四周加工线。

6）翻转轴承座，用划线盘找正轴承座前后中心，使其等高，同时用直角尺按底面加工线找正垂直位置。划出 $\phi40mm$ 孔的垂直基准线，然后划出两螺栓穿过孔的中心线（图 6-19b）。

7）再次翻转轴承座，用直角尺找正垂直位置。兼顾底面凸台 70mm、油杯凸台 35mm、轴承座右端 10mm 以及轴承座两端面 70mm，确定并划出油杯孔中心线（图 6-19c）。

8）划出轴承座两端面的加工线和螺栓孔的中心线。

9）拿下轴承座，用划规划出轴承内孔、油杯孔以及螺栓孔的圆周线。

10）检查所划线是否正确，在所有加工线上打样冲眼。

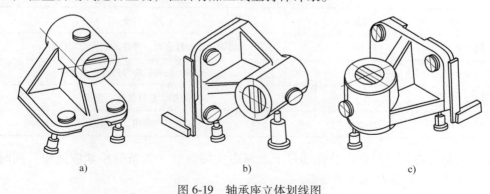

图 6-19 轴承座立体划线图

二、锯削

锯削是用锯对材料或工件进行切断或切槽的加工方法。它具有方便、简单和灵活的特点，但精度较低，常需进一步加工。

1. 手锯

手锯由锯弓和锯条组成。

（1）锯弓 锯弓是用来夹持和拉紧锯条的。有固定式和可调式两种。可调式锯弓能安装不同规格的锯条（图 6-20）。

（2）锯条 锯条一般由碳素工具钢制成，其规格以它两端安装孔的间距表示。常用锯条长为 300mm、宽为 12mm、厚为 0.8mm。锯条由许多锯齿组成。锯齿左右错开形成交叉式或波浪式排列，称为锯路（图 6-21）。锯路的作用是使锯缝宽度大于锯条背部厚度，以防锯条卡在锯缝里，减轻锯条在锯缝中的摩擦阻力并使排屑顺利，提高锯条使用寿命和工作效率。

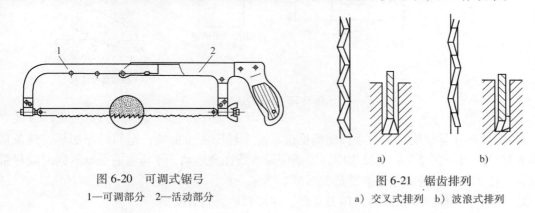

图 6-20 可调式锯弓
1—可调部分 2—活动部分

图 6-21 锯齿排列
a）交叉式排列 b）波浪式排列

锯条按齿距的大小可分为粗齿、中齿、细齿三种。锯齿粗细的划分及用途见表 6-1。

2. 锯削步骤和方法

（1）锯条的选择 锯条的选择是根据材料的软硬和厚度进行的。锯软材料或厚工件时，应选用粗齿锯条，因齿距较大，锯屑不易堵塞；锯硬材料或薄工件时，一般选用细齿锯条，这样可使同时参加锯削的锯齿增加（一般为 2~3 齿），避免锯齿被薄工件勾住而崩裂。

表 6-1   锯齿粗细的划分及用途

锯齿粗细	齿数 /（25mm）	用　　途
粗齿	14～18	锯铜、铝等软金属，厚件及人造胶质材料
中齿	22～24	锯普通钢，铸铁，中厚件及厚壁管子
细齿	32	锯硬钢，板材及薄壁管子
由细齿变为中齿	32～20	一般工厂中用，易起锯

（2）锯条的安装　锯条安装在锯弓上，锯齿尖端向前，锯条的松紧应适中，同时不能歪斜或扭曲，否则锯削时锯条易折断。

（3）工件的装夹　工件应尽可能装夹在台虎钳的左边；工件伸出钳口要短，锯削线离钳口要近，以防锯切时产生振动；工件要夹紧，并应防止工件变形或夹坏已加工面。

（4）锯削操作

1）起锯。起锯时，以左手拇指靠住锯条，右手握住锯柄，锯条倾斜与工件表面形成起锯角度。起锯角度为 10°～15°。角度过大，易崩齿；角度过小，锯齿不易切入工件，产生打滑，甚至损坏工件表面（图 6-22）。起锯时，锯弓往复行程要短，用力要轻，待锯痕深约 2mm 后，将锯弓逐渐调至水平位置进行正常锯削。

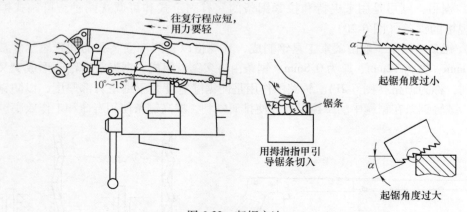

图 6-22　起锯方法

2）锯削。正常锯削时，右手握锯柄推进，左手轻压锯弓前端，返回时不加压，锯条从工件上轻轻拉回。在整个锯切过程中，锯条应做直线往复运动，不可左右晃动，同时应尽量用锯条全长工作，以防锯条局部发热和磨损。

3）结束。工件即将锯断时，用力要轻，速度要慢，行程要短。

3. 锯削示例

锯削不同的工件，需要采用不同的锯削方法。锯削前在工件上划出锯削线。划线时应留有锯削后的加工余量。

（1）锯圆管　锯圆管时，当锯条切入圆管内壁后，锯齿在薄壁上锯削应力集中，极易被管壁勾住，产生崩齿或折断锯条。因而应在管壁即将被锯断时，把圆管向推锯方向转一角度，从原锯缝锯下，如此不断转动，直至锯断（图 6-23a）。薄壁圆管还应夹持在两块 V 形木垫之间，以防夹扁或夹坏表面。

（2）锯扁钢、型钢和厚件

1）锯扁钢。为了得到整齐的锯缝，应从扁钢较宽的面下锯，这样，锯缝深度较浅，锯条不易卡住（图6-23b）。

2）锯型钢。锯角铁和槽钢的锯法是锯扁钢、圆管的综合。从大面开始锯削，一个面锯开再换另一面，在原锯缝处继续锯削，直至锯断（图6-23c）。

3）锯厚件。锯削工件厚度大于锯弓高度时，先正常锯削，当锯弓碰到工件时，将锯条转过90°锯削，如果锯削部分宽度也大于锯弓高度，则将锯条转过180°锯削（图6-24）。

（3）锯薄板 将薄板工件夹在两木块之间，以增加薄件刚性，减少振动和变形，并避免锯齿被卡住而崩断；当薄件太宽，台虎钳夹持不便时，采用横向斜锯削（图6-25）。

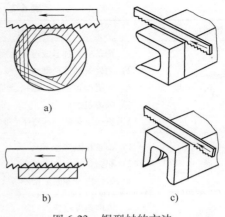

图6-23 锯型材的方法
a）锯圆管 b）锯扁钢 c）锯型钢

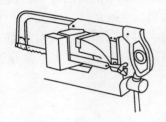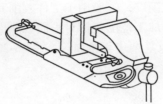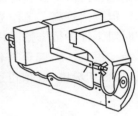

图6-24 厚件的锯削方法

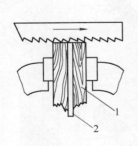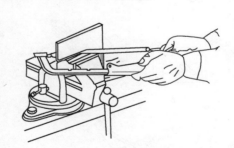

图6-25 薄件的锯削方法
1—木块 2—薄板料

4. 锯削质量和锯条损坏原因

锯削质量和锯条损坏原因见表6-2。

5. 其他锯削方法

用手锯锯削工件，劳动强度大，生产率低，对操作工人要求高。为了改善工人的劳动条件，锯削操作也逐渐朝机械化方向发展。目前，已开始使用薄片砂轮机和电动锯削机等简易设备锯削工件。

表 6-2　锯削质量和锯条损坏原因

锯条损坏形式	产 生 原 因	工件质量问题	产 生 原 因
折　断	1）锯条安装过紧或过松 2）工件抖动或松动 3）锯缝产生歪斜，靠锯条强行纠正 4）推力过大 5）更换锯条后，新锯条在旧锯缝中锯削	工件尺寸不对	1）划线不正确 2）锯削时未留余量
崩　齿	1）锯条粗细选择不当 2）起锯角过大 3）铸件内有砂眼、杂物等	锯缝歪斜	1）锯条安装过松或扭曲 2）工件未夹紧 3）锯削时，顾前未顾后
磨损过快	1）锯削速度过快 2）未加切削液	表面锯痕多	1）起锯角过小 2）锯条未靠住左手大拇指定位

三、锉削

　　锉削是用锉刀对工件表面进行加工的操作，是钳工加工中最基本的方法之一。锉削加工操作简单，但技艺较高，工作范围广，一般用于工件錾削和锯削之后的进一步加工，或在零部件装配时对工件进行修整。其加工范围包括对平面、曲面、内外圆弧面、沟槽的加工以及对成形样板、模具、型腔等其他复杂表面的加工（图 6-26）。锉削加工尺寸公差等级可达 IT8～IT7，表面粗糙度 Ra 值可达 $0.8\mu m$。

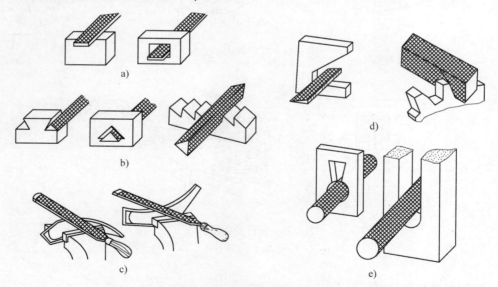

图 6-26　锉削加工范围
a）锉平面　b）锉三角　c）锉曲面　d）锉交角　e）锉圆孔

（一）锉刀
1. 锉刀的结构
锉刀用碳素工具钢制成（图 6-27），经热处理淬硬后，硬度可达 60～62HRC。锉刀的刀齿是在剁锉机上剁出来的。锉刀的齿纹有单齿纹和双齿纹两种（图 6-28）。双齿纹的刀齿交叉排列，锉削时，每个齿的锉痕不重叠，锉屑易碎裂，不易堵塞锉面，锉削时省力且工件表面光滑，所以锉刀的齿纹多制成双齿纹。单齿纹锉刀一般用于锉削铝、铜等软材料。

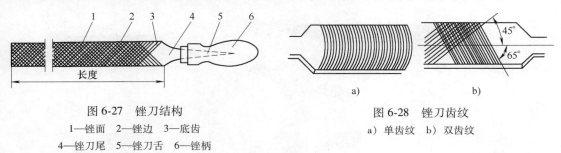

图 6-27　锉刀结构
1—锉面　2—锉边　3—底齿
4—锉刀尾　5—锉刀舌　6—锉柄

图 6-28　锉刀齿纹
a）单齿纹　b）双齿纹

2. 锉刀的种类及应用

锉刀按用途可分为钳工锉、整形锉（什锦锉）和特种锉三种。钳工锉按其断面形状可分为平锉、方锉、圆锉、半圆锉和三角锉五种。

锉刀的规格一般以断面形状、锉刀长度、齿纹粗细来表示。

锉刀的大小由其工作部分的长度来表示，可分为 100mm、150mm、200mm、250mm、300mm、350mm 和 400mm 七种。

锉刀的粗细按每 10mm 长度内锉面上的齿数，可分为粗齿、中齿、细齿和油光锉四种。其特点和用途见表 6-3。

表 6-3　各种锉刀的特点和用途

锉齿粗细	齿数/ （10mm）	特　点　和　应　用	加工精度 /mm	加工余量 /mm	表面粗糙度 $Ra/\mu m$
粗齿	4~12	齿间大，不易堵塞，宜粗加工或锉铜、铝等有色金属	0.2~0.5	0.5~1	50~12.5
中齿	13~23	齿间适中，适于粗锉后加工	0.05~0.2	0.2~0.5	6.3~3.2
细齿	30~40	锉光表面或锉硬金属	0.01~0.05	0.05~0.2	1.6
油光锉	50~62	精加工时修光表面	0.01 以下	0.05 以下	0.8

（二）锉削操作

1. 锉刀的选择

合理地选用锉刀，对提高工作效率、保证加工质量、延长锉刀的使用寿命有很大影响。

锉刀齿纹粗细的选择，取决于工件材料的性质、加工余量的大小、加工精度以及表面粗糙度的要求（参见表 6-3）。

锉刀截面形状的选择，取决于工件加工面的形状。

锉刀长度规格的选择，取决于工件加工面和加工余量的大小。

2. 锉刀的操作

（1）锉刀的握法　大平锉的握法如图 6-29a 所示。右手紧握锉刀柄，柄端抵在拇指根部的手掌上，大拇指放在锉刀柄上部，其余手指由下而上握着锉刀柄；左手拇指的根部肌肉压在锉刀头上，拇指自然伸直，其余四指弯向手心，用中指、无名指握住锉刀前段。右手推动锉刀，并控制推动方向，左手协同右手使锉刀保持平衡。中锉刀、小锉刀及细锉刀的握法分别如图 6-29b、c、d 所示。

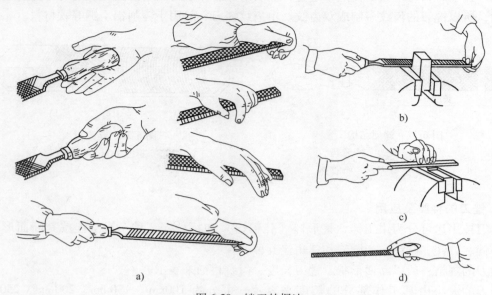

图 6-29　锉刀的握法

a）大平锉的握法　b）中锉刀的握法　c）小锉刀的握法　d）细锉刀的握法

（2）锉削姿势　锉削时的站立位置及身体运动要自然，并便于用力，以能适应不同的加工要求为准。

（3）施力变化　锉削时，保持锉刀的平直运动是锉削的关键，否则工件就两边低中间高。两手压力也要逐渐变化，使其对工件中心的力矩相等，这是保持锉刀平直运动的关键。

锉削力有水平推力和垂直压力两种。推力由右手控制，压力由两手同时控制。开始锉削时，左手压力大、右手压力小（推力大）；在到达锉刀中间位置时，两手压力相等；继续推进，左手压力减小、右手压力加大（图 6-30）；返回锉刀时，两手不再施力，锉刀在工件表面轻轻滑过，以免磨钝锉齿和损伤工件。

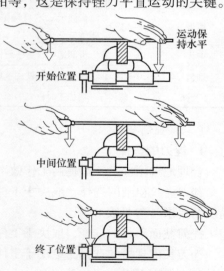

图 6-30　锉削时的用力情况

3. 锉削方法

常用锉削方法有三种：交叉锉法、顺向锉法、推锉法。

（1）交叉锉法　以两个方向交叉的顺序对工件表面进行锉削（图 6-31a）。交叉锉法去屑快、效率高，可根据锉痕判断锉面的平直情况，因而常用于较大面积工件的粗锉。

（2）顺向锉法　顺着锉刀的轴线方向进行的锉削（图 6-31b）。顺向锉法可得到平直、光洁的表面，主要用于工件的精锉。

（3）推锉法　垂直于锉刀的轴线方向进行的锉削（图 6-31c）。推锉法常用于工件上较窄表面的精锉以及不能用顺锉法加工的场合。

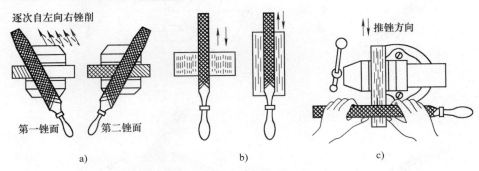

图 6-31　锉削方法
a）交叉锉法　b）顺向锉法　c）推锉法

4. 锉削注意事项

1）铸铁、锻件的硬皮或沙粒应预先用砂轮磨去或錾去，然后再锉削。

2）工件必须牢固地夹在台虎钳钳口中间，并略高于钳口。装夹已加工表面时，应在钳口与工件中间垫铜皮，以防夹坏已加工表面。夹紧工件时，要注意不要使工件变形。

3）不要用手摸刚锉削过的表面，以免再锉时打滑。也不要用手清理锉屑或用嘴去吹锉屑，以防锉屑拉伤手指或飞入眼中。

4）锉刀面被锉屑堵塞时，用钢丝刷顺锉纹方向刷去锉屑。

5）锉削速度不可太快，以免打滑。

6）锉刀较脆，切不可摔落地面或当杠杆撬其他物件。用油光锉刀时，力量不可太大，以免折断。

（三）锉削示例

1. 锉削平面

1）用平锉刀，以交叉锉法进行粗锉，将平面基本锉平。

2）用顺向锉法将工件表面锉平、锉光。

3）用细齿锉刀或油光锉刀，以推锉法对较窄或前端有凸台的平面进行光整或修正。

2. 锉削曲面

曲面一般可分为内、外圆弧面和球面。锉削圆弧面可用样板检验。

（1）锉削外圆弧面

1）滚锉法。用平锉刀顺圆弧面向前推进，同时锉刀绕圆弧面中心摆动（图 6-32a）。

2）横锉法。用平锉刀沿圆弧面的横向进行锉削。当工件加工余量较大时采用该方法（图 6-32b）。

（2）锉削内圆弧面　用圆锉、半圆锉或椭圆锉进行锉削。锉刀在向前推进和左右移动的同时，并绕自身中心转动（图 6-32c）。

（3）锉削球面　用平锉刀顺球面向前推进（图 6-32d）。

（四）锉削质量及分析

锉削后的检验、质量问题及产生原因见表 6-4。

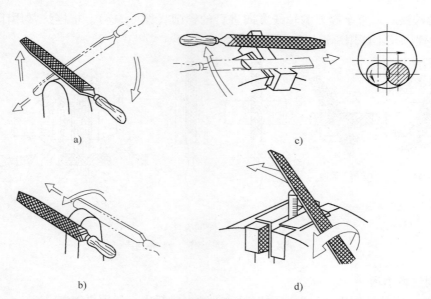

a)
c)
b)
d)

图 6-32　曲面锉削方法

a）滚锉法锉削外圆弧面　b）横锉法锉削外圆弧面　c）锉削内圆弧面　d）锉削球面

表 6-4　锉削后的检验、质量问题及产生原因

锉削质量	检验工具	检验方法	产　生　原　因
形状、尺寸不准确	游标卡尺	测量法	划线不准确或锉削时未及时检查尺寸
平面不平直	直角尺或刀口形直尺	透光法	锉刀选择不合理，锉削时施力不当
平面相互不垂直	直角尺	透光法	同上
表面粗糙	粗糙度样板	对照法	锉刀粗细选择不当或锉屑堵塞锉刀表面，锉屑未及时清理

四、孔和螺纹加工

各种零件上的孔加工，除一部分由车床、铣床、镗床等机床完成外，很大一部分由钳工来完成。钳工使用各种钻床和孔加工工具进行钻孔、扩孔、锪孔及铰孔等加工。钳工中的螺纹加工主要指攻螺纹和套螺纹。

（一）钻床

钳工常用钻床有台式钻床、立式钻床和摇臂钻床。

1. 台式钻床（简称台钻）

台式钻床由底座、工作台、立柱、主轴架和主轴等组成（图 6-33）。它是一种放在钳工台上使用的钻床，其主轴轴向进给运动由手动完成，主轴转速通过变换 V 带在宝塔带轮上的位置来调节。台钻质量小、转速高，适用于加工小型工件上直径在 13mm 以下的孔。

2. 立式钻床（简称立钻）

立式钻床由机座、工作台、立柱、主轴变速箱和进给箱等组成（图 6-34）。其规格以其能加工的最大孔径表示，常用的立钻规格有 25mm、35mm、40mm 和 50mm 等几种。主轴变速箱和进给箱分别用于控制主轴的转速和进给速度。主轴的轴向进给既可自动，也可手动。

立钻刚性好、功率大、加工精度也较高。当加工多孔工件时，必须移动工件，因此适用于在单件小批量生产中，对中、小型工件进行钻孔、扩孔、铰孔、锪孔和攻螺纹等多种加工。

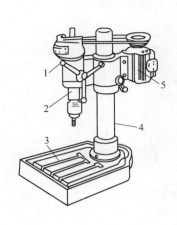

图 6-33 台钻
1—进给手柄 2—主轴 3—工作台
4—立柱 5—电动机

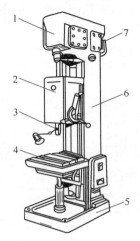

图 6-34 立钻
1—主轴变速箱 2—进给箱 3—主轴
4—工作台 5—机座 6—立柱 7—电动机

3. 摇臂钻床

摇臂钻床有一个能沿立柱上下移动同时可绕立柱旋转 360°的摇臂，摇臂上的主轴箱还能在摇臂上做横向移动（图 6-35）。这样可方便地将刀具调整到所需的工作位置。摇臂钻床适用于大型工件、复杂工件及多孔工件上的孔的加工。

4. 其他钻削设备

其他钻削设备中，用得较多的有手枪钻、深孔钻床和数控钻床。

（1）手枪钻 手枪钻体积小、质量小，携带方便、操作简单、使用灵活、应用较广。适用于不便使用钻床的场合，钻削直径在 10mm 以下的孔。

（2）深孔钻床 用于钻削深度与直径比大于 5 的深孔。常用于加工枪管孔和炮筒孔。

（3）数控钻床 数控钻床是将人工操作钻床的运动编制成加工程序，通过数控系统自动控制加工过程的钻床。其加工精度和效率大大提高，常用于工件上复杂孔系的加工，如印制电路板。

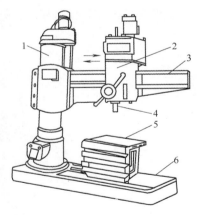

图 6-35 摇臂钻床
1—立柱 2—主轴箱 3—摇臂
4—主轴 5—工作台 6—机座

（二）孔加工用夹具

孔加工用夹具包括钻头装夹夹具和工件装夹夹具。

1. 钻头装夹夹具

常用的装夹钻头的夹具有钻夹头和钻套。

（1）钻夹头 用于装夹直柄钻头。其尾部为圆锥面，可装在钻床主轴锥孔内；头部有三个自定心夹爪，通过扳手可使三个夹爪同时合拢或张开，起到夹紧或松开钻头的作用

（图 6-36）。

（2）钻套 钻套有 1 号~5 号五种规格，用于装夹小锥柄钻头（图 6-37）。根据钻头锥柄及钻床主轴内锥孔的锥度来选择，并可用两个以上的钻套过渡连接。

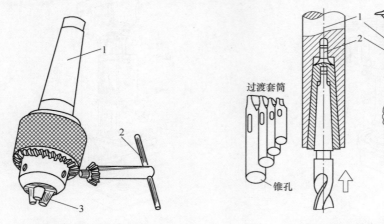

图 6-36 钻夹头
1—锥尾 2—紧固扳手 3—自定心夹爪

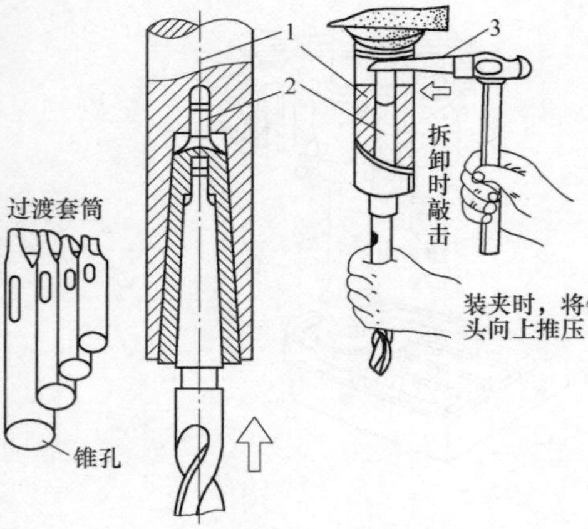

图 6-37 钻套及其应用
1—主轴 2—过渡套筒 3—楔铁

2. 工件装夹夹具

（1）常用夹具装夹 常用的装夹工件的夹具有手虎钳、机用虎钳、V 形块和压板等。薄壁小件用手虎钳夹持；中、小型平整工件用机用虎钳夹持；圆形零件用 V 形块和弓架夹持；大件用压板和螺栓直接压在钻床工作台上（图 6-38）。

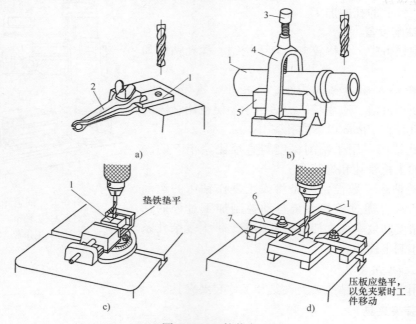

图 6-38 工件装夹
a）手虎钳装夹 b）V 形块装夹 c）机用虎钳装夹 d）压板、螺栓装夹
1—工件 2—手虎钳 3—压紧螺钉 4—弓架 5—V 形块 6—压板 7—垫铁

（2）钻夹具装夹 在成批生产和大量生产中钻孔时，为了提高生产率和钻孔精度，广泛使用钻夹具。钻夹具是机床与工件加工表面的连接装置，使工件相对于机床或刀具获得正确位置，这样工件在夹具上不仅能快速安装定位和夹紧，而且只要钻头从钻套导向进入，就可保证孔的加工位置和精度。钻夹具按组成元件的功能可分为定位（如定位销）、夹紧（如螺栓、螺母）、导向（如钻套）、夹具体（将各种元件连为一体）和其他元件（如分度、气动、液压及电动装置等）五部分。图6-39所示为钻夹具。

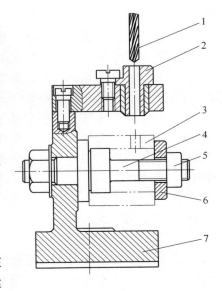

图 6-39 钻夹具
1—钻头 2—钻套 3—工件 4—定位元件
5—夹紧螺母 6—垫圈 7—夹具体

（三）钻孔、扩孔、锪孔和铰孔

1. 钻孔

用钻头在实体材料上加工出孔的操作称为钻孔。在钻床上钻孔时，工件不动，钻头的高速旋转运动为主运动，钻头沿钻床主轴轴线方向的移动为进给运动。钻床钻孔的加工精度较差，一般在 IT10 以下，表面粗糙度 Ra 值为 $12.5 \sim 6.3 \mu m$。

（1）钻孔刀具 钻孔刀具主要有麻花钻、中心钻、深孔钻及扁钻等。其中麻花钻的使用最为广泛。

1）钻头（麻花钻）。钻头由工作部分、颈部和尾部（柄部）组成。柄部是钻头的夹持部分，用于传递转矩和轴向力。它有直柄和锥柄两种形式。直柄传递的转矩较小，一般用于直径为 12mm 以下的钻头；锥柄用于直径为 12mm 以上的钻头。锥柄扁尾部分可防止钻头在锥孔内的转动，并用于退出钻头。工作部分包括切削和导向两部分。导向部分有两条对称的螺旋槽及刃带，其直径由切削部分向柄部方向逐渐减小，形成倒锥，以减小与孔壁的摩擦。切削部分由前刀面、后刀面、副后刀面、主切削刃、副切削刃及横刃等组成。两条主切削刃的夹角为顶角，通常为 116°~118°。颈部连接工作部分和柄部，是钻头加工时的退刀槽，其上刻有钻头直径、材料等标记。

2）群钻。为了提高生产率、延长钻头的使用寿命，通过改变麻花钻切削部分的形状和角度，从而克服了其结构上的某些缺点，这种钻头我们称之为群钻。其改进如下：

①在靠近横刃处磨出月牙槽，形成凹圆弧刃，从而增大圆弧刃处各点的前角，克服横刃附近主切削刃上前角过小的缺点。

②修磨横刃至原长的 1/7~1/5，克服横刃过长的不利影响。

③主切削刃上磨出分屑槽，有利于排屑及注入切削液，并减小切削力，提高所钻孔的表面质量。

（2）钻孔方法及示例

1）钻孔方法。

①工件划线定心。钻孔前应先打出样冲眼，眼要大些，这样起钻时不易偏离中心。当加工孔径大于 20mm 或孔距尺寸精度要求较高的孔时，还需划出检查圆。

②工件装夹。根据工件确定装夹形式。装夹应稳固，装夹时应使孔中心线与钻床工作台

垂直。

③选择钻头。根据孔径选取，并检查主切削刃是否锋利和对称。

④选择切削用量。根据孔径大小、工件材料等确定钻速和进给量。

⑤选用切削液。钻钢件时，多使用全损耗系统用油（俗称机油，后面用俗称）和乳化液；钻铝件时，多使用乳化液和煤油；钻铸铁件时，用煤油。

⑥起钻。用钻头在孔的中心钻一小窝（约为孔径的1/4）后检查。若稍有偏差，用样冲将中心孔冲大纠正；若偏差较大，用錾子在偏斜相反方向錾几条槽来纠正（图6-40）。

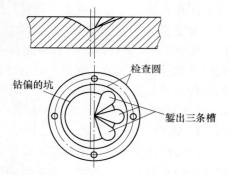

图6-40　起钻钻偏时的纠正

⑦钻削。钻头钻入工件后，进给速度要均匀。钻塑性材料要加切削液。

2）示例。

①钻通孔。将钻头对准工作台空槽，或在工件下面垫垫铁钻削。孔即将钻透时，用手动进给，且进给量要小，避免钻头在钻穿的瞬间卡钻或损坏钻头，或带动工件旋转或将工件抛出，发生安全事故。

②钻不通孔。根据孔深，调整钻床上的深度标尺挡块，或采用其他控制钻深的方法，以免将孔钻得过深或过浅。

③钻深孔。钻孔深与直径比大于5的孔时，钻头应经常退出排屑和冷却，以免切屑堵塞，导致钻头卡断或使钻头头部过热而烧损。

④钻大孔。钻直径为30mm以上的大孔时应分两次钻。第一次用0.6~0.8孔径的钻头钻削，第二次再用所需直径的钻头扩钻。这样可减小钻削时的轴向力，并有利于提高所钻孔的质量。

⑤斜面钻孔。因钻削力使钻头轴线偏斜，无法控制孔的位置，且极易折断钻头。一般将钻头磨成平顶钻头再进行钻削。

（3）钻孔质量分析　钻孔质量分析见表6-5。

表6-5　钻孔质量分析

质量问题	产　生　原　因	质量问题	产　生　原　因
孔径扩大	两主切削刃长度、角度不相等 钻头轴线与钻床主轴轴线不重合	轴线偏移	工件划线不正确 钻头轴线未对准孔的轴线 工件未夹紧 钻头横刃太长，定心不准
孔壁粗糙	钻头已磨损或后角过大 进给量过大 断屑不良，排屑不畅 切削液选择不当	钻头折断	孔将钻穿时，未及时减小进给量 切屑堵塞未及时排出 钻头磨损严重仍继续钻削 钻头轴线歪斜，钻头弯曲
轴线歪斜	钻头轴线与加工面不垂直 钻头磨削不当，钻削时轴线歪斜 进给量过大，钻头弯曲	钻头磨损加剧	切削用量过大 钻头刃磨不当，后角过大 工件有硬质点 未加切削液

2. 扩孔

用扩孔钻扩大已有孔的加工方法称为扩孔。扩孔的尺寸公差等级一般可达 IT10~IT9，表面粗糙度 Ra 值为 6.3~3.2μm。

扩孔钻的形状和钻头相似，但其顶部为平面，无横刃，有 3~4 条切削刃，且其螺旋槽较浅，刚性好，导向性好（图 6-41）。

扩孔钻切削较平稳，可适当校正原孔轴线的偏斜，从而获得较正确的几何形状及较小的表面粗糙度值。因此，扩孔可作为精度要求不高的孔的最终加工或铰孔等精加工前的预加工。扩孔的加工余量为 0.5~4mm。在精度要求不高的单件小批量生产中，扩孔可用麻花钻代替。

3. 锪孔

用锪钻对工件上已有的孔口形面进行加工的方法称为锪孔。常用的锪钻和孔口形面有三种（图 6-42）。

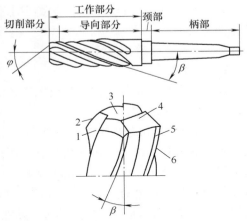

图 6-41　扩孔钻

1—前刀面　2—主切削刃　3—钻芯
4—后刀面　5—棱带（副后刀面）　6—副切削刃

（1）锪圆柱形埋头孔　用圆柱形埋头锪钻加工。锪钻前端带有导柱，与孔配合定心；其端刃切削，周刃为副切削刃，用于修光。

（2）锪锥形埋头孔　用锥形锪钻加工。锪钻有 6~12 条切削刃，其顶角有 60°、75°、90°和 120°四种。其中顶角为 90°的用得最广泛。

（3）锪端面　用端面锪钻加工与孔垂直的孔口端面。端面锪钻也有导柱定心。

4. 铰孔

用铰刀精加工已有孔的加工方法称为铰孔。铰孔的加工余量较小，粗铰时为 0.15~0.5mm，精铰时为 0.05~0.25mm；加工精度高，可达 IT7~IT6；表面粗糙度 Ra 值为 0.8μm。

（1）铰刀　铰刀是铰削加工的刀具。按使用形式可分为手用铰刀和机用铰刀；按可加工孔的形状可分为直铰刀和锥铰刀；按加工范围可分为固定铰刀和可调铰刀，可调铰刀用于修复孔或加工非系列直径的孔。

铰刀有 6~12 条切削刃，多为偶数齿，且成对位于通过直径的平面内，其容屑槽较浅，因而刚性、导向性较好。

手用铰刀是直柄带方尾，且刀体较长；机用铰刀是锥柄带扁尾。将手用铰刀的方尾夹在铰杠的孔内，转动铰杠可带动铰刀进行铰孔。

（2）铰孔注意事项

1）铰刀只能沿顺时针方向转动，不能倒转，否则切屑会卡在孔壁和铰刀后刀面之间，划伤孔壁或使切削刃崩裂。

2）手工铰孔时，两手用力要均衡，当发现铰削较紧时，慢慢地沿顺时针方向旋转铰刀，同时向上提出铰刀，不可强行转动或倒转。在

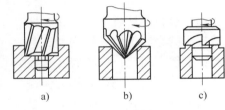

图 6-42　锪孔

a）锪圆柱形埋头孔　b）锪锥形埋头孔　c）锪端面

排除切屑或硬质点后继续铰削，铰完后，沿顺时针方向旋转，退出铰刀。

3）机动铰孔时，待铰刀退出后方可停车，以免拉伤孔壁。铰通孔时，铰刀不能全部露出孔外，以免退刀时划坏孔口。

4）铰钢件时，用较稀的机油做切削液；铰铸铁件时，用煤油做切削液；铰铝件时，用乳化液做切削液。

（四）攻螺纹和套螺纹

1. 攻螺纹

攻螺纹是用丝锥加工出内螺纹的操作。

（1）丝锥和铰杠

1）丝锥。丝锥是加工内螺纹的刀具，由工作部分和柄部组成，如图 6-43a 所示。柄部为方头，用铰杠夹持后，进行攻螺纹操作；工作部分的前部为切削部分，有切削锥度，使切削负荷分布在几个刀齿上，也使丝锥容易切入工件；工作部分的后部为校准部分，起修光和引导作用。丝锥上开有 3~4 条容屑槽，并形成切削刃和前角，可容屑和排屑。通常 M6 以下和 M24 以上规格的丝锥一组有三支，分别为头锥、二锥和三锥；M6~M24 规格的丝锥一组有两支，分别为头锥和二锥。头锥和二锥的区别在于，头锥的切削锥度较小，切削部分较长；而二锥与之相反（图 6-43b）。

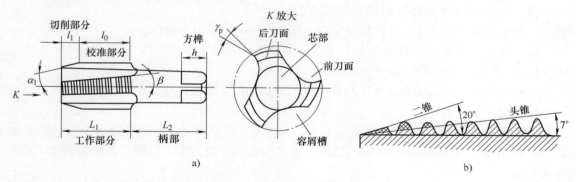

图 6-43　丝锥

a）丝锥的结构　b）头锥和二锥的切削锥度

2）铰杠。铰杠（图 6-44）是夹持手用铰刀和丝锥的工具，有固定式和活动式两种。转动活动手柄调节孔的大小，可夹持不同尺寸的手用铰刀或丝锥。

（2）螺纹底孔直径的确定　攻螺纹时，丝锥除了切削金属外，还会挤压金属。材料塑性越大，挤压越明显。被挤出的金属压向丝锥内径，甚至将丝锥卡住。因此，螺纹底孔直径应稍大于螺纹小径。螺纹底孔直径（钻头直径）的大小，要根据工件材料的性质确定。一般用下列经验公式计算：

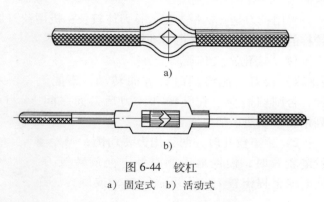

图 6-44　铰杠

a）固定式　b）活动式

1) 钢件及其他塑性材料 $D = d - P$

2) 铸铁及其他脆性材料 $D = d - (1.05 \sim 1.1)P$

式中 D——底孔直径（等于钻头直径），单位为 mm；

 d——螺纹大径，单位为 mm；

 P——螺距，单位为 mm。

钻头直径 D 也可由各加工手册直接查出。

（3）攻螺纹操作方法及注意事项

1) 将螺纹底孔孔口倒角，以便丝锥切入工件。

2) 将头锥垂直放入工件孔内，轻压铰杠旋入 1~2 圈，用目测或直角尺校正后，继续轻压旋入（图 6-45）。丝锥切削部分全部切入工件底孔后，转动铰杠不再加压。丝锥每转过一圈应反转 1/4 圈，便于断屑。

3) 头锥攻完退出后，用手将二锥旋入，再用铰杠不加压切入，直至完毕。

4) 攻螺纹时，应加切削液。攻钢件等塑性材料时，应用机油润滑；攻铸铁等脆性材料时，应用煤油润滑。这样可延长丝锥寿命，提高螺纹加工质量。

（4）攻螺纹质量分析 攻螺纹质量分析见表 6-6。

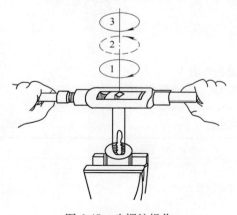

图 6-45 攻螺纹操作

1—顺转 1 圈 2—倒转 1/4 圈 3—继续顺转

表 6-6 攻螺纹质量分析

质量问题	产 生 原 因
螺孔攻歪	用手攻螺纹时，丝锥与工件不垂直 用机器攻螺纹时，丝锥未对准孔的中心
滑牙或烂牙	螺孔攻歪，用丝锥强行纠正 丝锥碰到较大砂眼打滑 攻不通孔时，丝锥已到底，仍强行攻削 底孔太小，仍强行攻削 攻塑性好的材料时，未加切削液
螺纹牙深不够	螺纹底孔太大
螺孔中径太大	用机器攻螺纹时，丝锥晃动

（5）取出断丝锥的方法

1) 普通工具法。用尖嘴钳或钢丝钳夹住丝锥露在外面的部分，拧出断丝锥。

2) 敲击法。用样冲、尖錾等工具按旋出方向敲击，取出断丝锥（图 6-46a）。

3) 焊接法。在丝锥折断处焊接弯杆或螺母，转动弯杆或螺母，取出断丝锥（图 6-46b）。

4) 专用工具法。将专用工具上的短柱插入断丝锥的切屑槽中，旋出断丝锥（图 6-46c）。

5) 弹簧钢丝法。在折断的两段丝锥的切屑槽中插入弹簧钢丝，再在带柄的短丝锥上拧上螺母，转动螺母，取出断丝锥（图 6-46d）。

（6）丝锥损坏原因 丝锥损坏原因见表 6-7。

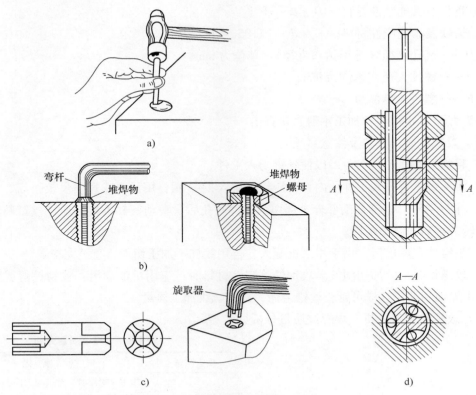

图 6-46   取出断丝锥的方法

a）敲击法   b）焊接法   c）专用工具法   d）弹簧钢丝法

表 6-7   丝锥损坏原因

损坏形式	产 生 原 因
丝锥崩牙	材料有硬质点 攻螺纹时，用力不均匀，丝锥单边受力过大 切屑堵塞卡住丝锥
丝锥断裂	攻螺纹时，用力过大、过猛，且不均匀 铰杠柄太长 丝锥已磨损，仍继续使用 攻不通孔时，丝锥已到底，仍强行攻削 底孔过小，仍强行攻削 切屑堵塞

2. 套螺纹

套螺纹是用圆板牙加工出外螺纹的操作。

（1）圆板牙和圆板牙架

1）圆板牙。圆板牙是加工外螺纹的刀具，其形状像圆螺母，有固定式和开缝式两种（图 6-47）。圆板牙由切削部分、校正部分和排屑孔组成。切削部分是圆板牙两端带有 60°锥度的部分；校正部分是圆板牙的中间部分，它起着修光和导向的作用。圆板牙的外圆有一条

V 形深槽和四个锥坑，紧固螺钉通过锥坑将圆板牙固定在圆板牙架上，并传递力矩；V 形深槽用于微调螺纹直径，当圆板牙校正部分磨损，使螺纹尺寸超出公差范围时，用锯片砂轮沿深槽锯开，再靠圆板牙架上的两个调整螺钉控制尺寸。

2）圆板牙架。圆板牙架是用来装夹圆板牙、传递力矩的工具（图6-48）。

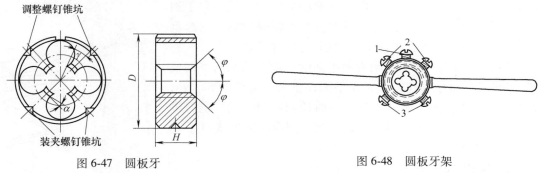

图 6-47 圆板牙　　　　　　　　　图 6-48 圆板牙架
　　　　　　　　　　　　　　　　　　1—调整螺钉　2—撑开螺钉　3—紧固螺钉

（2）套螺纹前圆杆直径的确定 圆杆直径过大，圆板牙不易套入；圆杆直径太小，套螺纹后，螺纹牙型不完整。圆杆直径一般按以下经验公式计算

$$D=d-0.13P$$

式中　D——圆杆直径，单位为 mm；

　　　d——螺纹大径，单位为 mm；

　　　P——螺距，单位为 mm。

（3）套螺纹操作方法及注意事项

1）圆杆头部倒角 60°左右，使圆板牙容易对准中心和切入。

2）夹紧圆杆，使套螺纹部分尽量离钳口近些。为了不损伤已加工表面，可在钳口与工件之间垫铜皮或硬木块。

3）将圆板牙垂直放至圆杆顶部，施压慢慢转动。套入几牙后，不再施压，但要经常反转来断屑。

4）在套螺纹过程中，应加切削液冷却润滑，以提高螺纹加工质量、延长圆板牙寿命。

3. 加工螺纹的其他方法

为了改善工人的劳动条件，提高生产率，在批量生产中，一般使用搓丝机搓外螺纹，使用锥体摩擦式攻螺纹夹头在钻床上攻内螺纹。

五、刮削和研磨

（一）刮削

用刮刀在工件表面上刮去一层很薄的金属的加工方法称为刮削。刮削能够消除机械加工时留下的刀痕和微观不平，提高工件表面质量及耐磨性，还可获得美观的外表。刮削具有切削余量小、加工热量小和装夹变形小的特点，但同时其劳动强度大、生产率低。刮削是钳工中的一种精密加工方法，表面粗糙度 Ra 值可达 0.4～0.1μm，一般用于零件相互配合的滑动表面的加工及难以进行磨削加工的场合。

1. 刮刀及其用法

刮刀是刮削用的刀具，有平面刮刀和曲面刮刀（三角刮刀）两种。平面刮刀用于刮削平面，曲面刮刀用于刮削内曲面。

（1）挺刮式　将平面刮刀的刀柄顶在小腹右下侧，左手在前，右手在后，握住离切削刃约 90mm 处的刀身，双手加压，利用腿力和臂力将刮刀推向前方至所需长度后，提起刮刀（图6-49）。其动作可归纳为"压、推、抬"。

（2）手刮式　用曲面刮刀刮平面时，刮刀与刮削平面成 25°~30°角。右手握住刀柄，左手握住刮刀头部约 50mm 处，右臂将刮刀推向前，左手加压，同时控制刮刀方向。刮刀推至所需长度时，提起刮刀。用曲面刮刀刮曲面的方式（手刮式）参见图6-51。

图 6-49　挺刮式刮削

2. 刮削方式

（1）粗刮　工件表面较粗糙时，用长刮刀交叉刮削，一般刮削方向与机加工刀痕成 45°角，且刮痕应连成片。当粗刮的工件表面上的研点达到每 25mm×25mm 面积内有 4~5 个时，转入细刮。

（2）细刮　用短刮刀，将粗刮后的高点刮去。细刮时，施加较小的力，按同一方向刮削，刮痕要短，每次都应刮在点上。点越少，刮去的金属应越多。刮第二遍时，刮削方向应与第一遍成 45°或 60°角，形成网纹，以防切削刃沿上一次的刀痕滑动，并消除原刀痕。随着研点数的增多，显示剂要薄而均匀，以便研点清晰。当研点达到每 25mm×25mm 面积内有 12~15 个时，转入精刮。

（3）精刮　用小刮刀或带圆弧的精刮刀，刮去大而宽的研点，中等研点的中间刮去一小块，小研点不刮。此时，落刀要轻，提刀要快，每刀一点，不要重刀。经反复刮削、配研，直到每 25mm×25mm 面积内有 20~25 个研点。

（4）刮花　精刮后要刮花。刮花是为使工件表面美观，保证良好的润滑；也可根据刀花的完整和消失来判断平面的磨损情况。常见的花纹有三角纹、方块纹和燕子纹等（图6-50）。

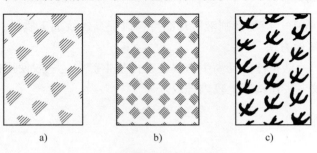

a)　　　　　　　　　b)　　　　　　　　　c)

图 6-50　刮削花纹

a）三角纹　b）方块纹　c）燕子纹

精刮主要用于精密工具的接触面、基准面和精密导轨面等的加工。

3. 刮削方法及注意事项

（1）平面刮削　根据工件表面的情况和不同的表面质量要求，平面刮削可按粗刮、细刮、精刮和刮花的步骤进行。

（2）曲面刮削　对于某些要求较高的滑动轴承的轴瓦、衬套等，为了配合良好，也需要进行刮削。在轴上涂一层显示剂，再与轴瓦配研。用曲面刮刀，先正转，再反转，并做适当轴向移动。在轴瓦上研出点子后（图6-51），再按平面刮削步骤进行。

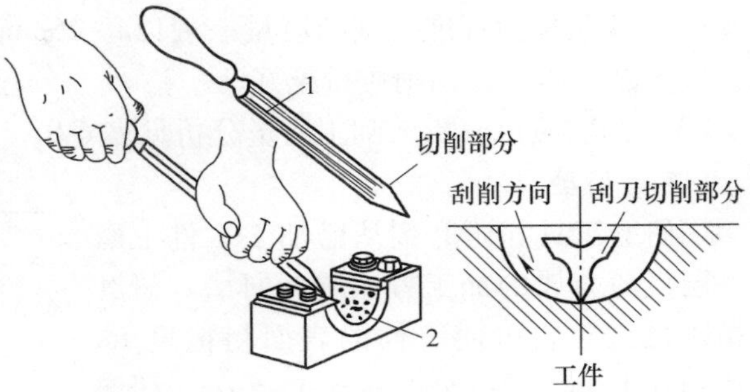

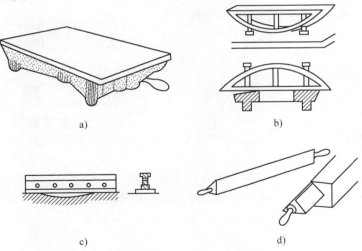

图 6-51　用曲面刮刀刮削轴瓦
1—曲面刮刀　2—轴瓦

（3）注意事项

1）刮削余量要很小，因为刮削是非常精细和烦琐的工作。

2）刮削前工件的锐边、锐角要除去，以免碰伤手。

3）刮研表面一般应低于腰部。

4）显示剂要涂得薄而均匀，以免影响研点的清晰。

5）刮削时，拿刀要稳，用力要均匀，姿势要正确，要防止刮刀在工件上划出不必要的刀痕。

4. 刮削质量

（1）质量检验工具

1）平面检验工具。用于检验刮削表面精度，也可与刮削表面磨合，显示研点的多少及分布情况，为刮削提供依据。常用的平面检验工具有校准平板、桥式直尺、工字形直尺和角度直尺等（图6-52）。

图 6-52　刮削检验工具
a）校准平板　b）桥式直尺　c）工字形直尺　d）角度直尺

2）曲面检验工具。刮削内圆弧面时，用与之相配的轴校验。

3）显示剂。在刮削表面涂上以显示刮削表面与检验工具表面接触程度的材料称为显示剂。常用的显示剂有两种：红丹油和蓝油。红丹油是用红丹粉与机油调和而成的，用于铸铁和钢材的刮削；蓝油由普鲁士蓝颜料和蓖麻油调和而成，用于铜、铝等材料的刮削。

（2）质量检验标准　刮削质量一般以每 25mm×25mm 刮削面积内分布的研点多少来表示。研点越多越小，刮削质量越好。

（3）刮削质量分析　刮削质量分析见表6-8。

（二）研磨

用研磨工具和研磨剂从已加工工件上磨去一层极薄金属的加工方法称为研磨。研磨是精密加工，它可使工件的表面粗糙度 Ra 值达到 0.1μm，尺寸公差达到 1~5μm。研磨可提高零件的耐磨性、疲劳强度和耐蚀性，延长零件的使用寿命。一般用于钢、铁、铜等金属材料，也可用于玻璃、水晶等非金属材料。

1. 研磨工具

一般的工件材料应比研磨工具的材料硬，不同形状的工件用不同形状的研磨工具研磨。常用的研磨工具有研磨平板、研磨环、研磨棒等（图6-53）。

表6-8　刮削质量分析

质量问题	产 生 原 因
凹痕	刮刀刃口过小 刮削时，用力过大 刮刀偏斜过多
纹路粗糙	刮刀切削刃不平整 刮刀切削刃不锋利
波浪纹	刮削方向单一 刮削行程太长
达不到所需精度	配研时，用力不均匀 研具太大或太小，研点不正确 研具精确性不够 工件不稳

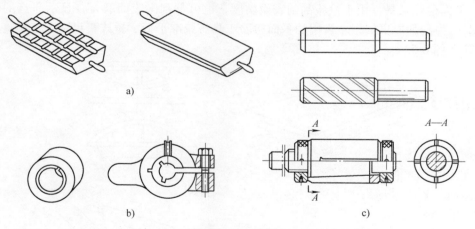

图6-53　研磨工具
a）研磨平板　b）研磨环　c）研磨棒

2. 研磨剂

研磨剂由磨料和研磨液调和而成。常用的磨料有氧化铝、碳化硅、人造金刚石等，起切削作用；常用的研磨液有机油、煤油、柴油等，起调和、冷却、润滑作用，某些研磨剂还起化学作用，从而加速研磨过程。目前，工厂中一般是用研磨膏，它由磨料加入粘结剂和润滑剂调制而成。

3. 研磨方法

（1）平面研磨　用煤油或汽油将研磨平板擦洗干净，涂上适量研磨剂，手按住工件均匀而缓慢地在平板上做直线往复、螺旋形或 "8" 字形运动，并不时地将工件调头或偏转（图 6-54）。

（2）外圆研磨　用研磨环在车床或钻床上进行。在工件上涂研磨剂后，套上研磨环，转动工件，手握研磨环做往复直线运动，在工件表面磨出 45°交叉网纹。研磨一段时间后，将工件调头继续研磨（图 6-55）。

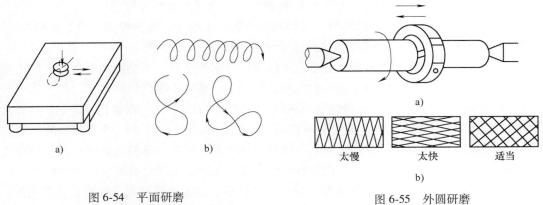

图 6-54　平面研磨
a）研磨动作　b）运动轨迹

图 6-55　外圆研磨
a）研磨方法　b）研磨质量

（3）内孔研磨　内孔研磨与外圆研磨相似，区别在于研磨棒做旋转运动，手握套在研磨棒上的工件做往复直线运动。

第三节　胶　接

一、胶接基本知识

胶接是将胶粘剂涂在两个物体的胶接面上，依靠胶粘剂自身的物理、化学特性产生的粘力，将两个物体连接在一起的方法。

1. 胶接的分类

胶接有结构胶接和非结构胶接两种。

（1）结构胶接　指能承受和传递较大载荷的胶接方式。

（2）非结构胶接　指用于修补、密封、定位等不承受载荷的胶接方式。

2. 胶接的用途

胶接可用于不同材料、不同类型、不同厚度的物体之间的连接，因而适用范围极其广泛，几乎遍布于整个工业部门，如切削刀具的胶接。

3. 胶接的优缺点

1）工艺简单、操作方便、成本低；但生产的机械化程度较差。

2）胶接处的表面光滑，应力分布均匀，无应力集中现象；但接头处的力学性能较差，一般不及母材的性能，且耐热、耐老化性能差。

3）工艺性能好，加工温度低，对母材的力学性能没有影响，接头处还具有绝缘、减振、密封等多种性能；但检测手段较少。

4）适用范围广，正受到越来越多的重视。

二、胶粘剂

1. 胶粘剂的种类及用途

胶粘剂的种类繁多，一般可分为有机胶粘剂和无机胶粘剂两种。

（1）有机胶粘剂   有机胶粘剂有天然胶粘剂和人工合成胶粘剂两种。

1）天然胶粘剂有动物胶和植物胶。动物胶如骨胶、皮胶等，植物胶如松香、淀粉等。

2）人工合成胶粘剂分为热固性树脂胶粘剂和热塑性树脂胶粘剂。

①环氧树脂胶，又称为环氧胶。它是一种热固性树脂胶粘剂，其粘接强度高，工艺性能好，但耐温性能不高。广泛应用于钢、铝合金、铜合金、玻璃钢等材料的粘接。

②酚醛树脂胶。它是一种热固性树脂胶粘剂，其粘接力强，耐热、耐老化性能好，且具有较好的尺寸稳定性，但脆性较大，疲劳强度较差。适用于钢、铝合金、钛合金等材料的粘接。

③丙烯酸酯胶，又称为厌氧胶。它是一种热塑性树脂胶粘剂，其粘接强度高，在与空气隔绝的条件下，仍能迅速固化。主要用于螺纹的套接、加固和密封及法兰面间的密封。

（2）无机胶粘剂   无机胶粘剂主要有磷酸盐胶粘剂、硅酸盐胶粘剂、硼酸盐胶粘剂等。

2. 胶粘剂的选用原则

1）胶粘剂必须与配粘母材互融。

2）胶接接头的性能必须满足工艺性能要求。

3）在满足各性能要求的前提下，尽量使胶接工艺简单、方便且经济合理。

三、胶接接头形式

常用的胶接接头形式如图 6-56 所示。

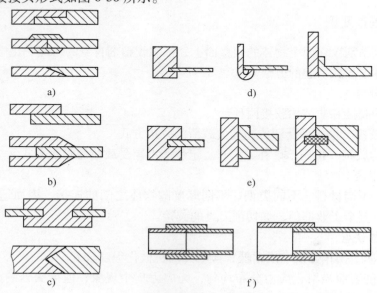

图 6-56 胶接接头形式

a）对接 b）搭接 c）嵌接 d）L 形接头 e）T 形接头 f）管材接头

四、胶接工艺

胶接工艺是胶接接头质量的保证。胶接工艺一般如下:

1) 检验待胶接零件尺寸及精度,并进行预装配。

2) 胶接零件表面处理。表面处理的常用方法有清洗脱脂、打磨、化学腐蚀及阳极化处理。

3) 涂胶、装配。

4) 整修、检验。

五、胶接操作要点

1) 胶接零件表面必须进行处理,只有清洁且具有一定表面粗糙度的胶接表面才能保证接头的性能。

2) 无论何种接头形式,接头处都必须是面接触,以保证一定的接头强度。

第四节 装 配

一、装配基本知识

1. 装配概念及装配的重要性

任何机器都是由零件组成的。将零件按规定的技术要求及装配工艺组装起来,经过调整和检验,使之成为合格产品的过程称为装配。

装配是机器制造的最后阶段,是保证机器达到各种技术指标的关键。装配工作的好坏直接影响着机器的质量。因而,装配在机器制造业中占有很重要的地位。

2. 装配方法

为了保证机器的精度,使装配的产品符合技术要求,根据产品的结构、批量及零件的精度等情况,分别采用以下装配方法进行装配:

(1) 完全互换法 在同类零件中任取一件,不需加工和修配,即可装配成符合规定要求的产品。装配精度由零件的制造精度保证。完全互换法操作简单,生产率高,但对零件的加工精度要求较高,一般需专用工、夹、模具来保证,适用于大批量生产,如自行车的装配。

(2) 选配法 将零件的制造公差适当放大,并按公差范围将零件分成若干组,然后将对应的各组进行装配,以达到规定的配合要求。选配法降低了零件的制造成本,但增加了分组时间,适用于装配精度高、配合件组数少的成批生产,如车床尾座与套筒的装配。

(3) 修配法 在装配过程中,根据实际情况修去某配合件上的预留量,来消除积累误差,以达到规定的装配精度。修配法降低了零件的加工精度,从而降低了生产成本。但对装配增加了难度,适用于单件或小批量生产,如车床两顶尖不等高时,修刮尾座底板。

(4) 调整法 装配时,通过调整一个或几个零件的位置,以消除相关零件的累积误差,从而达到装配要求。此方法适用于单件小批生产或由于磨损引起配合间隙变化的结构,如用楔铁调整机床导轨间隙。

3. 零件装配的配合种类

（1）间隙配合　配合面有一定的间隙量，以保证配合零件符合相对运动的要求，如滑动轴承与轴的配合。

（2）过渡配合　配合面有较小的间隙或过盈，以保证配合零件有较高的同轴度，且装拆容易，如齿轮、带轮与轴的配合。

（3）过盈配合　装配后，轴和孔的过盈量使零件配合面产生弹性压力，形成紧固连接，如滚动轴承内孔与轴的配合。

4. 零件装配的连接方式

1）按照零件的连接要求，连接方式可分为固定连接和活动连接两种。固定连接后，连接零件间没有相对运动，如螺纹联接、销联接、粘接等；活动连接后，连接零件间能按规定的要求做相对运动，如螺母丝杠、轴承连接等。

2）按照零件连接后能否拆卸，连接方式又可分为可拆连接和不可拆连接两种。可拆连接在拆卸时，零件不损坏，如螺纹联接、键联接等；不可拆连接在拆卸时，会损坏其中一个或几个零件，如焊接、铆接、粘接等。

二、装配工艺过程

1. 装配前的准备

（1）了解相关技术要求　研究和熟悉产品装配图及工艺技术要求，了解产品结构、工作原理、零件作用及相互连接关系，并确定装配方法和顺序。

（2）准备装拆工具　常用装拆工具有螺钉旋具、扳手、卡钳、拔销器（图6-57）、顶拔器（图6-58）、铜棒、木槌等。

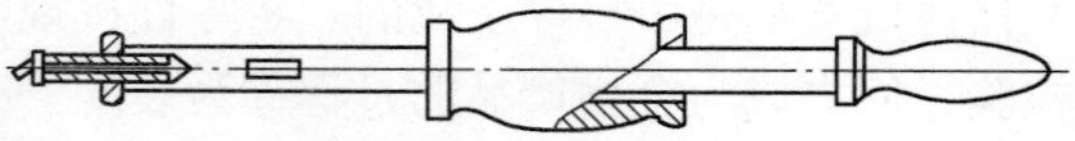

1）螺钉旋具。有一字或十字旋具、快速旋具、电动旋具等（图6-59）。

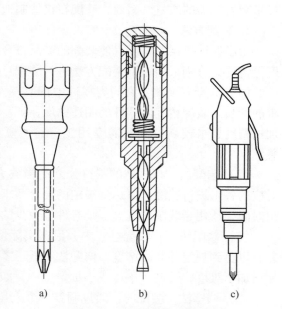

图 6-57　拔销器

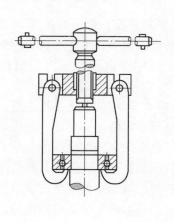

图 6-58　顶拔器

a)　　　　　b)　　　　　c)

图 6-59　螺钉旋具

a）十字旋具　b）快速旋具　c）电动旋具

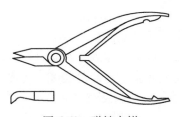

2）卡钳。有孔用卡钳和轴用卡钳（图6-60）。

3）扳手。有呆扳手、活扳手、内六角扳手、套筒扳手、梅花扳手等（图6-61）。

（3）清理与检查 清理零件，去除油污、毛刺、铁锈等，同时检查零件的形状、尺寸。

2. 装配

装配可分为组件装配、部件装配和总装配。

（1）组件装配 将若干个零件安装在一个基础零件上构成组件的装配，如减速器主动轴、从动轴的装配。

图 6-60 弹性卡钳

注：孔用卡钳与轴用卡钳只在钳口处形状不同。轴用卡钳头部带有弯钩（见图中的小图）

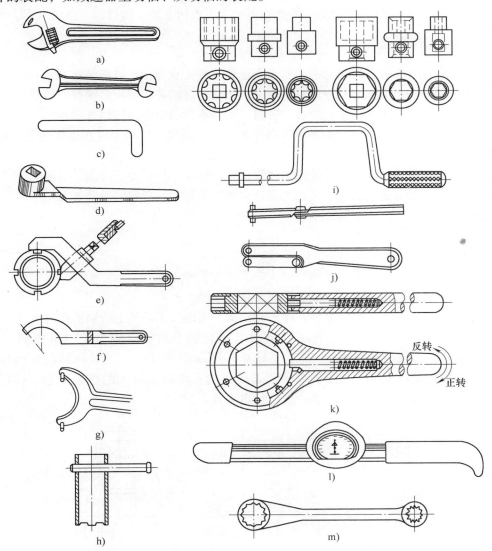

图 6-61 扳手

a）活扳手 b）呆扳手 c）内六角扳手 d）整体扳手 e）可调钩形扳手 f）单头钩形扳手 g）钳形扳手

h）管子圆螺母扳手 i）套筒扳手 j）双叉销扳手 k）棘轮扳手 l）指示式扭力扳手 m）梅花扳手

（2）部件装配　将若干个零件、组件安装在另一个基础零件上构成部件的装配，如车床主轴箱的装配。

（3）总装配　将若干个零件、组件、部件安装在另一个较大、较重的基础零件上构成功能齐全的产品的装配，如车床的装配。

3. 检验及调试

产品装配完成后，首先对零件间的相互位置、配合间隙等进行调整，然后进行全面的精度检查，最后进行试车，检查各运动件的灵活性、密封性，工作时的温升、转速及功率等性能。

4. 涂油、入库

为防止生锈，产品装配结束后，应在外露的加工表面上涂上防锈油，然后入库。

三、装配工作要点

1）装配前检查零件装配尺寸和形状是否正确，并注意标记，以防装错。

2）装配顺序一般为从里到外、自下而上。螺纹零件的旋松方向必须辨别清楚。

3）高速旋转零件需进行平衡试验。螺钉、销等不得凸出在旋转体外表面。

4）固定连接的零部件连接可靠，零部件间不得有间隙。活动零件在正常间隙下能按规定的方向灵活旋转。

5）运动零部件表面需有足够的润滑。密封件、管道、接口处不渗油、不漏气。

6）试车时，先低速后高速，并逐步进行调整，使其达到正常的运动要求。

四、典型零件装配

1. 滚珠轴承的装配

1）将轴、轴承、轴承座内孔用汽油或柴油清洗干净。

2）检查轴承转动是否灵活，在装配面上涂润滑油。

3）带牌号与规格的一侧面对外，将滚动轴承平正地放于轴颈上或轴承孔内。

4）用锤子或压力机将轴承压入。当轴承压到轴上时，应施力于轴承内圈（图6-62a）。当轴承压入轴承孔中时，应施力于轴承外圈（图6-62b）。当轴承同时压到轴和孔中时，则内外圈应同时加压（图6-62c）。若轴承内孔与轴为较大的过盈配合，则可将轴承放入80~90℃的机油内均匀加热，然后趁热装入。

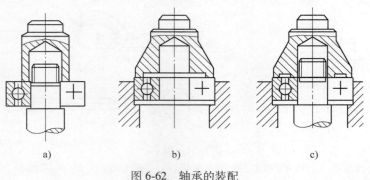

a)　　　　　　　b)　　　　　　　c)

图 6-62　轴承的装配

2. 螺纹联接的装配

螺纹联接是机器装配中最常用的可拆卸的固定连接，它具有结构简单、联接可靠、装拆方便等优点。其装配要点为：

1）联接件的配合面应平整光洁，与螺母、螺钉应接触良好。为了提高贴合质量，可加垫圈。

2）联接件受压应均匀，贴合紧密，联接牢固。拧紧时，要注意松紧程度，过松则不能保证机器工作时的稳定可靠；过紧则会损坏牙型或拉长、拉断螺栓。

3）螺钉螺母装配成组时，为保证零件贴合面受力均匀，应根据联接件的形状及螺栓分布情况，按图 6-63 所示顺序分两次或三次拧紧。有定位销时，应从靠近定位销的螺栓开始拧紧，以防螺栓受力不一致而变形。

4）在有振动或冲击的场合，为了防止螺栓或螺母松动，必须有可靠的防松装置（图 6-64），并注意弹簧垫圈的开口方向。

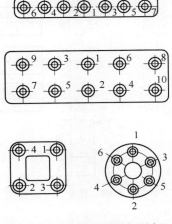

图 6-63　成组螺钉拧紧顺序

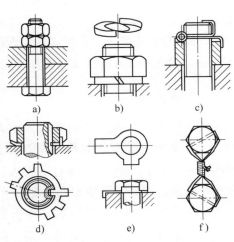

图 6-64　螺纹联接防松装置
a）双螺母 b）弹簧垫圈 c）开口销
d）止动垫圈 e）止退垫圈 f）钢丝防松

3. 减速器低速轴组件的装配

（1）装配工艺系统图　图 6-65 所示为减速器低速轴组件，其装配过程可用装配工艺系统图（图 6-66）表示。装配工艺系统图绘制方法如下：

1）先画一条竖线。

2）竖线上端画一个小长方格，代表基准件，竖线的下端也画一个小长方格，代表装配的成品。在长方格中注明装配单元的名称、编号和数量。

3）竖线自上往下表示装配顺序，直接进行装配的零件画在竖线右边，组件画在竖线左边。长方格中也是注明装配单元的名称、编号和数量。

由装配工艺系统图可以清楚地看出成品的装配

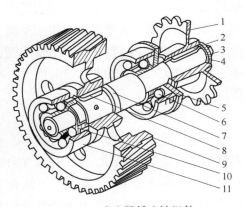

图 6-65　减速器低速轴组件
1—链轮　2、8—键　3—螺栓　4—轴端挡圈
5—可通盖　6、11—滚珠轴承　7—低速轴
9—齿轮　10—套筒

顺序以及装配所需零件的名称、编号和数量，起到指导和组织装配工艺的作用。

（2）轴系组件装配示例　图 6-67 所示为一个轴系组件，轴上零件的装配步骤如下：

1）按装配图将零件编号，并对零件进行对号计件。

2）清洗，去除油污、灰尘和切屑。

3）修整、修锉锐角和毛刺。

4）分析轴系组件装配图，确定装配顺序。

5）装配顺序：在轴 1 上先装入键 5→压装齿轮 6→装套筒 7→压入右轴承 8→压入左轴承 4→放入密封毛毡 2→装可通盖 3。

6）按图样技术要求，检验零件装配的正确性和装配质量，无误后转入部件或总装环节。

五、装配新工艺

传统的流水线装配主要依靠人工或人工与机械相结合的方式进行装配。随着计算机技术与自动化技术的高速发展，装配工艺也有了很大的发展。在大批量生产中，广泛采用装配流水线。

装配流水线按产品对象不同，可分为带式装配线、车式装配线、板式装配线等类型；按节拍特性不同，又可分为刚性装配线和柔性装配线。

刚性装配线是按一定的产品类型设计的，主要依靠机械、液压、气压及电气自动化等得以实现。该方法具有节拍稳定、质量稳定、生产率高、人工参与少等优点，但缺乏灵活性。在汽车发动机、柴油机等外形、性能变化均不大的产品的装配中，得到较为广泛的应用。

柔性装配就是可编程序的装配。柔性装配线主要依赖于先进的计算机技术和数控技术、光学技术、检测技术等自动化技术的结合。它具有刚性装配线的所有优点，又具有通用性、灵活性，适合于多品种、中小批量生产。在汽车、家电等产品的装配中获得了成功应用，也用于自动化、无人化的生产场合。

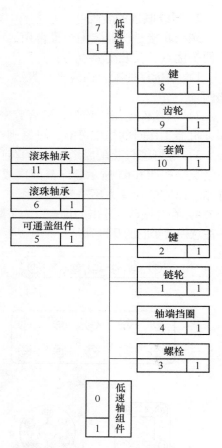

图 6-66　装配工艺系统图

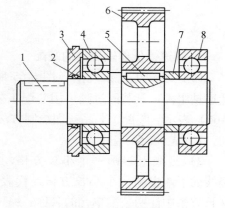

图 6-67　轴系组件

1—轴　2—毛毡　3—可通盖　4—左轴承

5—键　6—齿轮　7—套筒　8—右轴承

第五节　管　道　加　工

一、基本知识

1. 管材种类

管材种类很多，一般可分为金属管、非金属管和复合管三类。金属管有钢管、铜管、铁管等；非金属管有水泥管、塑料管等；复合管有铝塑复合管和铜塑复合管等。常见的管材及其用途如下：

（1）焊接钢管　焊接钢管又称有缝钢管，由低碳带钢经卷曲焊接而成。在其表面涂上黑油漆成为黑色铁管，用于敷设电线；在其表面镀锌成为镀锌管，用于输送低压水、气、油等流体。

（2）无缝钢管　无缝钢管的规格用外径和壁厚表示。它由圆钢加热后，直接穿孔、冷拔而成，因而强度高、密封性好。常用于输送高热、高压的气体和液体，也用于输送有毒的、易燃易爆的物料。

（3）塑料管　塑料管的最大优点是不锈蚀、不结垢，因而广泛用于给、排水系统，典型代表为聚氯乙烯（PVC）管。但其不符合食用卫生标准。最新采用耐热的交联聚乙烯（PEX）管作为供应食用水的管道。

（4）铜塑复合管　采用99.9%的纯铜作为内衬，无毒耐热，施工时，还可根据需要进行任意弯曲。但其价格较高。

2. 管材直径

公称直径是管材的通用口径，它既不是管材的实际外径，又不是管材的实际内径，只是一种名义上的直径。只要公称尺寸相同，管材就能相互连接。管材直径一般以 DN 加公称直径尺寸（单位 mm）表示，如 DN100 表示公称尺寸为 100mm。但在管道工程中，公称直径仍沿用英制单位，如 4′、6′水管等 [1′（分）= 1/8in（英寸），1in = 25.4mm]。

3. 常用管件与阀门

（1）常用管件　常用管件如图 6-68 所示。

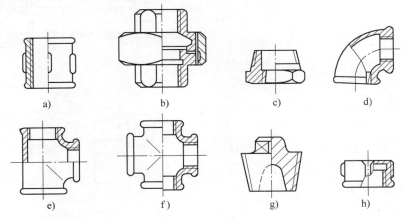

图 6-68　常用管件

a) 管接头　b) 活接头　c) 内外螺纹管接头　d) 弯头　e) 三通　f) 四通　g) 堵头　h) 闷头

1）管接头与异径管接头。用以联接两外螺纹管件。

2）活接头。用以联接两固定的公称直径相同的外螺纹管件。

3）内外螺纹管接头。用以联接一公称直径大且具有内螺纹的管件和一公称直径小且具有外螺纹的管件。

4）弯头与异径弯头。用以联接方向成45°或90°的管件。

5）三通。用以联接三个公称直径相同的外螺纹管件，其中一个管件与另外两个管件垂直。

6）异径三通。用以联接三个公称直径不同的外螺纹管件。其中较小公称直径的管件与另两直径相同的管件垂直。

7）四通与异径四通。用以联接十字交叉的四种管件。

8）闷头与堵头。用以封闭管道。

（2）常用阀门

1）旋塞阀。旋塞阀是利用带孔的锥形栓塞控制通断的一种阀门。一般用于流体输送，但不宜用于控制流量。

2）闸阀。闸阀是利用旋转丝杠来升降闸板从而控制通断及调节流量的一种阀门。

3）截止阀与节流阀。两者是通过调整阀盘和阀座间的距离，改变通道截面的大小，从而控制通断及调节流量的阀门。节流阀的调节性能较好，但密封性较差。

4）止回阀。止回阀是利用管道前后介质的压力差，自动控制通断及介质流向的一种阀门。

5）减压阀。减压阀是通过弹簧等敏感元件来改变阀杆位置，从而降低介质压力到一定数值的一种自动阀门。

6）安全阀。安全阀是一种能自动开启，当排出超过规定工作压力的过量介质后，又自动关闭的阀门。

4. 管道联接形式

（1）螺纹联接　用于低温低压的小管径管道的联接。

1）短丝联接。它是管材的外螺纹与管（阀）件的内螺纹的一种固定联接方式，具有结构简单、密封性好的特点。但装拆时需逐件进行，很不方便，一般用于不需经常维修的管道联接（图6-69a）。

2）长丝联接。它是常用的活动联接方式之一。装拆时，只需将内牙管接头拧至与外牙管接头断面相平即可，不需逐件拆卸（图6-69b）。

3）活管接联接。活管接由套合节、软垫圈和两个主节组成。两个主节通过管

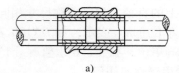

a)

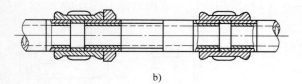

b)

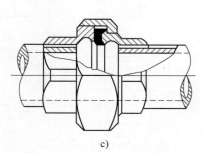

c)

图6-69　管道螺纹联接形式

a）短丝联接　b）长丝联接　c）活管接联接

螺纹分别与两根直径相同的管子联接，再通过套合节联接成一体，因而密封性好、装拆方便，应用广泛（图6-69c）。

（2）法兰联接 用于需方便拆卸的管道联接（图6-70）。法兰的加工和焊接对法兰的联接、安装质量十分重要，必须注意。

（3）焊接联接 用于要求强度高、密封性好且不需拆卸的管道联接（图6-71）。

（4）活接头联接 活接头一般由黄铜制成，用于柔性管道的联接（图6-72）。

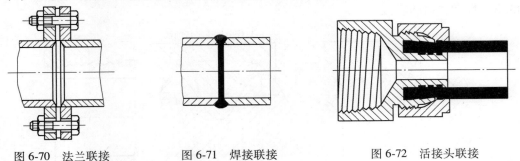

图 6-70　法兰联接　　　　　图 6-71　焊接联接　　　　图 6-72　活接头联接

二、管道常用加工方法

（一）管道工具

常用的小直径管道工具有锯弓、台虎钳、管子钳（图6-73a）、龙门式管子虎钳及切管器等。大直径管道的切割常采用机锯、气割、切割砂轮机切割及等离子切割等方法。

1. 切管器

切管器的切削速度较快，切口较平整。切割时，将管子压在滚轮与两压轮之间，滚轮刀口卡在管子切口部位。以管子为轴心向刀架开口方向旋转，同时调节螺杆使其压紧滚刀，切断管子（图6-73b）。

2. 龙门式管子虎钳

龙门式管子虎钳简称为管子虎钳或龙门钳（图6-73c），其钳口由两块带有齿形的可上下移动的V形铁组成，龙门架和上钳口可一起翻转180°，方便拆卸。

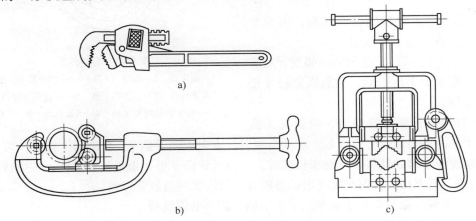

a)

b)　　　　　　　　　　　　c)

图 6-73　管道工具

a）管子钳　b）切管器　c）龙门式管子虎钳

（二）管材套螺纹

1. 管螺纹

常用管螺纹有55°非密封管螺纹和55°密封管螺纹。

（1）55°非密封管螺纹　55°非密封管螺纹的断面形状如图6-74a所示。

（2）55°密封管螺纹　55°密封管螺纹的断面形状如图6-74b所示。其直径有1/16的锥度，当与之相配的管螺纹联接旋紧时，除螺尾外的所有螺纹都将形成过盈配合，从而获得良好的密封性和严密的联接。

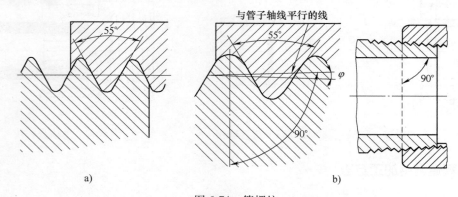

图6-74　管螺纹

a）55°非密封管螺纹　b）55°密封管螺纹

2. 套螺纹

（1）套螺纹板　套螺纹板由固定盘、活动标盘、板牙、手柄等组成（图6-75）。通过调整后卡爪的位置、更换不同规格的板牙，可加工出不同管径的管螺纹。

（2）套螺纹操作

1）检查管口是否有斜口、裂纹等缺陷并修正。用管子台虎钳夹住离管口端150mm处。

2）选择合适规格的套螺纹板，将板牙扳至全松位置，套上管口端。

3）将板牙上带15°锥角的相邻板牙对准管口端，扳紧后卡爪手柄，然后扳紧板牙松紧装置手柄。

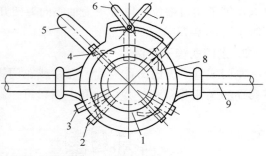

图6-75　套螺纹板

1—固定盘　2—板牙（4块）　3—后卡爪（3个）
4—板牙滑轨　5—后卡爪手柄　6—标盘固定螺钉把手
7—板牙松紧装置手柄　8—活动标盘　9—手柄

4）操作人员面对管口端，两腿交叉站立。左手用力向前压住套螺纹板，右手沿顺时针方向扳动手柄9。套进两个扣后，可调整位置以方便操作。螺纹即将套至要求长度时，一边逐渐松开板牙松紧装置手柄，一边转动手柄9，再套两、三个扣，从而在螺纹末端形成有一定锥度的过渡管螺纹。

5）松开板牙松紧装置手柄和后卡爪手柄，卸下套螺纹板。

（三）管材弯曲

管道弯曲方法有冷弯法和热弯法两种。

（1）冷弯法 用此方法弯管时，不需充砂也不需加热，操作简便安全。但管壁太厚或弯曲半径过小，易导致管子破裂。此方法一般用于直径小于32mm的薄壁无缝钢管和直径小于1in（1in＝25.4mm）的水管、煤气管。

（2）热弯法 管子弯曲前，在管内充砂，可防止变形并起保温作用。加热时，可采用无烟煤或焦炭，也可采用氧-乙炔火焰加热。

第六节 钳工综合训练作业件示例

一、综合训练作业件

作业件是如图6-76所示的锤子。

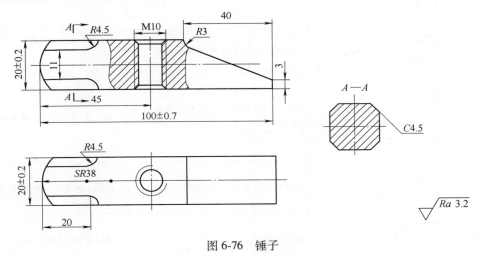

图6-76 锤子

二、制作步骤

锤子制作步骤见表6-9。

表6-9 锤子制作步骤

制作序号	加工简图	加 工 内 容	工具、量具
1. 备料	104 ⌀22	锻、刨或铣出长×宽×高为104mm×22mm×22mm的方料，并退火	
2. 锉削	100±0.7 20±0.2	锉削六个面。要求各面平直，对面平行，邻面垂直，长度为（100±0.7）mm，宽、高皆为（20±0.2）mm	粗齿平锉刀、游标卡尺、直角尺、塞尺

（续）

制作序号	加 工 简 图	加 工 内 容	工具、量具
3. 划线		按零件图尺寸划出全部加工界线，打上样冲眼	游标高度尺、划规、划针、样冲、划线盘、金属直尺、锤子
4. 锉削		锉削五个圆弧。圆弧半径应符合图样要求	圆锉刀、半径样规
5. 锯削		锯削斜面，要求锯痕平整	钢锯
6. 锉削		锉削四边斜角平面、大斜平面及大端 SR 球面	粗、中齿平锉刀，半径样规
7. 钻孔		用麻花钻钻通孔，并锪倒角	$\phi9\,\mathrm{mm}$ 麻花钻、90°锪孔钻
8. 攻螺纹		攻内螺纹	M10 丝锥、铰杠
9. 修光		用细平锉和砂布修光各平面，用圆锉和砂布修光各圆弧面	细平锉、圆锉、砂布

复习思考题

6-1　为什么零件加工前常常要划线？能不能依靠划线直接确定零件加工的最后尺寸？

6-2　如何选择划线基准？工件的水平位置和垂直位置如何找正？

6-3　如何选择锯条？试分析锯条崩齿、折断的原因。

6-4　当锯条折断后，换上新锯条，能否在原锯缝中继续锯削？为什么？

6-5　锯圆管和薄壁件时，为什么容易断齿？应怎样锯削？

6-6　交叉锉、顺向锉、推锉三种方法各有什么优点？怎样采用？

6-7　为什么锉削的平面经常会产生中凸的缺陷？怎样克服？

6-8　为什么孔将钻穿时，容易产生钻头轧住不转或折断的现象？怎样克服？

6-9　试钻时，浅坑中心偏离准确位置应如何纠正？

6-10　车床钻孔和钻床钻孔在切削运动、钻削特点和应用上有何差别？

6-11　在塑性材料和脆性材料上攻螺纹，其螺纹底孔直径是否相同？为什么？

6-12　攻螺纹、套螺纹时为什么要经常反转丝锥、板牙？

6-13　丝锥为何两三个一组？攻通孔和不通孔螺纹时，是否都要用头锥和二锥？为什么？

6-14　攻不通孔螺纹时，如何确定孔的深度？

6-15　刮削有什么特点？在什么情况下使用？

6-16　刮削时，应注意哪些事项？为什么？

6-17　在什么情况下工件才需要进行研磨？研磨时，应注意什么？

6-18　胶接有什么优点？如何选用胶粘剂？

6-19　胶接的接头形式有哪些？

6-20　什么是装配？举例说明什么是组件装配、部件装配、总装配。

6-21　轴承或螺母装配时，应注意哪些问题？

6-22　如何提高装配质量和效率？

6-23　常用的管道连接方法有哪些？

6-24　管螺纹与米制螺纹有什么不同？如何加工管螺纹？

第七章

数 控 加 工

目的和要求

1. 了解数控加工的特点和应用。

2. 初步了解数控机床结构及运动控制方式。

3. 掌握数控编程方法。

4. 掌握数控机床（数控车床、数控铣床等）的操作，编制简单零件的加工程序，完成数控加工。

数控加工实习安全技术

操作数控车床、数控铣床，除需遵守普通车床、铣床操作的安全规则外，还需注意：

1. 当加工过程中出现紧急情况时，可执行紧急停止功能，即按下面板急停按钮，此时，运动系统电源切断，主轴停转，机床各部件停止移动。

2. 检查、分析故障原因，消除故障。

3. 通过旋转急停按钮，可解除急停状态。

第一节 概 述

生产过程自动化是工业现代化的重要标志之一，问世于 20 世纪 50 年代，迅速发展起来的数控加工技术就是典型代表。普通机床的整个加工过程必须通过手工操作来完成，而数控加工则是预先通过人工或自动编程系统，把加工过程所需的全部信息（如各种操作、工艺步骤和加工尺寸等），编制出用数字和代码表示的控制程序，输入数控机床的数控装置，数控装置对输入的信息进行处理与运算，发出各种指令，通过伺服系统控制机床各个执行元件，使其按照给定的程序，自动加工出所需要的零件，实现了机床通用性和自动化的统一。数控机床加工原理如图 7-1 所示。

数控加工技术是综合应用计算机、自动控制、精密测量等方面的新技术而发展起来的一门技术，它具有以下特点；

1. 加工精度高，质量稳定

数控机床是按以数字形式给出的指令脉冲进行加工的。目前精度达到了 $0.1 \sim 1 \mu m$ 以

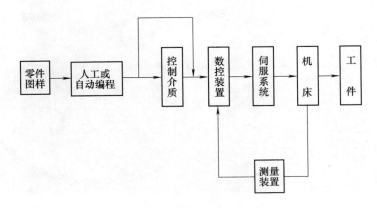

图 7-1 数控机床加工原理

上。此外，工件的加工尺寸是按预先编好的程序由数控机床自动保证的，所以不受零件复杂程度及操作者水平的影响，使同一批加工的零件质量稳定。

2. 生产率高

数控机床在加工时，能选择最有利的切削加工量，有效地节省了加工时间。而具有自动换刀、不停车变速及快速空行程等功能，又使辅助时间大为缩短。可比普通机床生产率提高 2~3 倍，在某些条件下，甚至可提高十几到几十倍。

3. 适应性强

当工件或加工内容改变时，不需像其他自动机床那样重新制造模板或凸轮，只要改变加工程序即可，为单件、小批量产品及试制新产品提供了极大的方便。

4. 改善劳动条件

操作者除了操作键盘、装卸零件、调整机床、测量中间关键工序及观察机床运行外，不必进行繁重的重复性手工操作。劳动强度与紧张程度均可大大减轻，劳动条件也得到相应改善。

5. 经济效益好

数控机床，特别是可自动换刀的数控机床，在一次装夹下，几乎可以完成工件上全部所需加工部位的加工。因此，一台这样的数控机床可以代替 5~7 台普通机床。除了节省厂房面积外，还节省了劳动力、工序间运输、测量和装卸等辅助费用。另外，由于废品率低，也使生产成本进一步下降。

6. 有利于生产管理现代化

数控机床的切削条件、切削时间等都是由预先编好的程序决定的，易实现数据化。这就便于准确地编制生产计划，为计算机管理生产创造了有利条件。此外，数控机床通过与计算机连接，实现计算机辅助设计、制造和管理一体化。

7. 要求条件高

目前，数控机床价格昂贵、技术复杂、维修困难，对管理及操作人员的素质要求较高。
图 7-2 所示为数控机床加工零件及数控加工的复杂曲面零件。

　　　　a)　　　　　　　　　　　　　　　　b)

图 7-2　数控机床加工零件及数控加工的复杂曲面零件
a）数控加工　b）复杂曲面零件

第二节　数控机床

一、数控机床分类

数控机床品种规格多，常按以下三种方法进行分类：

1. 按加工工艺用途分类

按加工工艺用途可分为普通数控机床和数控加工中心机床。普通数控机床主要有数控车床、数控铣床、数控镗床、数控磨床、数控钻床、数控压力机、数控齿轮加工机床、数控电火花加工机床等。

2. 按机床运动控制轨迹分类

（1）点位控制（图 7-3）　只要求控制刀具从一个点移动到另一个点时定位准确，刀具移动过程中不加工，如数控钻床、数控坐标镗床、数控压力机等。

（2）点位直线控制（图 7-4）　除控制点与点之间的准确定位外，还可以保证运动轨迹是一条直线，并能控制位移速度，从而使刀具以不同的进给速度切削工件，如数控车床等。

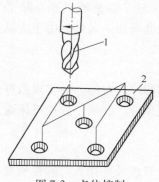
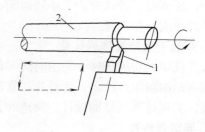

图 7-3　点位控制　　　　　　　　　　图 7-4　点位直线控制
1—钻头　2—工件　　　　　　　　　　1—车刀　2—工件

（3）轮廓控制（图7-5）　又称连续控制，它能对两个以上的坐标轴同时进行连续控制。运动轨迹可以是直线，也可以是曲线，运动中刀具同时切削工件。刀具运动的轨迹确定工件的表面形状，可以加工平面和立体轮廓曲线（即曲面），如数控铣床、数控加工中心等。

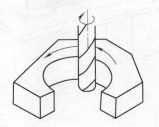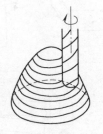

图7-5　轮廓控制

3. 按控制方式分类

在加工中，程序指令的位移量与实际位移量会有误差，影响加工精度。要消除这种误差，就要增加一套反馈装置控制系统，对移动部件的实际位移量进行检测、比较和校正。所以按是否有这种功能及精度如何，可分为：

（1）开环控制系统　没有反馈补偿装置，精度低，成本低，结构简单。

（2）闭环控制系统　有反馈补偿装置，精度高，成本高，结构复杂。

（3）半闭环控制系统　有简单的反馈补偿装置，介于前两者之间。

二、数控机床组成及坐标系统

1. 数控机床组成

数控机床由机床主体、伺服系统和数控装置三大部分组成。

（1）机床主体　既保持普通机床布局形式，又有专门设计的数控机床主体。如数控车床，机床主体包含主轴箱、导轨、床身、尾座等部件，取消了进给箱、小滑板、光杠等部件。进给部分则由伺服电动机拖动丝杠传动，刀架也改为多工位自动回转刀架。

（2）伺服系统　伺服系统是数控机床的重要组成部分，它的作用是接收数控装置发出的进给脉冲信号，经驱动电路处理后，由执行元件控制机床的进给机构进行精密定位或完成准确的相对运动，自动加工出符合图样要求的零件。

（3）数控装置　数控装置的作用是接收各种指令信息，并经大量的信息处理和计算后，将其结果送到相应的伺服驱动机构中，以指挥机床主体各部分的正确运动。数控装置主要由键盘、计算机、监视器、输入输出控制器、驱动电源等组成。

2. 坐标系统

数控机床的坐标和运动方向均已标准化。根据 GB/T 19660—2005 规定，其坐标系采用右手直角笛卡儿坐标系，刀具远离工件的方向为正方向，如图 7-6a 所示。数控车床以径向为 X 轴方向，主轴轴线方向为 Z 轴方向，如图 7-6b 所示；数控铣床以工作台纵向为 X 轴方向，横向为 Y 轴方向，主轴轴线方向为 Z 轴方向，如图 7-6c 所示。

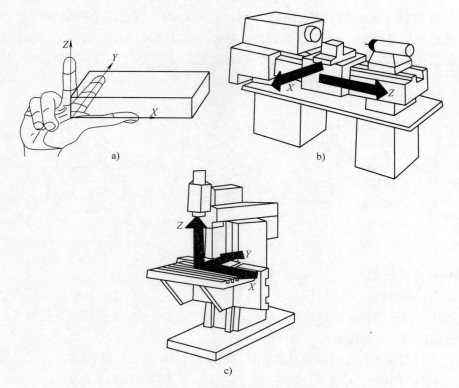

图 7-6　数控机床的坐标系

a）右手直角笛卡儿坐标系　b）数控车床坐标系　c）数控铣床坐标系

第三节　数控加工程序编制

一、编程方式

数控加工程序编制（简称数控编程）就是将工件的工艺过程、工艺参数、刀具位移量与方向以及其他辅助动作，如换刀、冷却等，按运动顺序和所使用数控机床规定的指定代码及程序格式（数控机床的控制系统种类、规格很多，程序格式也不尽相同，所以需按照各机床使用手册的规定格式编写）编制加工程序，制作控制介质，输入数控装置（也可不通过控制介质直接将程序输入并存储于数控装置上），从而控制数控机床进行加工。程序编制的一般过程如图 7-7 所示。

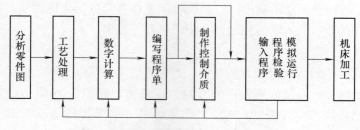

图 7-7　程序编制的一般过程

程序编制可分为手工编程和自动编程。

1. 手工编程

编程的各个步骤均由人工完成。手工编程适用于几何形状不复杂的简单零件。但对于一些复杂零件，特别是具有曲面的零件等，手工编程工作量大、易出错。手工编程所需的时间是数控加工时间的数倍甚至数十倍，所以不能满足生产要求，常需采用自动编程。

2. 自动编程

自动编程也称计算机辅助编程，是编程人员根据加工图样，在计算机上利用自动编程专用软件编制数控加工程序的过程。

自动编程时，交点、切点坐标或刀具位置等数据的计算，加工程序的编制等工作，均由计算机自动完成。自动编程系统还附有典型零件的加工程序供调用，这些都大大减轻了编程人员的劳动强度，缩短了编程时间，使效率提高了几十甚至上百倍，也提高了编程精度。同时，自动编程系统还可显示刀具中心轨迹，仿真模拟机床加工，可检验数控加工程序的正确性。

目前，自动编程主要采用图形交互自动编程，它的主要特点是以图形要素为输入方式，通过菜单驱动图形交互来完成整个过程，由计算机完成程序编制，而不需要人工编写数控语言。常用的自动编程软件有：Mastercam、Pro/E、Creo、UG、SolidWorks、Delcam、CATIA、Cimatron 和国产软件 CAXA 等。

由上述也可以看出，一个合格的数控机床操作人员，不仅要熟悉零件的加工工艺，同时还要熟悉数控机床的加工特点和程序的编制及输入方法，他既是一个体力劳动者，又是一个脑力劳动者。

二、程序格式

程序格式是指程序段的书写规则，它包括数控机床所要求执行的功能和运动所需要的所有几何数据和工艺数据。一个零件的加工程序可由若干按一定顺序排列的程序段组成，每个程序段又由以下几部分组成，见表 7-1。

三、常用功能指令

1. 准备功能（G 功能指令）

准备功能 G 指令见表 7-2。

表 7-1 程序格式

符号	名称	范围	符号	名称	范围
%	程序号	0~999	S	主轴转速功能	0~9999
D	刀具补偿号	0~9	T	刀具功能	0~99
F	进给速度	0.001~99999.999	M	辅助功能	0~99
G	准备功能	0~999	N	程序段号	0~9999
H	H 功能	各系统定义不同，范围不一样	U、V、W	相对坐标值	±0.001~99999.999
I、J、K	圆心坐标值	±0.001~99999.999	X、Y、Z	绝对坐标值	±0.001~99999.999

表 7-2　准备功能 G 指令

G 指令	说　明	G 指令	说　明
G00	快速移动	G33	恒螺距螺纹切削
G01	直线插补	G40	刀具半径补偿取消
G02	顺时针圆弧插补	G41	刀具半径左补偿
G03	逆时针圆弧插补	G42	刀具半径右补偿
G04	暂停	G54～G59	选择工件坐标系 1～6
G17	选择 XY 平面	G70	英制尺寸（SIEMENS）
G18	选择 XZ 平面	G71	米制尺寸（SIEMENS）
G19	选择 YZ 平面	G74	回参考点（SIEMENS）
G20	英制尺寸（FANUC）	G90	绝对值编程
G21	米制尺寸（FANUC）	G91	增量值编程
G28	回参考点（FANUC）	G92	设定工件坐标系

2. 辅助功能（M 功能指令）

辅助功能 M 指令见表 7-3。

表 7-3　辅助功能 M 指令

M 指令	功　能	M 指令	功　能
M00	程序停止	M06	换刀
M02	程序结束	M08	切削液开
M03	主轴顺时针转动	M09	切削液关
M04	主轴逆时针转动	M19	主轴定向停止
M05	主轴停止	M30	纸带结束

四、程序编制

1. 程序编制的一般步骤

1）分析零件图样。

2）确定加工工艺过程。

3）计算进给轨迹，得出刀位数据。

4）编写零件加工程序。

5）程序输入与程序校对。

6）试切削与程序修改。

2. 编程实例

1）车削编程。以图 7-8 所示零件为例，说明如何编制 FANUC 系统车削加工程序（毛坯直径 28mm，1 号刀为外圆车刀，2 号刀为切断刀，刀宽为 5mm，3 号刀为螺纹车刀）。

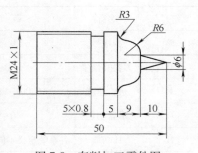

图 7-8　车削加工零件图

加工程序		加工工艺说明
%		程序号
O0011		程序名
N0010	G21	采用米制尺寸编程
N0020	G28 U0 W0	回参考点
N0030	G50 X150 Z250	建立工件坐标系
N0040	T0100	更换为 1 号刀（外圆车刀）
N0050	G40 M03 S1000 M08	采用绝对值编程，取消刀补，选定转速，开切削液
N0060	G00 X12.1 Z1	刀具快速移至毛坯附近
N0070	G01 X-55 F50	粗车 ϕ24mm 外圆
N0080	G00 Z1	快速退刀
N0090	G01 X10.7	X 方向进刀
N0100	G01 Z-17	粗车 R3mm 外圆（第一刀）
N0110	G00 Z1	Z 方向快速退刀
N0120	G01 X9.2	X 方向进刀
N0130	G01 Z-16	粗车 R3mm 外圆（第二刀）
N0140	G03 X12 Z-19 I2.8 K0	粗车 R3mm 圆弧
N0150	G00 Z1	Z 方向快速退刀
N0160	G01 X7.2	X 方向进刀
N0170	G01 Z-12	粗车 R6mm 外圆（第一刀）
N0180	G00 Z1	Z 方向快速退刀
N0190	G01 X5.2	X 方向进刀
N0200	G01 Z-10	粗车 R6mm 外圆（第二刀）
N0210	G00 Z1	Z 方向快速退刀
N0220	G01 X3.2	X 方向进刀
N0230	G01 Z-10	粗车 R6mm 外圆（第三刀）
N0240	G02 X9 Z-16 I0 K-5.8	粗车 R6mm 圆弧
N0250	G00 Z0	Z 方向快速退刀
N0260	G01 X1.2	X 方向进刀
N0270	G01 X4.2 Z-10	粗车锥面（第一刀）
N0280	G00 Z0	Z 方向快速退刀
N0290	G01 X0.2	X 方向进刀
N0300	G01 X3.2 Z-10	粗车锥面（第二刀）
N0310	G00 Z0	Z 方向快速退刀
N0320	G01 X0 S1500 F20	X 方向进刀，选择精车切削参数
N0330	G01 X3 Z-10	精车锥面
N0340	G02 X9 Z-16 I0 K-6	精车 R6mm 圆弧
N0350	G03 X12 Z-19 I3 K0	精车 R3mm 圆弧
N0360	G01 Z-55	精车 ϕ24mm 外圆

N0370	G01 X13	X 方向退刀
N0380	G28 U0 W0	Z 方向快速退刀至参考点
N0390	T0200	更换为 2 号刀（切断刀）
N0400	G00 X13 Z-24	2 号刀快速移至切槽位置
N0410	G01 X11.2	切槽
N0420	G01 X13	X 方向退刀
N0430	G28 U0 W0	Z 方向快速退刀至参考点
N0480	T0300	更换为 3 号刀（螺纹车刀）
N0490	G00 X13 Z-26 S50	2 号刀快速移至螺纹位置，设定车螺纹转速
N0500	G01 X11.7	X 方向进刀 0.3mm
N0510	G32 Z-51 F1	车螺纹（第一刀）
N0520	G00 X13	X 方向退刀
N0530	G00 Z-26	Z 方向快速退刀
N0540	G01 X11.55	X 方向进刀 0.45mm
N0550	G32 Z-51 F1	车螺纹（第二刀）
N0560	G00 X13	X 方向退刀
N0570	G00 Z-26	Z 方向快速退刀
N0580	G01 X11.45	X 方向进刀 0.55mm
N0590	G32 Z-51 F1	车螺纹（第三刀）
N0600	G00 X13	X 方向退刀
N0610	G28 U0 W0	Z 方向快速退刀至参考点
N0620	M05 M09	主轴停止，关切削液
N0630	M30	程序结束

2）铣削编程。以图 7-9 所示零件为例，说明如何编制 SIEMENS 系统铣削精加工程序（对刀点为原点，下刀点为 P 点）。

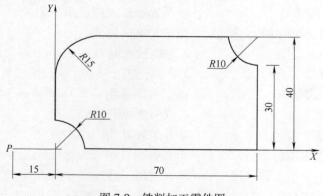

图 7-9　铣削加工零件图

加工程序	加工工艺说明
N0010　G54	选择工件坐标系 1
N0020　G90 G71 G17 M03 S800 M08	以米制尺寸绝对值编程，选择 XY 平面，设定主轴

		转速，开切削液
N0030	G00 X-15 Y0	刀具快速移至下刀点上方
N0040	G00 Z5	刀具快速移至工件上方
N0050	G01 G42 Z-5 F120 D01	刀具降至切削深度，刀具半径右补偿，同时设定切削速度
N0060	G01 X70	精铣后侧面
N0070	G01 Y30	精铣右侧面
N0080	G02 X60 Y40 I0 J10	精铣前圆弧
N0090	G01 X15	精铣前侧面
N0100	G03 X0 Y25 I-15 J0	精铣圆角
N0110	G01 Y10	精铣左侧面
N0120	G02 X10 Y0 I0 J-10	精铣后圆弧
N0130	G01 Z5	抬刀
N0140	G74 X1 = 0 Y1 = 0 Z1 = 0	刀具回参考点
N0150	G40 M05 M09	取消刀补，主轴停止，关切削液
N0160	M02	程序结束

第四节 数控车床及其基本操作

一、数控车床的使用范围和功能特点

1. 使用范围

数控车床是使用最广泛的数控机床之一（图 7-10），主要用于加工轴类、盘套类等回转体零件。通过程序控制可自动完成圆柱面、圆锥面、端平面、螺纹、回转曲面的切削加工，也可进行切槽、切断、钻、扩、镗、铰等加工。在一次装夹中，可完成多个加工工序，提高了生产率，因此特别适用于单件小批量生产中形状复杂的回转类零件的加工。

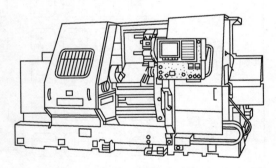

图 7-10   数控车床

2. 功能特点

数控车床的刀架及滚珠丝杠直接由电动机驱动，取消了普通车床的进给箱、溜板箱、交换齿轮架等，因而结构紧凑，操作简单，定位精度高。主轴采用变频调速，实现了开机状态下的无级变速。随着电动机调速技术的发展，将逐步取消变速齿轮箱。同时，与控制系统的高精度控制相匹配，数控车床具有较高的刚性，以适应加工高精度工件的要求。

二、数控系统介绍

本节以 FANUC 系统数控车床为例，介绍 FANUC Series 0i Mate-TC（简写为 FANUC 0i M-TC）数控系统的操作。

1. FANUC 0i M-TC 数控系统的操作面板

操作面板由显示屏、系统控制区域和系统操作区域组成（图 7-11）。系统控制区域主要按钮及其功能见表 7-4。系统操作区域开关按钮、指示灯及其功能见表 7-5。

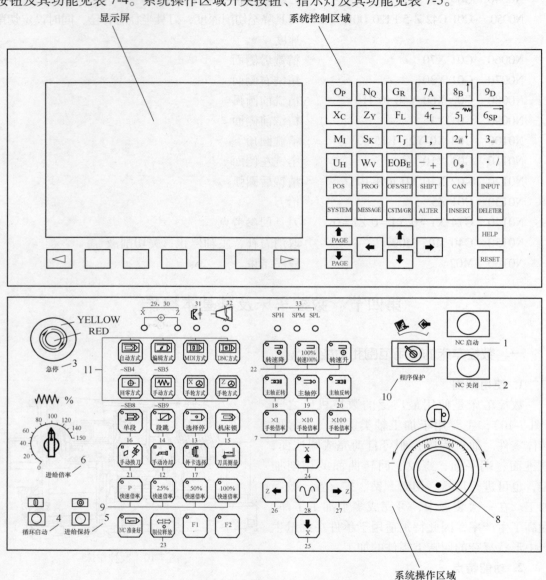

图 7-11　数控车床操作面板

表 7-4　系统控制区域主要按钮及其功能

序号	名称	按钮	功能
1	POS	位置显示键	显示位置屏幕
2	PROG	程序键	在编辑方式下，编辑和显示内存中的程序；在 MDI 方式下，输入和显示 MDI 数据

（续）

序号	名称	按钮	功 能
3	OFS/SET	参数设置键	按第一次进入坐标系设置页面，按第二次进入刀具补偿参数页面。进入不同的页面后，用 PAGE 按钮切换
4	SYSTEM	系统信息键	显示系统参数页面
5	MESSAGE	信息键	显示信息页面
6	CSTM/GR	图像键	显示图形参数设置页面
7	HELP	帮助键	显示系统帮助页面
8	RESET	复位键	可使 CNC 复位或者解除报警
9	ALTER	替代键	用输入的数据替代光标所在处的数据
10	DELETER	删除键	删除光标所在处的数据，也可删除一个数控程序或者删除全部数控程序
11	INSERT	插入键	把输入域内的数据插入到当前光标之后的位置
12	CAN	修改键	消除输入域内的数据
13	EOB_E	回车换行键	结束一行程序的输入且换行
14	SHIFT	上档键	在该键盘上有些键有两个功能，按此键可在这两个功能之间进行切换
15	PAGE	翻页键	上、下翻页
16	↑	光标移动键	向上移动光标
17	↓	光标移动键	向下移动光标
18	←	光标移动键	向左移动光标
19	→	光标移动键	向右移动光标
20	INPUT	输入键	把输入域内的数据输入参数页面或者输入一个外部的数控程序

表 7-5 系统操作区域开关按钮、指示灯及其功能

序号	开关按钮或指示灯名称	功 能	备 注
1	NC 电源启动按钮	在电柜右侧空气开关闭合后，按下此按钮就可启动 NC 系统电源	
2	NC 电源关断按钮	机床停止工作，此按钮按下就可关闭 NC 系统电源	
3	急停按钮	机床在手动或自动操作方式时，一旦发生紧急情况，按下此按钮，机床立即停止运转。急停按钮在停止状态下锁住。要使急停复位，必须按下并顺时针旋转急停按钮。此按钮只有需要紧急停车时才使用它，一般不要使用	1）急停按钮按下后所有电动机断电 2）控制单元保持复位状态 3）故障排除后释放急停按钮
4	循环启动按钮	在自动或 MDI 方式下，按下此按钮，按钮灯亮，开始执行程序	
5	进给保持按钮	在自动或 MDI 方式下，按下此按钮，按钮灯亮，机床停止移动。当再一次按进给保持按钮时，进给保持被解除，其灯灭，程序继续执行。但对螺纹指令无效，执行完才停	

（续）

序号	开关按钮或指示灯名称	功　　能	备　　注
6	进给倍率波段开关	手动或自动运行期间的指定进给量，与此开关所选倍率相乘。倍率变化间隔10%，可以从0%～150%，共16档	
7	手摇调倍率按钮	用手摇脉冲发生器可进行微进给。方式开关旋转到手轮位置时，作为手摇进给期间，手轮旋转一步，相应轴的移动量共有三种选择：1μm、10μm、100μm	1）输入系统移动量/脉冲：0.001mm（米制），0.0001in（英制） 2）直径编程时，实际移动量为0.0005mm或0.00005in 3）如果以大于5r/s的转速转动手柄，会出现机床移动量和手柄转动量不同步的现象
8	手摇脉冲发生器	在手轮X（或手轮Z）方式下，可沿X轴（或Z轴）移动坐标轴	
9	快速倍率按钮	调节X、Z轴移动速度	
10	程序保护开关	自动运行过程中，此开关可用来保护程序不丢失。当此开关位于左边位置时，程序不能输入也不能改变	
11	方式选择按钮	当任一方式按钮被按下后，其上指示灯亮，该方式选通一直有效，直到其他方式选择按钮被选通	
12	冷却泵启停开关	1）置方式选择开关于任意位置 2）按下冷却按钮，其上指示灯亮，冷却泵开始运转 3）如果再一次按下冷却按钮就是关闭冷却泵，同时指示灯熄灭 4）如果是MDI或自动运行方式，就要用辅助代码M操作： M08：切削液开；M09：切削液关	
13	选择停按钮	在自动或MDI方式下，按下此按钮，指示灯亮。若程序中有M01，NC执行M01后停止。若要继续执行下面的程序，请按循环启动按钮	
14	程序段跳按钮	在自动状态下，按下此按钮，指示灯亮。若程序执行到有斜杠"/"的程序段时，NC自动跳过该段而执行下一个没有斜杠的程序段	1）跳过的信息（字或程序段）不存入寄存器。但是当整个程序段被跳转时，此程序段就存入寄存器 2）此功能在自动方式下使用
15	机床锁按钮	按下此按钮，指示灯亮，机床停止移动，但坐标显示继续随着程序或手动的执行而变化。此功能用来检查程序	此功能仅对移动命令有效，而对M、S、T命令无效

（续）

序号	开关按钮或指示灯名称	功　　能	备　　注
16	单段按钮	在自动状态下，按下此按钮，指示灯亮，正在执行的程序段结束后，程序停止执行 当需要继续执行下一段程序时，请按循环启动按钮（每按一次，程序就自动往下执行一段）。若放开单段按钮，程序就自动连续执行	当执行 G32 或 G92 螺纹切削时，即使单段开关打开，进给也不能在当前位置停止。如果停止，主轴还继续旋转，致使部分螺扣和刀尖相碰。因此，当螺纹切削完毕下一个非螺纹切削程序段指令执行时，进给才停止
17	卡盘方式	选择液压卡盘内卡/外卡方式。当指示灯亮表示在内卡方式	仅当选液压卡盘时有效
18	主轴正转按钮	在手动，X、Z（手轮），回零方式下，按主轴正转按钮，按钮灯亮，主轴正转。在 MDI 方式下，手动输入 M03 S□□，□□是指定主轴转速，然后按循环启动按钮使主轴正转	
19	主轴停按钮	在手动，X、Z（手轮），回零方式下，按主轴停按钮，按钮灯亮，主轴反转。在 MDI 方式下，手动输入 M05，然后按循环启动按钮使主轴停止	
20	主轴反转按钮	在手动，X、Z（手轮），回零方式下，按主轴反转按钮，按钮灯亮，主轴反转。在 MDI 方式下，手动输入 M04 S□□，□□是指定主轴转速，然后按循环启动按钮使主轴反转	
21	手动换刀按钮	通过手动方式换刀： 1）设置方式选择开关到手动、手轮、回零位置 2）按一下手动换刀按钮，刀架自动换到下一个刀位 3）一直按住手动换刀按钮不放，刀架将连续转动，直到放开手动换刀按钮后，刀架将换到当前刀位	
22	转速控制按钮	当按下转速 100% 按钮后，指示灯亮时，主轴以给定转速运行。每按一下转速升按钮，主轴转速递增 10%，最高升到 120%；每按一下转速降按钮，主轴转速递减 10%，最低降到 50%	仅当 HK/SK/TK/CBK 有效
23	限位释放按钮	机床移动中，当发生超程报警时，即硬限位开关动作时，CRT 显示"NOT READY"。这时可以在手动方式下，按住这个按钮不放，同时按住反方向按钮，将机床移动到行程极限内，机床退出限位，使系统报警解除	

（续）

序号	开关按钮或指示灯名称	功　　能	备　　注
24	X 轴正方向点动按钮	手动方式下，用于 X 轴的正向移动	
25	X 轴负方向点动按钮	手动方式下，用于 X 轴的负向移动	
26	Z 轴正方向点动按钮	手动方式下，用于 Z 轴的正向移动	
27	Z 轴负方向点动按钮	手动方式下，用于 Z 轴的负向移动	手动操作方式下，一次只能控制一个轴
28	快速移动按钮	同时按住快速移动按钮及所要移动的轴的方向按钮，机床将向所选的方向快速移动	
29	X 轴回零指示灯	执行 X 轴返回参考点命令，完成后停在机床的 X 轴的参考点位置，此时指示灯亮	
30	Z 轴回零指示灯	执行 Z 轴返回参考点命令，完成后停在机床的 Z 轴的参考点位置，此时指示灯亮	
31	卡盘夹紧指示灯	当卡盘夹紧后指示灯亮	
32	润滑液位低报警灯	当润滑油液位低于正常状态时，润滑液位低报警灯亮	仅当配置自动润滑泵有效
33	主轴高档灯、中档灯、低档灯	执行 M41、M42、M43 时相应的指示灯亮	仅当 HK/SK/TK/CBK 有效

2. FANUC 0i M-TC 数控系统的操作

1）返回参考点。按下方式选择开关的参考点返回开关后，再按下轴和方向的选择开关选择要返回参考点的轴和方向，刀具快速移动到减速点，然后以参数中设置的 FL 速度移动到参考点。当刀具已经回到参考点后，参考点返回完毕，指示灯亮。

2）手动连续进给（JOG）。按下方式选择开关的手动连续 JOG 选择开关，通过进给轴和方向选择开关选择将要使刀具沿其移动的轴及其方向，按下该开关时刀具以机床设定的速度移动，释放开关移动停止。JOG 进给速度可以通过 JOG 进给速度的倍率旋钮进行调整。

3）自动运行。按下存储器方式选择键，按下 PROG 键以显示程序屏幕，输入程序号，从存储的程序中选择一个程序，按下操作面板上的循环启动按钮，启动自动运行，并且循环启动 LED 闪亮。当自动运行结束时，指示灯熄灭。按下 MDI 面板上的 RESET 键自动运行被终止并进入复位状态，若在机床移动过程中执行复位操作，机床会减速直到停止。

4）MDI 运行。在 MDI 方式中通过 MDI 面板可以编制最多 10 行的程序并被执行。程序格式和通常程序一样。MDI 运行适用于简单的测试操作。

5）DNC 运行。通过在 DNC 运行方式中激活自动运行 RMT，可以选择外部存储设备存储的文件程序进行加工，并指定自动运行的顺序及重复次数。

三、数控车床的操作

1. 操作步骤

1）开机回参考点。

2）装夹刀具、坯料。

3）对刀。

4）输入加工程序到数控装置（或选择联机加工方式）。

5）选择加工程序。

6）执行加工程序，自动加工零件。

2. 操作要领

1）加工前应将刀架上的每一把刀具的位置或参数调整好。

2）刀具装夹应稳固，伸出长度要适中，刀尖应与车床主轴轴线基本处于同一水平面内。

第五节 数控铣床及其基本操作

一、数控铣床的使用范围和功能特点

1. 使用范围

数控铣床有立式和卧式两种。通常所说的数控铣床一般是指立式数控铣床，它也是最广泛使用的数控机床之一（图7-12），主要用于加工小型板类、盘类、壳体类、模具类等复杂零件。数控铣床可完成钻孔、镗孔、铰孔、铣平面、铣槽、铣曲面（凸轮）、铣螺旋线、攻螺纹等多种加工。因此，特别适用于形状复杂零件的多品种、小批量加工及需要多轴联动加工的零件。

2. 功能特点

数控铣床能减少夹具和工艺装备的使用，缩短生产准备周期。同时，数控铣床具有铣床、镗床和钻床的功能，使工序高度集中，减少了工件的装夹误差，大大提高了生产率和精度。另外，数控铣床的主轴转速和进给量都可实现开机状态下的无级变速，有利于选择最佳切削用量。其快进、快退和快速定位功能，又可大大减少机动时间。

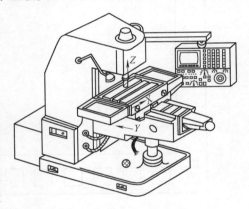

图 7-12 数控铣床

二、数控系统简介

本节以数控铣床为例，介绍 SINUMERIK 802D 数控系统的操作功能界面（图7-13）。

1. SINUMERIK 802D 数控铣床的操作面板

BACK-SPACE	删除键（退格键）	DEL	删除键
INSERT	插入键	TAB	制表键
INPUT	回车/输入键	M POSITION	加工操作区域键
PROGRAM	程序操作区域键	OFFSET PARAM	参数操作区域键
PROGRAM MANAGER	程序管理操作区域键	SYSTEM ALARM	报警/系统操作区域键

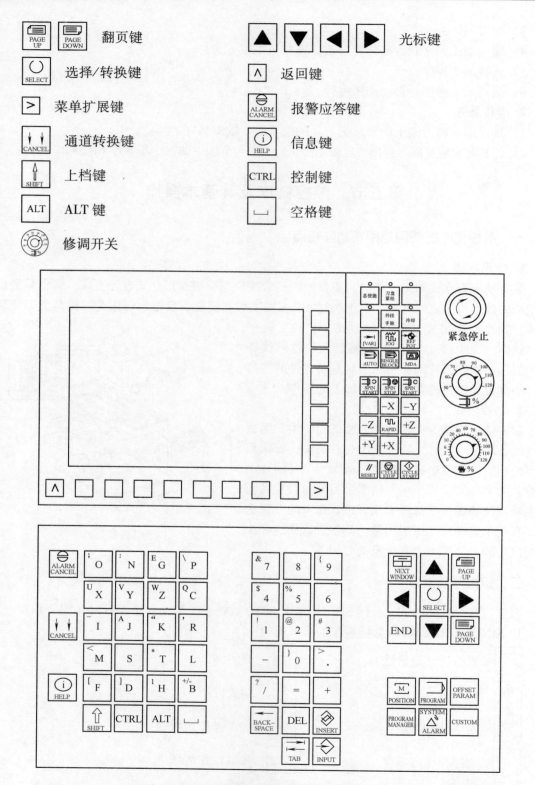

PAGE UP / PAGE DOWN	翻页键	▲ ▼ ◄ ► 光标键
SELECT	选择/转换键	∧ 返回键
>	菜单扩展键	ALARM CANCEL 报警应答键
CANCEL	通道转换键	HELP 信息键
SHIFT	上档键	CTRL 控制键
ALT	ALT 键	␣ 空格键
	修调开关	

图 7-13　SINUMERIK 802D 数控铣床的操作面板

2. 数控铣床的操作

（1）开机和回参考点 ⊞⊡　按下此键，再按坐标轴方向键，使每个坐标轴逐一回参考点。如果选择了错误的回参考点方向，则不会产生运动。通过选择另一种运行方式（如MDA、AUTO或JOG），可以结束该功能。注意：回参考点只有在JOG方式下才可以进行。

（2）JOG运行方式

1）操作相应的方向键X、Y或Z，可以使坐标轴运行。只要相应的键一直按着，坐标轴就一直连续不断地以设定数据中规定的速度运行。如果设定数据中此值为零，则按照机床数据中存储的值运行。

2）需要时可以使用修调开关调节速度。

3）如果同时按下相应的坐标轴键和快进键 ⊡，则坐标轴以快进速度运行。

4）在选择"增量选择 ⊡"以步进增量方式运行时，坐标轴以所选择的步进增量运行，步进量的大小在屏幕上显示。再按一次点动键，就可以去除步进增量方式。

（3）自动方式 ⊡

1）按自动方式键选择自动工作方式。

2）显示出系统中所有的程序。

3）把光标移动到指定的程序上。

4）用执行键选择待加工的程序，被选择的程序名显示在屏幕区"程序名"下。

5）按数控启动键执行零件程序。

（4）MDA运行方式 ⊡　通过操作面板输入程序段。按数控启动键执行输入的程序段。在程序执行时不可以再对程序段进行编辑。执行完毕后，输入区的内容仍保留，这样该程序段可以通过按数控启动键再次运行。

第六节　加工中心

加工中心是一种将数控铣床、数控镗床、数控钻床的功能组合起来，再加上一个自动换刀装置和一个有一定容量的刀库（几把至几百把刀具）的数控机床，如图7-14所示。加工中心可以进行多道工序的连续加工，如箱体类零件，一次装夹后就能进行铣削、铰孔、镗孔、钻孔、攻螺纹等加工。一台数控加工中心机床加工箱体类零件时，相当于五台普通数控机床的加工效率。

一、加工中心的使用范围

加工中心作为一种高效多功能机床，将镗、铣、钻和螺纹加工等功能集中于一体，具有多种工艺手段。在一次装夹后，可实现工件多表面、多工位、多特征的连续高效及高精度加工。因而，加工中心适用于加工以下零件：

1）周期性重复生产的零件。

2）多工位、工序集中的零件。

3）形状复杂、难测量、精度高的零件。

4）中小批量零件。

a)   b)

图 7-14   加工中心
a）立式加工中心   b）卧式加工中心

二、加工中心的功能特点

（1）立式加工中心   工件装夹方便，找正容易，便于调试、操作和观察加工情况。但加工零件的高度受立柱高度的限制，不适于加工箱体。

（2）卧式加工中心   一般都有能精确分度的数控回转工作台，可实现对零件的一次装夹多工位加工。但加工准备时间长，占地面积大，当加工件数多时，其多工位加工、主轴转速高、机床精度高等优点就会显现。所以卧式加工中心适合于加工箱体零件及零件的批量生产。

（3）多功能加工中心   兼有立式和卧式加工中心的功能，工序更集中，工艺范围更广，加工精度也更高，但价格昂贵。

第七节   多轴数控机床

常用数控机床，如数控铣床，一般是三个坐标轴。所谓多轴数控机床，是指在一台机床上至少具备第四轴，即三个直线坐标轴和一个旋转坐标轴，并且四个坐标轴可以在计算机数控系统（CNC）的控制下，同时协调运动（联动）进行加工，所以也称为多轴联动数控机床。五轴数控机床一般具有三个直线坐标轴和两个旋转坐标轴，两个旋转坐标轴可以都是工作台的旋转，也可以都是动力头的旋转，或工作台和动力头的旋转。图7-15所示为五轴联动加工中心（带刀库），图7-16所示为其原理图，在三轴基础上增加了工作台和动力头的旋转。图7-17所示为工作台倾斜式五轴联动数控机床，图7-18所示为其原理图，工作台能绕两个轴旋转（也称摇篮式）。五轴联动数控机床是一种科技含量高、精密度高，专用于加工复杂曲面的机床。这种机床系统对一个国家的精密器械、国防工业等领域有举足轻重的影响，体现了一个国家制造业水平的高低。现代数控加工正向高速、高精度、高智能、高柔性、高自动化和高可靠性方向发展，多轴数控机床正体现了这一点。

图 7-15 五轴联动加工中心

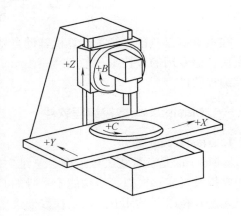

图 7-16 五轴联动加工中心原理图

围绕 X、Y、Z 坐标旋转的旋转坐标分别用 A、B、C 表示，根据右手螺旋定则，大拇指的指向为 X、Y、Z 坐标中任意轴的正向，则其余四指的旋转方向即为旋转坐标 A、B、C 的正向（图 7-16、图 7-18）。机床轴数越多控制越复杂，每个轴对应一个伺服电动机，几个电动机同时工作，相互配合，可加工复杂的多维空间，并提高空间自由曲面的加工精度、质量和效率。与三轴联动数控机床相比，多轴联动数控机床的主要优点有：

图 7-17 工作台倾斜式五轴联动数控机床

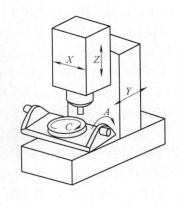

图 7-18 工作台倾斜式五轴联动数控机床原理图

1）由于多轴联动数控机床刀具相对工件的位置角度可以随时调整，所以可以加工三维形状更加复杂的零件，如叶轮叶片、船用螺旋桨等复杂曲面。

2）多轴联动数控机床将数控铣床、数控镗床、数控钻床等功能组合在一起，零件在一次装夹后，可进行铣、镗、钻、扩、铰及攻螺纹等多工序加工，避免因多次安装造成的定位误差，提高了零件的加工精度和加工效率。

第八节　计算机辅助自动编程

在本章第三节已介绍了计算机辅助自动编程概念，虽然三维设计软件一般都带有自动编程模块，但专用的数控编程软件 Mastercam 应用最为广泛，下面简单介绍常用的 Mastercam 数控编程软件。

一、Mastercam 数控编程软件

1. Mastercam 简介

Mastercam 是一款集二维绘图、三维实体造型、曲面设计、体素拼合、数控编程、刀具路径模拟及真实感模拟等多功能于一身的 CAD/CAM 软件。其对系统运行环境要求较低，使用户无论是在造型设计中，还是在数控铣床、数控车床、多轴加工中心或数控线切割机床加工中，都能获得较佳效果。目前已被广泛地应用于通用机械、航空、船舶、军工等行业的数控加工自动编程。

2. Mastercam 的主要功能

（1）铣削加工功能　铣削加工功能是 Mastercam 最强大的功能之一。使用它可进行二维加工、三维加工、多轴加工。加工方式有外形铣削、面铣削、挖槽加工、钻孔加工、全圆加工等多达 8 种以上。三维曲面加工功能提供了 8 种粗加工方法和 10 种精加工方法。加工外形可以是空间的任意曲线、曲面和实体；还提供了清角和残料加工功能；可斜线及螺旋式入刀、退刀，允许斜壁及不同高度、斜度的岛屿及刀具磨损补偿等。

（2）车削与线切割加工功能　Mastercam 提供了 8 种车削加工创建方法，包括精车、端面车削、切槽、钻孔、螺纹切削和快速加工等，基本上可完成所有实际车削中遇到的问题。

（3）模拟加工和计算加工时间功能　模拟加工功能具有很好的实际意义。运行此功能可在 Mastercam 运行界面上观察到实际的切削过程。同时软件还会给出相关的加工情况报告，并检测加工中可能出现的碰撞、干涉等问题。这样就可以在实际的生产中省去试切的过程，节省了时间与材料，并提高了生产率和经济效益。通过切削用量等数据，可自动计算出加工工件所需的时间，有助于安排生产计划。

（4）可与数控设备直接通信的功能　Mastercam 可使用计算机的通信口，直接把软件编制好的程序输送到数控设备中，从而实现自动编程，节省大量编写程序与输入程序的时间。

（5）文件管理和数据交换的功能　系统内置了下列数据转换器：IGES、STEP、Parasolid、SAT、DXF、CADL、STL、VDA 和 ASCII。还有直接对 AutoCAD、UG、SolidWorks、Catia 和 Creo 的数据转换。用户可将这多种类型的文件与 Mastercam 数据库进行转换。

二、Mastercam 9.0 加工实例

平面类零件加工实例：

1）绘制外轮廓（图 7-19）。选择"绘图"→"矩形"，选择"中心点"，输入： $\boxed{\text{X}}$ $\boxed{0.0}$ ▼ $\boxed{\text{Y}}$ $\boxed{0.0}$ ▼ ，输入： $\boxed{120.0}$ ▼ ▲ $\boxed{120.0}$ ▼ ▲ ，单击"确定"按钮。

2）绘制凸台（图 7-19）。选择"绘图"→"矩形"，选择"中心点"，输入：X 0.0 Y 0.0，输入：30.0 20.0，单击"确定"按钮。

3）绘制槽轮廓（图 7-19）。选择"绘图"→"圆弧"，选择"点半径圆"，输入：X 0.0 Y 0.0，输入半径： 50.0，单击"确认"按钮。

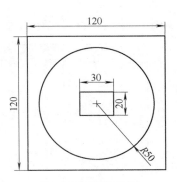

图 7-19　零件形状

4）机床类型选择与材料设置。选择"机床类型"→"铣床"→"默认"，在管理操作窗口选择"材料设置"，单击"边界盒"按钮，输入 X：0.0、Y：0.0、Z：30.0，形状选择"立方体"，单击"确定"按钮。返回材料设置窗口，输入原点坐标：X：0.0、Y：0.0、Z：0.0，单击"确定"按钮。

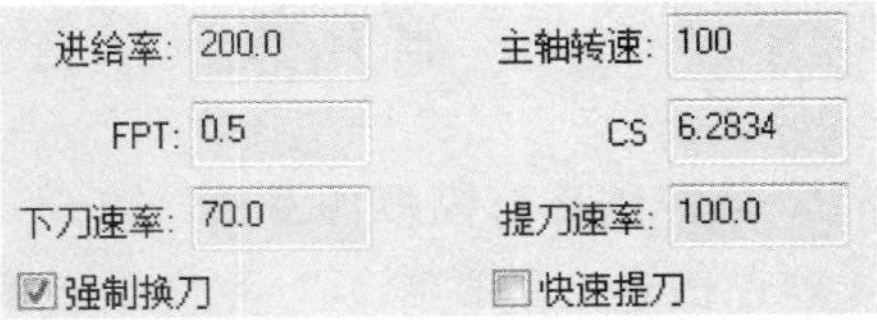

5）生成刀具路径。选择"刀具路径"→"标准挖槽"，输入新 NC 名称，确认后选择 ；选择模型中"R50 圆"和"30×20 矩形"，确认进入挖槽工艺参数对话框；选择"刀具"选项，创建新刀具；选择"球刀"类型，输入刀具直径为 20，设置工艺参数如图 7-20 所示。然后选择"切削参

进给率：200.0	主轴转速：100
FPT：0.5	CS 6.2834
下刀速率：70.0	提刀速率：100.0
☑强制换刀	☐快速提刀

图 7-20　工艺参数

数"，输入：底面预留量 -20.0；选择"粗加工"，选择"双向切削"，输入：切削间距(距离) 5.0；选择"进刀方式"→"螺旋式"；选择"精加工"，输入 1 次，间距为 1，单击"确定"按钮。刀具路径如图 7-21 所示。

6）验证操作。单击操作管理窗口中的"选择所有操作"按钮 ，单击"验证已选择的操作"按钮 ，在弹出的验证窗口中单击" ▶ "，查看加工效果。加工效果图如图 7-22 所示。

图 7-21　刀具路径

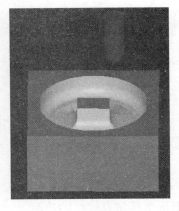

图 7-22　加工效果图

7）生成数控加工程序。单击"后处理已选择的操作"按钮 **G1**，在弹出的对话框中单击

"确定"按钮，设置保存路径。数控加工程序如图 7-23 所示。

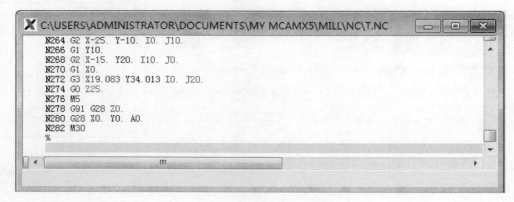

图 7-23　数控加工程序

第九节　数控机床仿真操作与模拟加工

1. 数控仿真与模拟加工软件简介

数控仿真（数控模拟）软件是一款可以模拟数控车铣及加工中心操作的仿真软件，使学生达到实际机床仿真操作训练的目的。又可大大减少昂贵的设备投入。

斯沃数控仿真（数控模拟）软件具有目前各种主流的数控系统和操作面板，包括 FANUC、SIEMENS、MITSUBISHI、HEIDENHAIN、GSK、HNC、KND、DASEN、南京华兴 WA、天津三英、江苏仁和（RENHE）、西班牙 FAGOR80055、南京四开、德国 PA8000、南京巨森（JNC）、成都广泰、美国哈斯（HAAS）、三英数控 GTC2E、巴西 ROMI、意大利 DECKEL、匈牙利 NCT104、日本马扎克（MAZAK）等 22 大类，81 个系统，203 个控制面板，部分系统面板如图 7-24～图 7-29 所示。具有编程和仿真加工功能，可在计算机上模拟数控机床操作，有助于在短时间内掌握各系统数控车床、数控铣床及加工中心的操作，可手动编程或读入 CAM 数控程序加工。

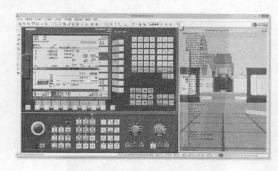

图 7-24　SINUMERIK 808D M

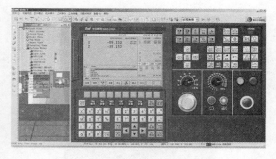

图 7-25　HNC 210a T

2. 斯沃数控仿真软件的功能

斯沃数控仿真软件的功能有：动态旋转、缩放、移动、全屏显示等功能的实时交互操作方式；支持 ISO-1056 准备功能码（G 代码）、辅助功能码（M 代码）及其他指令代码，支持各系统自定义代码以及固定循环；可直接调入 UG、Pro/E、Mastercam 等 CAD/CAM 后处理文件模拟加工；卧式和立式 ATC 自动换刀系统切换；基准对刀、手动对刀；零件切削，带加工切削液、加工声效、铁屑等；含多种不同类型的刀具，同时支持用户自定义刀具功能；加工后模型的三维测量功能、基于刀具切削参数零件表面粗糙度的测量；车床中心固定架；车床工件精度达到 $1\mu m$ 工业级；支持从 CAD 导入工件。

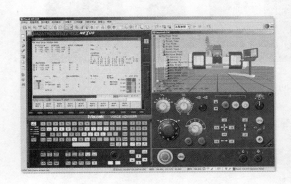

图 7-26　MAZAK 410

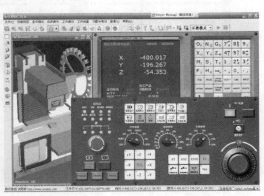

图 7-27　FANUC 0i

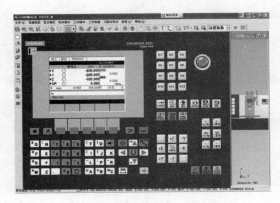

图 7-28　SINUMERIK 802SeM

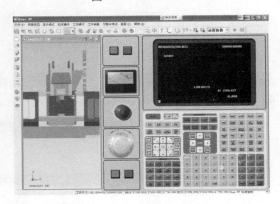

图 7-29　HAAS VF

3. 斯沃数控仿真软件数控车削仿真加工

（1）启动　打开斯沃数控仿真软件，进入界面（图 7-30），在下拉菜单中选择"华中数控 HNC-21T"数控系统，单击"运行"按钮进入操作界面。

（2）回零　单击"回参考点"，再单击"+X"和"+Z"方向回零，调整窗口视图，选择"俯视图"，然后隐藏机床外壳。回零操作如图 7-31 所示，俯视图调整及机床外壳隐藏如图 7-32 所示。

（3）添加刀具　在菜单栏选择"机床操作"→"刀具管理"，选择"002 号"外圆

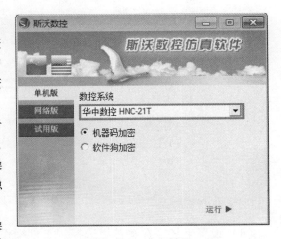

图 7-30　进入界面

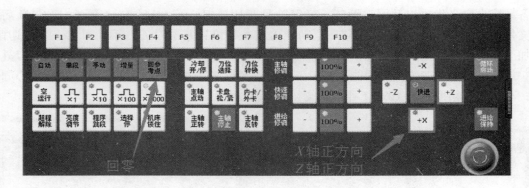

图 7-31　回零操作

图 7-32　视图调整

车刀，单击"添加到刀盘"，选 1 号刀位，单击"确定"按钮添加刀具，刀具添加操作如图 7-33 所示。

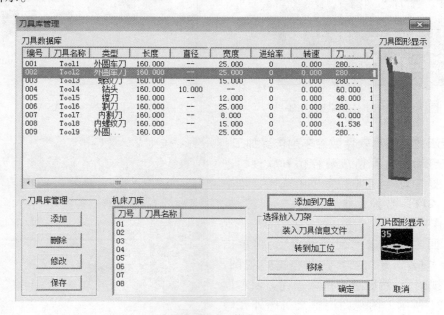

图 7-33　刀具添加操作

（4）设置毛坯　在菜单栏选择"工件操作"→"设置毛坯"，输入工件直径"40"，单击"确定"按钮，毛坯设置完成，毛坯直径设置如图 7-34 所示。

（5）对刀　单击"手动"，再单击"主轴正转"，调整 X 轴与 Z 轴进行试切，试切完成，沿 X 轴正方向快速退刀。试切完成后毛坯与刀具位置如图 7-35 所示。

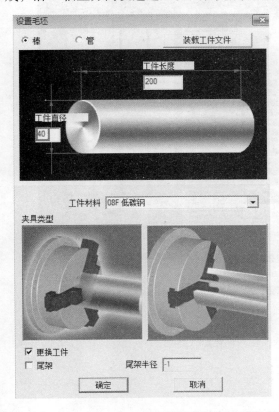

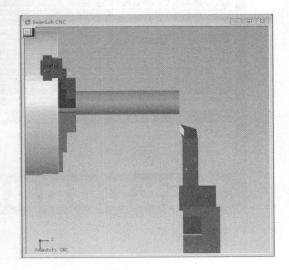

图 7-34　毛坯直径设置　　　　　　　　图 7-35　试切完成后毛坯与刀具位置

单击"F4"进入"MDI"模式，单击"F2"进入刀偏表，在 1 号刀位对应的"试切长度"文本框中输入"0"，单击"Enter"按钮完成 Z 轴对刀。试切长度输入操作如图 7-36所示。

调整 X 轴与 Z 轴进行试切，试切完成，沿 Z 轴正方向快速退刀。试切完成后毛坯与刀具位置如图 7-37 所示。

试切完成后，主轴停止工作。选择"工件测量"→"特征线"，进入测量界面，测量试切后外圆直径为"23.45"，将其输入"试切直径"文本框中，单击"Enter"按钮，关闭"测量退出"窗口，选择"工件测量"→"测量退出"，完成 X 轴对刀。试切直径输入操作如图 7-38 所示。

（6）选择程序运行　单击"F10"返回初始窗口，单击"F1"自动加工，单击"F1"选择"磁盘程序"，程序选择如图 7-39 所示。

（7）仿真加工　选择程序后，设置"自动"模式，关闭机床门，单击"循环启动"开始加工，左右两窗口分别显示仿真加工及数控显示屏的数值变化，如图 7-40 所示。

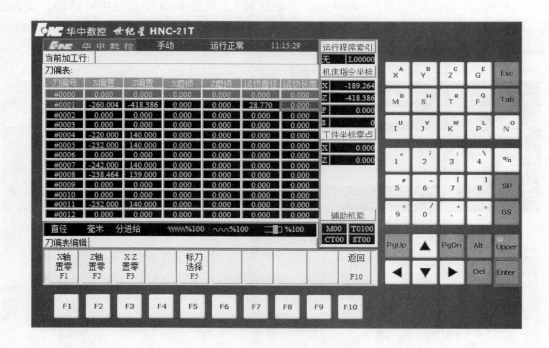

图 7-36　试切长度输入操作

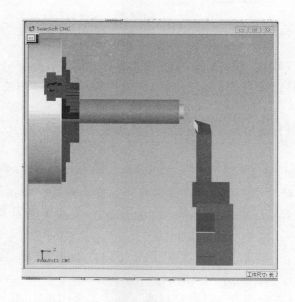

图 7-37　试切完成后毛坯与刀具位置

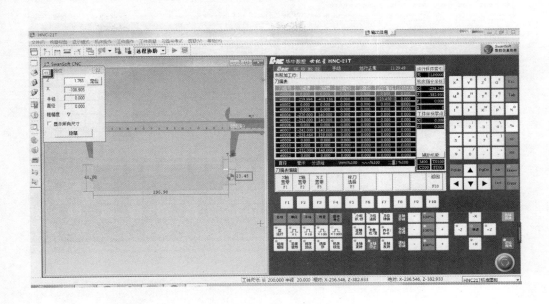

图 7-38 试切直径输入操作

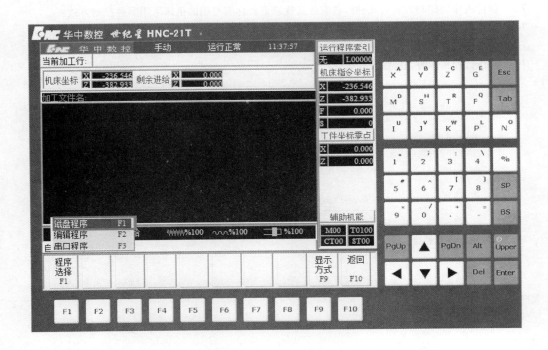

图 7-39 程序选择

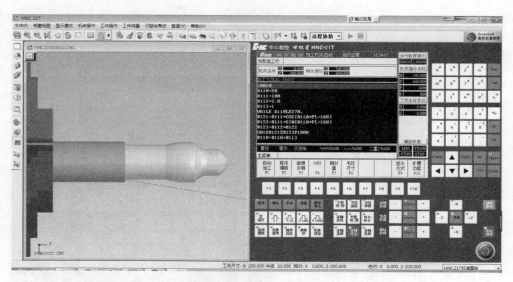

图 7-40   仿真加工

复习思考题

7-1   数控机床由哪几部分组成？它与普通机床有何区别？

7-2   数控机床的功能特点是什么？

7-3   数控机床的控制方式有几种？各有什么优缺点？你实习用的机床采用哪种控制方式？

7-4   数控机床的坐标系是怎样规定的？

7-5   编程方式有几种？请举例说明。

7-6   操作数控机床时，应注意什么？

第八章

特 种 加 工

目的和要求

1. 了解特种加工的实质、特点和应用。
2. 了解特种加工设备的种类及主要性能。
3. 掌握电火花线切割加工编程技术。
4. 了解激光加工原理和应用。

特种加工实习安全技术

1. 要遵守特种加工实习安全技术规范。
2. 对于数控特种加工，输入程序应先以图形方式模拟运行，检查轨迹正确性，确认程序正确后方可加工零件。
3. 加工结束后，关闭电源，清扫切屑，擦净机床，在导轨丝杠上加润滑油。
4. 严格按照设备使用说明和操作规程操作。

第一节 概 述

特种加工是直接借助电能、热能、声能、光能、电化学能、化学能及特殊机械能等多种能量实现材料去除的工艺方法。其特点为：

1）加工范围不受材料力学性能的限制，可加工任何硬的、软的、脆的、耐热或高熔点金属及非金属材料。

2）易于加工复杂型面、微细表面以及柔性零件。

3）能获得良好的表面质量，热应力、残余应力、热影响区及毛刺等均较小。

4）各种加工方法易复合形成新的工艺技术，便于推广应用。

表 8-1 所列为常用特种加工方法的综合比较。

表 8-1 常用特种加工方法的综合比较

加工方法	可加工材料	工具损耗率（%）最低/平均	材料除去率/（mm³/min）平均/最高	可达到尺寸精度/mm 平均/最高	表面粗糙度 Ra/μm 平均/最低	主要适用范围
电火花加工（EDM）	任何导电的金属材料，如硬质合金、耐热合金、淬火钢、钛合金等	0.1/10	30/3000	0.03/0.003	6.3/0.04	从微米级的孔、槽到数米的超大型模具、工件等。如异形孔、微孔、深孔、锻模等的加工，表面强化，刻字，涂覆
电火花线切割加工（WEDM）		极小（可补偿）	5/100	0.01/0.002	3.2/0.16	切割各种冲模、样板、喷丝板异形孔等，也可切割半导体或非导体

（续）

加工方法	可加工材料	工具损耗率（%）最低/平均	材料除去率/（mm³/min）平均/最高	可达到尺寸精度/mm 平均/最高	表面粗糙度 Ra/μm 平均/最低	主要适用范围
电解加工（ECM）	任何导电的金属材料，如硬质合金、耐热合金、淬火钢、钛合金等	不损耗	100/10000	0.1/0.01	0.8/0.1	从小零件到 1t 重的大型工件，如涡轮叶片、机匣、炮管螺钉，各种异形孔、锻模等型腔加工、抛光、去毛刺
电解磨削（ECG）		1/50	1/100	0.02/0.001	0.8/0.04	硬质合金等难加工材料的磨削，如硬质合金工具、量具、轧辊、小孔、深孔、细长杆磨削以及超精光整研磨、珩磨
超声加工（USM）	任何脆性材料	0.1/10	1/50	0.03/0.005	0.4/0.1	加工硬脆材料，如玻璃、金刚石等的型孔、型腔、切割、雕刻等
激光加工（LBM）	任何材料	不损耗（三束加工，没有成形的工具）	瞬时除去率很高。受功率限制，平均除去率不高	0.01/0.001	0.3/0.1	加工各种金属、半导体与非导体，能打孔、切割、焊接、热处理等
电子束加工（EBM）						在各种难加工材料上打微孔、镀膜、焊接、曝光、切缝、蚀刻等
离子束加工（IBM）		很低	/0.00001	/0.006		对工件表面进行超精加工、超微量加工、抛光、蚀刻、注入、镀覆等

此外，还进一步发展了以多种能量同时作用为主要特征的复合加工工艺，如电解电火花、超声电火花加工工艺等。

第二节　电火花加工

电火花加工（又称放电加工、电蚀加工）是一种利用电、热能量进行加工的工艺方法。

一、电火花加工原理和特点

1. 电火花加工原理

电火花加工是利用工具电极和工件电极间火花放电，对工件表面进行电蚀作用，将工件逐步加工成形的。火花放电时，在放电区域能量高度集中，瞬时温度可高达 10000℃ 左右，足以使任何金属局部熔化甚至汽化而被蚀除。电火花加工必须具备下列条件：

1）必须是脉冲式瞬时放电，并具有足够的放电强度。放电持续时间为 $10^{-7} \sim 10^{-3}$s，放电通道的电流密度需达 $10^5 \sim 10^6$A/cm²，以便能量集中于加工面的某局部点，使材料熔化和汽化。

2）必须在液体绝缘介质（如煤油等，又称为工作液）中进行，以有利于产生脉冲性的火花放电。同时，液体介质可排除电蚀产物，并能冷却电极和工件表面。

3）具有适当的放电间隙（通常为几微米到几百微米）。因此，工具电极需有自动进给和调整装置。

图 8-1 所示为电火花加工原理示意图。它由脉冲电源、电极间隙自动调节装置、工作液循环系统、工具电极等组成。电火花加工过程是在工作液中进行的。将脉冲电压加至两电极，同时使工具电极不断接近工件电极，当两电极上的最近点达到一定距离时，工作液被击穿，形成脉冲放电。在放电通道中，瞬时产生大量热能使材料熔化，甚至汽化而产生爆炸力，将熔化的金属抛离工件表面，并被循环的工作液带走，工件便留下一个小坑。如此重复进行脉冲放电，就能将工件加工出与工具电极相对应的型腔或型面。

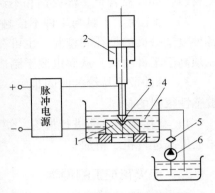

图 8-1 电火花加工原理示意图
1—工件电极 2—电极间隙自动调节装置
3—工具电极 4—工作液 5—过滤器
6—工作液泵

每一次脉冲放电的电蚀过程经过电离、放电、金属熔化和汽化、金属抛离等阶段。电火花加工过程如图 8-2 所示。

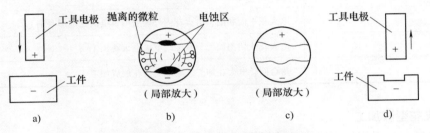

图 8-2 电火花加工过程示意图
a) 工具电极向工件靠近 b) 两极最近点，工作液被电离击穿，产生火花放电，局部金属熔化、汽化并被抛离
c) 多次脉冲放电后，加工表面形成无数小凹坑 d) 工具电极的截面形状"复印"在工件上

2. 工具电极

工具电极应选用导电性好、耐蚀性高和造型容易的材料，常用的有石墨、纯铜、黄铜、钼、铸铁和钢。石墨多用于型腔加工，纯铜和黄铜多用于穿孔加工，钢和铸铁多用于冷冲凹模加工，钼丝和黄铜丝多用于小孔、微孔的加工和切割加工。

工具电极的形状与工件的型腔、型孔基本相符。但在垂直于进给的方向上，工具电极截面应根据火花放电间隙值做相应的修正。在深度方向上，需考虑加工深度、工具电极端部损耗量、夹持部分长度和重复使用时的增长量。

3. 工作液

电火花加工所用的工作液，其主要作用是：有较高的绝缘性，以便产生脉冲性的火花放电，防止出现电弧放电；压缩放电通道，使放电能量集中在较小的区域内；排除电蚀产物，加速工具电极的冷却，减少损耗，改善工件的表面质量。

工作液的种类较多，通常采用煤油，也可采用燃点高的机油、变压器油、锭子油或者它们与煤油的混合液。有时加入四氯化碳等活化剂，以提高加工速度，降低工具电极的损耗。

4. 电火花加工的特点

1）利用能量密度很高的脉冲放电进行电蚀，可加工任何硬、脆、软、韧和高熔点的导电材料，如硬质合金、淬火钢和不锈钢等，也可加工半导体材料。

2）加工时，工具与工件不接触，作用力极小，因而可加工小孔、窄缝等微细结构以及各种复杂截面的型孔和型腔，也可在极薄的板料或工件上加工。同时，工具电极材料的硬度无须高于工件材料，从而也便于制造。

3）脉冲放电持续的时间很短，冷却作用好，加工表面的热影响极小，因此也可加工热敏感性很强的材料。

4）直接利用电能进行加工，便于实现加工自动化。通过调整电脉冲参数，可在同一机床上依次进行粗、精加工。

二、电火花加工的种类

电火花加工按工艺方法分类，见表8-2。其中应用最广的是电火花穿孔加工、电火花型腔加工和电火花线切割加工。

表8-2   电火花加工的种类

成形穿孔加工	电火花穿孔加工、电火花型腔加工
磨削加工	电火花平面磨削、电火花内外圆磨削、电火花成形磨削
线电极加工	电火花线切割加工、其他线电极电火花加工
展成加工	角合回转电火花加工、其他电火花展成加工

1. 电火花型腔加工

电火花型腔加工指加工锻模、冲压模、压铸模、塑料模等模具的型腔以及某些零件上的复杂腔孔，如图8-3所示。

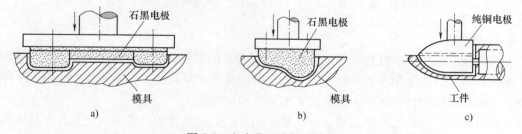

图 8-3   电火花型腔加工举例

a）加工锻模模腔   b）加工塑料模模腔   c）加工医疗器械上弹头形凹面

型腔的电火花加工属于不通孔加工，电蚀产物排除困难，工具电极损耗后，无法靠进给补偿精度，加工过程中，电规准的调节范围也较大（电规准是指电火花加工过程中一组电参数，如电压、电流、脉宽、脉间等），因此加工比较困难。

2. 电火花穿孔加工

电火花穿孔加工包括落料或冲孔的冷冲凹模、各种异形孔和小孔的加工，尺寸精度一般为 $0.01 \sim 0.05 \text{mm}$，其应用举例如图8-4所示。

（1）加工冷冲凹模   电火花加工凹模（图8-4a），可在工件淬火后进行，以避免模具因淬火而变形甚至报废。工具电极常用的材料有钢、铸铁、纯铜和黄铜。

（2）加工异形孔 如图 8-4b、c 所示。当异形孔的截面较大时，常用石墨电极；当截面较小或表面粗糙度值要求较小时，常用纯铜或黄铜电极。

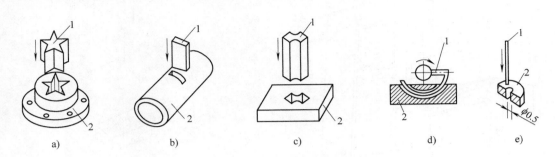

图 8-4 电火花穿孔加工举例

a）加工冷冲凹模 b）加工长方孔 c）加工异形孔 d）加工弯孔 e）加工小孔
1—工具电极 2—工件

（3）加工小圆孔 电火花加工小圆孔的直径可小至 $\phi0.05mm$，深径比可达 20：1。当直径小于 $\phi1mm$ 时，常用钼丝或黄铜丝作为工具电极（图 8-4e）。加工小孔一般采用某一电规准一次加工完毕。加工深小孔时，由于工具电极刚性差以及电蚀产物不易排除，一般需要电极导向器，并用高压工作液注入加工区。

三、电火花加工机床

电火花加工机床既可用于穿孔加工，又可用于成形加工，通常把电火花成形加工机床命名为 D71 系列，如 D7132 型号的含义为：D 为电加工机床（如为数控加工机床，则在 D 后面加 K）；71 为电火花穿孔、成形加工机床；32 为机床工作台宽度（以 cm 表示）。电火花成形加工机床由床身 1、立柱 5、主轴头 4、工作台及工作液槽 3、控制柜 6 和工作液箱 2 组成，如图 8-5 所示。

电火花成形加工机床的主机一般有 X、Y、Z 三轴传动系统，当 Z 轴用电动机伺服驱动，X、Y 轴为手动时，称为普通机床或单轴数控机床。当 X、Y、Z 三轴同时用电动机伺服驱动时，称为三轴数控机床。C 轴为旋转伺服轴，R 轴为高速旋转轴。各传动轴的名称及方向定义如图 8-6 所示。

Z 轴（主轴）：主轴头上下移动轴。面对机床，主轴头向上移动为 +Z，向下为 -Z。

X 轴：工作台左右移动轴。面对机床，主轴向右（工作台向左）移动为 +X，反向为 -X。

Y 轴：工作台前后移动轴。面对机床，主轴向前（工作台向后）移动为 +Y，反向为 -Y。

C 轴：安装在主轴头下面的电极旋转伺服轴。从上向下看，电极沿逆时针方向旋转为 +C，沿顺时针方向旋转为 -C。

电火花成形加工机床结构有 C 形结构、龙门式结构、滑枕式结构、摇臂式结构、台式结构等多种类型，其中最常见的是 C 形结构。C 形结构机床的结构特点是：床身、立柱、主轴头、工作台构成一 "C" 字形，如图 8-5 所示。优点是结构简单，制造容易，具有较好的精度和刚性，操作者可从前、左、右三面充分靠近工作台。缺点是抵抗热变形能力较差，主轴头受热后易产生后仰，影响机床精度。

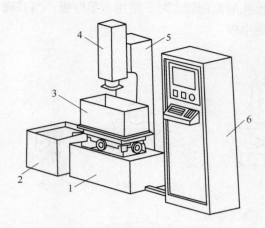

图 8-5   电火花成形加工机床结构图
1—床身 2—工作液箱 3—工作台及工作液槽
4—主轴头 5—立柱 6—控制柜

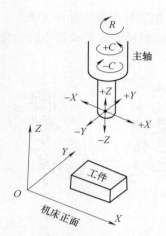

图 8-6   各传动轴的名称及方向定义

第三节   电火花线切割加工

电火花线切割加工是在电火花加工基础上于 20 世纪 50 年代末在原苏联发展起来的一种新工艺，是用线状电极靠火花放电对工件进行切割，故称电火花线切割。它已获得广泛的应用，目前国内外的线切割机床已占电加工机床的 60% 以上。

一、电火花线切割加工原理和特点

1. 线切割加工原理

电火花线切割加工是使工具线电极和工件之间产生脉冲火花放电除去工件材料而进行切割加工的，其电蚀原理与前述的电火花成形穿孔加工相同。图 8-7 所示为电火花线切割加工示意图。作为工具电极的钼丝（或黄铜丝、钨钼丝），在储丝筒的带动下做正反向交替移动。脉冲电源的负极接电极丝，正极接工件。在电极丝和工件之间喷注工作液，工作台在水平面的两个坐标方向上，各自按预定的要求由数控系统驱动做伺服进给移动，即可合成各种曲线轨迹，把工件切割成形。

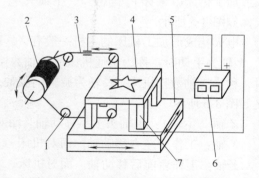

图 8-7   快走丝电火花线切割加工原理
1—导向轮 2—储丝筒 3—工具电极（钼丝）
4—工件 5—工作台 6—脉冲电源 7—绝缘垫

当切割封闭形孔时，工具电极丝需穿过工件上预加工的小孔，再绕到储丝筒上。

2. 线切割加工的特点

1）无须制造成形的工具电极，准备工作简单。

2）电极丝较细（$\phi 0.02 \sim \phi 0.3$mm），切缝较窄，可加工尖角、窄缝及截面形状复杂的工件。但不能加工不通孔零件或阶梯形成形表面。

3）高速走丝加工时，所用电极丝很长，往复高速运行，单位长度上的损耗很小，加工热影响小，加工尺寸精度可达 0.01mm，表面粗糙度 Ra 值为 1.6μm。低速走丝加工时，由于振动小，电极丝一次性使用，精度更高，尺寸精度可达 0.002mm，表面粗糙度 Ra 值为 0.2μm。

4）对各种硬度的导电材料均可加工。切割作用力极小，因此可加工极薄的工件。不同机床切割的最大厚度一般为 60~400mm。切割速度一般为 20~200mm²/min。

5）易于实现微机控制，自动化程度高，操作方便。

二、线切割的分类

（1）按控制方式分类　有靠模仿形控制、光电跟踪控制、数字程序控制及微机控制等，前两种方法现已很少采用。

（2）按脉冲电源形式分类　有 RC 电源、晶体管电源、分组脉冲电源及自适应控制电源等，RC 电源现已不用。

（3）按加工特点分类　有大、中、小型，以及普通直壁切割型与锥度切割型等。

（4）按走丝速度分类　有低速走丝方式和高速走丝方式。我国广泛采用高速走丝线切割机床，国外则采用低速走丝线切割机床。低速走丝线切割机床价格贵但切割精度高。近年来在高速走丝基础上发展了中速走丝线切割机床。

电火花线切割加工广泛用于加工各类通孔模具、成形刀具、样板、异形截面的工件，并可切割微缝、窄槽等微细结构和某些艺术品。图 8-8 所示为电火花线切割加工举例。

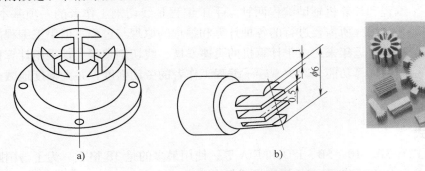

a)　　　　　　　　　b)　　　　　　　　　c)

图 8-8　电火花线切割加工举例

a）加工冷冲凹模　b）加工电火花穿孔异形电极　c）加工的零件

三、线切割机床

线切割机床按电极丝运动的线速度，可分高速走丝和低速走丝。电极丝运动速度在 7~10m/s 范围内的为高速走丝，低于 0.25m/s 的为低速走丝。常用的 DK7725 机床为高速走丝线切割机床，DK7632 机床为低速走丝线切割机床，其含义为：D 为机床类代号，表示"电加工机床"；K 为机床特性代号，表示"数控"（也可用 G 表示"高精度"，M 表示"精密"）；第 1 个数字 7 为组别代号，表示"电火花线切割机床"；第 2 个数字 7 或 6 为型号代号，7 表示"高速走丝"，6 表示"低速走丝"；最后两位数 25 或 32 为基本参数代号，表示工作台横向宽度或行程为 250mm 或 320mm。中速走丝线切割机床属于高速走丝类，编号第 2 个数字也是 7。所谓"中速走丝"，并非指走丝速度介于高速与低速之间，而是指复合走丝线切割，其原理是在粗加工时采用高速（8~12m/s）走丝，精加工时采用较低速（1~3m/s）走丝，这样工作相对平稳、抖动小，并通过多次切割减少材料变形及钼丝损耗带来的误差，提高了加工质量，加工精度介于高速走丝与低速走丝之间，可达 0.006mm，表面粗糙度 Ra 值为 0.8μm。高速和中速走丝加工时常采用 DX 型乳化液的水溶液作为加工工作液，常规比例是 1：10（乳化液 1 份，水 10 份）。

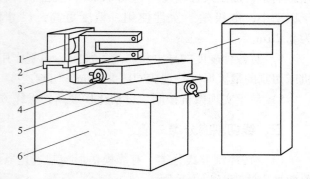

图 8-9　DK7725 高速走丝微机控制线切割机床结构简图
1—储丝筒　2—走丝溜板　3—丝架　4—上工作台
5—下工作台　6—床身　7—脉冲电源及微机控制柜

　　DK7725 高速走丝微机控制线切割机床由机床本体、脉冲电源、微机控制装置、工作液循环系统等部分组成，如图 8-9 所示。

四、数控电火花线切割编程

　　数控线切割机床的控制系统是根据人的"命令"控制机床进行加工的。所以首先必须把将要进行线切割加工的图形，用线切割控制系统所能接受的"语言"编好"命令"，输入控制系统（控制器）。这种"命令"就是线切割程序，编写这种"命令"的工作称为编程。

　　编程方法分手工编程和计算机辅助编程两种。手工编程是线切割工作者的一项基本功，它能使你比较清楚地了解编程所需要进行的各种计算和编程的原理与过程。但手工编程的计算工作比较繁杂，费时间。近年来，由于计算机的飞速发展，线切割编程大都采用计算机辅助编程。计算机有很强的计算功能，大大减轻了编程工作者的劳动强度，并大幅度地减少编程所需时间。

　　（一）手工编程

1. 3B 程序格式

　　线切割程序格式有 3B、4B、5B、ISO 和 EIA 等，使用最多的是 3B 格式。为了与国际接轨，目前有的厂家也使用 ISO 代码。3B 程序格式见表 8-3。

表 8-3　3B 程序格式

N	B	X	B	Y	B	J	G	Z
序号	间隔符	X 轴坐标值	间隔符	Y 轴坐标值	间隔符	计数长度	计数方向	加工指令

　　（1）平面坐标系和坐标值 X、Y 的确定　平面坐标系是这样规定的：面对机床工作台，工作台平面为坐标平面，左右方向为 X 轴，且向右为正；前后方向为 Y 轴，且向前为正。坐标系的原点随程序段的不同而变化：加工直线时，以该直线的起点为坐标系的原点，X、Y 取该直线终点的坐标值；加工圆弧时，以该圆弧的圆心为坐标系的原点，X、Y 取该圆弧起点的坐标值。坐标值的负号均不写，单位为 μm。

　　（2）计数方向 G 的确定　不管是加工直线还是圆弧，计数方向均按终点的位置来确定。

具体确定的原则如下：

加工直线时，计数方向取与直线终点走向较平行的那个坐标轴。如在图 8-10 中，加工直线 $\overrightarrow{OA}$，计数方向取 X 轴，记作 G_X；加工 $\overrightarrow{OB}$，计数方向取 Y 轴，记作 G_Y，加工 $\overrightarrow{OC}$，计数方向取 X 轴、Y 轴均可，记作 G_X 或 G_Y。

加工圆弧时，终点走向较平行于何轴，则计数方向取该轴。如在图 8-11 中，加工圆弧 $\overset{\frown}{AB}$，计数方向应取 X 轴，记作 G_X；加工 $\overset{\frown}{MN}$，计数方向取 Y 轴，记作 G_Y；加工 $\overset{\frown}{PQ}$，计数方向取 X 轴、Y 轴均可，记作 G_X 或 G_Y。

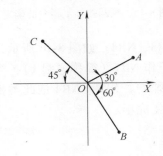

图 8-10　直线计数方向的确定

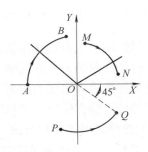

图 8-11　圆弧计数方向的确定

（3）计数长度 J 的确定　计数长度是在计数方向的基础上确定的，是被加工的直线或圆弧在计数方向的坐标轴上的投影的绝对值总和，单位为 μm。

如在图 8-12 中，加工直线 $\overrightarrow{OA}$，计数方向为 X 轴，计数长度为 OB，数值等于 A 点的 X 坐标值。在图 8-13 中，加工半径为 0.5mm 的圆弧 $\overset{\frown}{MN}$，计数方向为 X 轴，计数长度为 500μm×3＝1500μm，即 $\overset{\frown}{MN}$ 中三段 90° 圆弧在 X 轴上投影的绝对值总和，而不是 500μm×2＝1000μm。

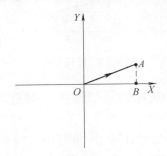

图 8-12　直线计数长度的确定

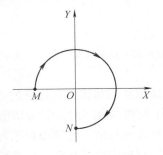

图 8-13　圆弧计数长度的确定

（4）加工指令 Z 的确定　加工直线时，有四种加工指令：L1、L2、L3、L4。如图 8-14 所示，当直线处于第 1 象限（包括 X 轴而不包括 Y 轴）时，加工指令记作 L1；当处于第 2 象限（包括 Y 轴而不包括 X 轴）时，记作 L2；L3、L4，依此类推。

加工顺圆弧时，有四种加工指令：SR1、SR2、SR3、SR4。如图 8-15 所示，当圆弧的起点沿顺时针方向第一步进入第 1 象限时，加工指令记作 SR1（简称顺圆 1）；当起点沿顺时针方向第一步进入第 2 象限时，记作 SR2（简称顺圆 2）；SR3、SR4 依此类推。

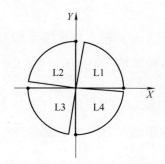

图 8-14　直线加工指令的确定

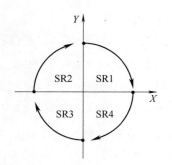

图 8-15　顺圆弧加工指令的确定

加工逆圆弧时，也有四种加工指令：NR1、NR2、NR3、NR4。如图 8-16 所示，当圆弧的起点沿逆时针方向第一步进入第 1 象限时，加工指令记作 NR1（简称逆圆 1）；当起点沿逆时针方向第一步进入第 2 象限时，记作 NR2（简称逆圆 2）；NR3、NR4 依此类推。在一个完整程序的最后应有停机符"FF"，表示程序结束，加工完毕。

2. 3B 程序格式手工编程方法

下面以图 8-17 所示样板零件为例，介绍编程方法。

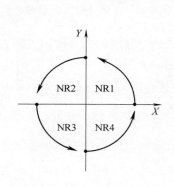

图 8-16　逆圆弧加工指令的确定

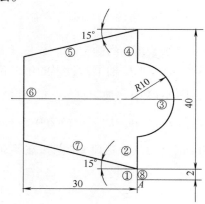

图 8-17　样板零件

（1）确定加工路线　起始点为 A，加工路线按照图中所标的①~⑧进行，共分八个程序段。其中①为切入程序段，⑧为切出程序段。

（2）计算坐标值　按照坐标系和坐标 X、Y 的规定，分别计算①~⑧程序段的坐标值。

（3）填写程序单　按程序标准格式逐段填写 B、X、B、Y、B、J、G、Z，见表 8-4。注意：表中的 G、Z 两项通常在线切割控制台键盘上，往往已直接用 G_X、G_Y、L1、L2、L3、L4、SR1、SR2、SR3、SR4、NR1、NR2、NR3、NR4 表示，否则需转换成计算机识别的代码表形式，具体转换见表 8-5。如 G_Y 和 L2 的代码为 89，输入计算机时，只需输入 89 即可。

表 8-4　编程举例

N	B	X	B	Y	B	J	G	Z	G、Z代码
1	B	0	B	2000	B	2000	G_Y	L2	89
2	B	0	B	10000	B	10000	G_Y	L2	89

（续）

N	B	X	B	Y	B	J	G	Z	G、Z代码
3	B	0	B	10000	B	20000	G_X	NR4	14
4	B	0	B	10000	B	10000	G_Y	L2	89
5	B	3000	B	8040	B	30000	G_X	L3	1B
6	B	0	B	23920	B	23920	G_Y	L4	8A
7	B	3000	B	8040	B	30000	G_X	L4	0A
8	B	0	B	2000	B	2000	G_Y	L4	8A
FF									

表 8-5 G、Z 代码

代码 G＼Z	L1	L2	L3	L4	SR1	SR2	SR3	SR4	NR1	NR2	NR3	NR4
G_X	18	09	1B	0A	12	00	11	03	05	17	06	14
G_Y	98	89	9B	8A	92	80	91	83	85	97	86	94

图 8-17 所示为样板的图形，按程序①（切入）、②、…、⑦、⑧（切出）进行切割，编制的 3B 程序见表 8-4。

3. ISO 代码的手工编程方法

（1）ISO 代码程序段的格式　对线切割加工而言，加工一段直线和圆弧的 ISO 代码程序段的普通格式为 N××××G××X××××××Y××××××I××××××J××××××，其中各符号的具体含义见表 8-6。

表 8-6 ISO 代码程序段格式的具体含义

N	程序段号
××××	1~4 位数字序号
G	准备功能
××	各种不同的功能
X	直线或圆弧终点 X 坐标值
××××××	以 μm 为单位，最多为 6 位数
Y	直线或圆弧终点 Y 坐标值
××××××	以 μm 为单位，最多为 6 位数
I	圆弧的圆心对圆弧起点的 X 坐标值
××××××	以 μm 为单位，最多为 6 位数
J	圆弧的圆心对圆弧起点的 Y 坐标值
××××××	以 μm 为单位，最多为 6 位数
M00	程序停止
M01	选择停止
M02	程序结束

准备功能 G 之后的两位数表示各种不同的功能，具体见表 8-7。

表 8-7　G 表示的各种不同的功能

G00	表示点定位，即快速移动到某给定点
G01	表示直线（斜线）插补
G02	表示顺圆插补
G03	表示逆圆插补
G04	表示暂停
G40	表示丝径（轨迹）补偿（偏移）取消
G41、G42	表示丝径向左、右补偿偏移（沿钼丝的进给方向看）
G90	表示选择绝对坐标方式输入
G91	表示选择增量（相对）坐标方式输入
G92	为工作坐标系设定，即将加工时绝对坐标原点（程序原点）设定在距钼丝中心现在位置一定距离处

如 G92 X5000 Y20000 表示以坐标原点为准，钼丝中心起始点坐标值为：$X = 5\text{mm}$，$Y = 20\text{mm}$。以坐标系设定程序，只设定程序坐标原点，当执行这条程序时，钼丝仍在原位置，并不产生运动。

当准备功能 G×× 和上一程序段相同时，则该段的 G×× 可省略不写。

（2）ISO 代码按终点坐标有两种输入方式

1）绝对坐标方式，代码为 G90。直线以图形中某一适当点作为坐标原点，用 $\pm X$、$\pm Y$ 表示终点的绝对坐标值（图 8-18）。圆弧以图形中某一适当点作为坐标原点，用 $\pm X$、$\pm Y$ 表示某段圆弧终点的绝对坐标值，用 $\pm I$、$\pm J$ 表示圆心对圆弧起点的坐标值（图 8-19）。

2）增量（相对）坐标方式，代码为 G91。线以直线起点为坐标原点，用 $\pm X$、$\pm Y$ 表示线的终点对起点的坐标值。圆以圆弧的起点为坐标原点，用 $\pm X$、$\pm Y$ 表示圆弧终点对起点的坐标值，用 $\pm I$、$\pm J$ 表示圆心对起点的坐标值（图 8-20）。

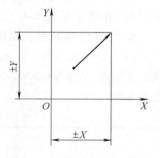

图 8-18　绝对坐标输入直线

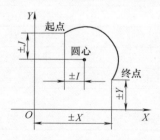

图 8-19　绝对坐标输入圆弧

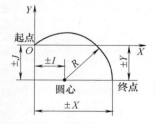

图 8-20　增量坐标输入圆弧

原则上编程中采用哪种坐标方式都是可以的，但在具体情况下却有方便与否之区别，它与被加工零件图样的尺寸标注方法有关。

国外大部分厂家线切割机床的程序格式使用 ISO 代码。

（二）计算机辅助编程

数控线切割机床一般都带有计算机辅助绘图和编程系统，可在机床显示屏上完成绘制零件图、程序生成、模拟加工和控制加工等，如 AutoP、KS、HL、Towedm、WinCut 和 YH 等。这些辅助系统既有各设备制造商自编的绘图及编程专用系统，也有直接采用通用绘图软件，如 AutoCAD、CAXA 等绘图，通过后置处理自动生成加工程序。除直接在机床上绘制零件图外，也可在其他 CAD 软件上绘制零件图，以 DXF 或 DAT 文件格式传输到机床上。还可通过扫描仪获取手绘设计的艺术图案，经处理并导成轮廓图后传输到机床上，切割出艺术品。自动编程生成的程序为 3B、4B 或 ISO 代码，可直接控制机床加工或输出打印等。下面以 YH 绘图式线切割自动编程系统为例介绍。

YH 绘图式线切割自动编程系统（以下简称 YH 编程系统或 YH 系统）是基于计算机绘图技术，融绘图、编程为一体的线切割编程系统。

1. YH 编程系统的特点

1）采用全绘图式编程，只要按工件图样上标注的尺寸在计算机屏幕上作图输入，即可完成自动编程，输出 3B 或 ISO 代码切割程序，无须硬记编程语言规则。

2）只用鼠标就可以完成全部编程，过程直观明了，无须人工计算数据和编程；也可用计算机键盘输入。

3）能显示图形，有中英文对照提示，用弹出式菜单和按钮操作。

4）具有图形编辑和几何图形的交、切点坐标求解功能，二切、三切圆生成功能，免除了烦琐的人工坐标点计算。

5）具有自动尖角修圆、过渡圆处理、非圆曲线拟合、齿轮生成、大圆弧处理以及 ISO 代码与 3B 程序的相互转换等功能。

6）有跳步模设定、对各型框做不同的补偿处理、切割加工面积自动计算等功能。

7）编程后的 ISO 代码或 3B 程序，可输出打印，并且直接输入线切割控制器，控制线切割机床。

2. YH 编程系统的基本操作方法

用 YH 编程系统在屏幕上可以画出工件的图形，并通过内部软件可把图形信息自动转换成线切割加工程序。

YH 编程系统的全部操作集中在 20 个命令图标和 4 个弹出式菜单内，它们构成了系统基本工作平台（图 8-21）。系统的编辑功能用屏幕左边的 20 个图标表示，分别为：点、线、圆、切圆或切线、椭圆、抛物线、双曲线、渐开线、摆线、螺旋线、列表曲线、函数方程、齿轮、过渡圆、辅助圆、辅助线 16 种绘图控制图标；删除、询问、清理、重画 4 种编辑控制图标。20 种图标说明见表 8-8。

图 8-21 上部的 4 个菜单按钮分别为文件、编辑、编程和杂项。用鼠标器和光标按每个按钮，均可弹出一个相应的子功能菜单，其内容如图 8-22 所示。在图 8-21 所示系统主屏幕上除了左边 20 个图标和上部 4 个菜单按钮外，下方还有一行提示，用来显示输入图号、比例系数、粒度和光标位置（X、Y 坐标值）。YH 编程系统操作命令的选择及窗口的切换全部用鼠标器实现。为叙述方便起见，称鼠标器上的左按钮为命令键，右按钮为调整键。

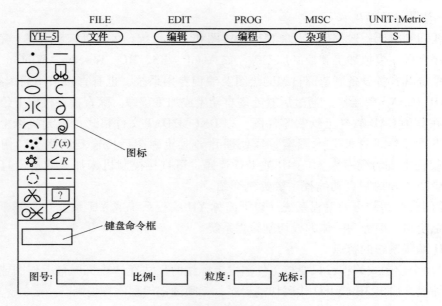

图 8-21　系统主屏幕示意图

表 8-8　20 种图标说明

点输入	●	列表曲线输入	:·.
线输入	——	函数方程输入	$f(x)$
圆输入	○	齿轮输入	✾
切圆或切线输入	🔱	过渡圆输入	$\angle R$
椭圆输入	⬯	辅助圆输入	◌
抛物线输入	C	辅助线输入	----
双曲线输入	)|(	删除线段	✄
渐开线输入	∂	询问	?
摆线输入	⌒	清理	⊘✕
螺旋线输入	⊚	重画	✑

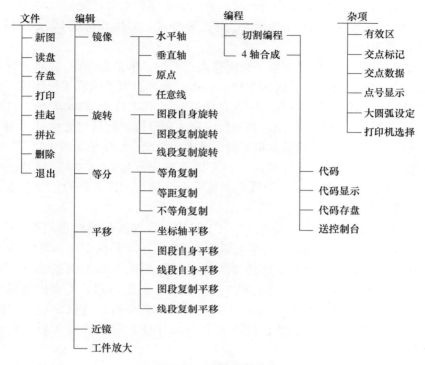

图 8-22　各菜单功能

3. 计算机辅助编程实例

根据工件图形（图 8-23），先画圆 C1、C2、C3。由于是已知定圆，可采用键盘命令键入，在圆图标的状态下，把光标移入键盘命令框。在弹出的输入框中按格式输入：［50，0］，40（回车）；［0，80］，16（回车）；［−50，30］，10（回车）。C1、C2 和 C3 完成后，作圆 C1 和圆 C3 间的公切线 L1。选择切圆或切线图标（光标移入切圆或切线图标，单击命令键），该图标呈现深色，即进入切圆或切线状态，将光标移到任一圆的任意位置上，待光标呈手指形时，按下命令键（不能放），再移动光标至另一圆周上，光标呈手指形后释放。在两圆之间出现一条深色连线，再将光标（已呈"田"形）移至该连线上，光标变成手指形时，单击命令键（一按就放），即完成公切线输入。注意，由于两个圆共可生成四条不同位置的公切线，所以连线的位置应当与实际需要的切线相同，系统就会准确地生成所需的公切线。

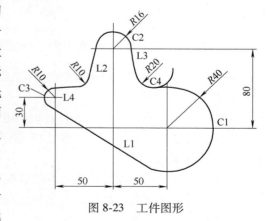

图 8-23　工件图形

作圆 C2 的切线 L2，选择点图标（光标移入点图标，单击命令键），将光标移入键盘命令框，键入：［−30，0］（回车），屏幕上作出一点。光标点取切圆或切线图标，将光标移到点［−30，0］上，光标呈"×"形后，按下命令键（不能放），移动光标，拉出一条蓝色连线至圆 C2 左侧圆周上，待光标呈手指形后，释放命令键。而后，光标呈"田"字形，再移动光标至该蓝色连线上，光标呈手指形时，单击命令键，即生成切线 L2。L3 切线画图方法与 L2 切线画图方法相同。

作圆 C3 的切线 L4，选择点图标（光标移入点图标，单击命令键），将光标移入键盘命令框，键入：[0，40]（回车），屏幕上作出一点。光标点取切圆或切线图标，将光标移到点 [0，40] 上，光标呈"×"形后，按下命令键盘（不能放），移动光标，拉出一条蓝色连线至圆 C3 上侧圆周上，待光标呈手指形后，释入命令键。而后，光标呈"田"字形，再移动光标至该蓝色连线上，光标呈手指形时，单击命令键，即生成切线 L4。

作过渡圆 R10，在过渡圆图标状态下，光标移至交点处，呈"×"形时，按下命令键（不能放），同时向左上方拉出一条引线后，释放命令键盘。用弹出的小键盘输入"10"回车，即得过渡圆。

作公切圆 C4，在相切的两个元素 L3、C1 间作一条连线。光标移到 L3 上，光标呈手指形时，按下命令键（不能放），再将光标移动到 C1（以光标变形为准）后，释放命令键。在相切的两个元素间，出现深色连线。将"田"形光标移至该连线上（光标变成手指形），按下命令键并移动光标（不能放），屏幕上将画出切圆，并弹出能显示半径变化值的参数窗。当半径跳到需要的 $R = 20mm$ 值时，释放命令键，这就完成了切圆 C4 输入。用光标点取半径数据框，可用键盘直接输入半径值（注：圆心修改无效，它由半径确定后自动计算得到）。

画完后，进行清理、剪除，对于复杂图形，要边画边清除。把光标移到清理图标上，单击命令键，移入主屏幕，系统自动清除非闭合线段和辅助圆。然后把光标放在剪刀形图标上，单击一下，从屏幕左下方出现的工具包中，取出剪刀形光标，移至不要的线段上，使它变红，光标呈手指形时，单击命令键就能剪除。修剪完成后，把剪刀放回工具包。利用 YH 编程软件可进行切割加工编程。

通过对工件图形的编程实例可以看出，YH 绘图式线切割自动编程系统比较直观，易于掌握，对复杂图形的编程效率也很高。

五、数控高（中）速走丝电火花线切割基本操作

数控高（中）速走丝电火花线切割加工时一般有如下准备和操作：

1. 机床开机及关机

开机：旋起"急停"按钮→打开机床电源（ON）→按下"启动"按钮。

关机：按下"停止"按钮→按下"急停"按钮→关闭机床电源（OFF）。

2. 工件装夹及找正

工件装夹及找正对加工精度有直接影响。工件装夹有压板装夹、磁性夹具和专用夹具。压板装夹包括桥式支承、悬臂式支承和垂直刃口支承三种，其中桥式支承是最常用的装夹方法，具有装夹稳定、平行度易保证等特点。磁性夹具采用磁性工作台或磁性表座夹持工件，靠磁力吸住工件，不需压板和螺钉，工件不会因压紧而变形，操作方便。在批量生产时，可采用根据零件结构设计的专用夹具，大大提高了加工精度和装夹速度。

工件装夹时，还必须配合找正进行调整，使工件的定位基准面与机床的工作台面或进给方向保持平行，以保证切割表面与基准面之间的相对位置精度。使用百分表来找正是应用最

广泛的方法。

3. 电极丝的安装

（1）穿丝操作 当要在工件中部切割孔时（如凹模），需先在切割起始点位置加工出一穿丝孔，将电极丝穿过工件，再拉动电极丝头，依次从上至下绕过各导轮、导电块至储丝筒，将丝头拉紧并用丝筒的螺钉固定。

（2）电极丝垂直的调整 穿丝完成后，应找正和调整电极丝对工作台的垂直度，保证电极丝与工作台垂直。找正方法有目测火花找正和找正器找正。

目测火花找正是在通电走丝时，利用规则的六面体或直接以工件工作面为基准，通过目测电极丝与参照面的火花上下是否一致，调整控制电极丝锥度的两个轴来找正。找正器找正不需通电和走丝，找正器上有两个测量头（分别有两个指示灯显示是否接触到测量头）。使两个测量头与电极丝进行接触，当两个指示灯同时亮，说明丝已垂直。

（3）找中心孔 穿入的电极丝中心须与穿丝孔中心重合，以保证加工位置准确。机床可自动完成找中心孔过程。

4. 机床控制界面操作

各厂家控制软件不同，用户界面也有所不同，但功能类似。机床开机后一般为手动模式界面，根据屏幕界面显示的功能、提示和菜单等，主要有以下操作：

1）直接输入已编好的程序或进入自动编程系统。

2）进入自动编程系统时，用系统自带的 CAD 图形绘制系统绘制零件图（如上面介绍的 YH 系统）。

3）加工参数设定，如坐标系、加工起点、切割方向、偏置方向、偏置量、开液压泵、开储丝筒和电参数等。

4）生成数控程序。可生成 ISO、3B 和 4B 等格式的数控程序，并可保存。

5）模拟加工。模拟加工时只进行轨迹描画，机床不运动。加工前建议先模拟运行一遍，以检验程序是否有误，如有会提示错误所在行。

6）程序执行。用光标选好开始执行的程序段（一般从首段开始），单击屏幕上相应操作键，如单击"加工"，开始加工。加工过程中可暂停和恢复加工。

第四节 激 光 加 工

激光（Laser）加工是利用激光束与物质相互作用的特性对材料（包括金属与非金属）进行加工。

一、激光加工的原理及特点

激光是处于激发状态的原子、离子或分子受激辐射而发出亮度高、方向性强和相干性好的单色光。激光加工是利用大功率的激光束经透镜聚焦成极小的光斑（直径小到几微米，焦点处能量密度高达 $10^8 \sim 10^{10} \mathrm{W/cm^2}$，温度达到数千至上万摄氏度以上），使工件被照射部分瞬间熔化或汽化，并在冲击波作用下，将熔融材料喷射出去，从而实现对工件的加工。

激光发生器是激光加工设备最重要的部件。激光器的种类很多，根据工作介质不同可分为气体激光器、固体激光器和光纤激光器。气体激光器有二氧化碳激光器、氩离子激光器等，具有连续输出功率大、效率高的特点。固体激光器有红宝石激光器、钕玻璃激光器、掺钕钇石榴石激光器等，具有体积小，结构强度高的特点。光纤激光器是用掺稀土元素的玻璃光纤作为增益介质的激光器，光能在该光纤内形成高功率密度的激光，无需谐振腔光学镜片。由于不同物质激发出的激光波长不同，所以激光也呈现出红、绿、蓝等不同颜色。激光加工虽有多样性的特点，但需按照被加工材料和加工特性，选择合适的激光器。

激光加工有以下特点：

（1）一机多能　多功能激光机能在一台设备上完成焊接、切割、热处理等多种加工。

（2）加工材料范围广　可加工各种金属和非金属材料，特别适合高硬度、高熔点合金及陶瓷、宝石、玻璃、金刚石等脆性材料。

（3）适应性强　既可在真空中加工，又可在大气中加工，或通过透明材料进行加工。

（4）加工效率高　用激光进行深熔焊时，效率比埋弧焊提高 30 倍，且可控性好，易于实现自动化生产。

（5）加工质量好　加工精度可达 $0.01 \sim 0.02mm$，表面粗糙度 Ra 值可达 $0.1\mu m$；为非接触加工，工件无受力变形，热影响区和受热变形小。

（6）受工件形状限制小　可以进行精密和微细加工微型深孔（如 $\phi 0.1mm$，孔径比 $100:1$）、异形孔和窄缝等。

（7）成本高　设备复杂、价格较贵。

（8）防止激光伤害　激光加工虽无加工污染和有害射线，但要注意激光对人体特别是眼睛的伤害。

二、激光加工的应用

根据激光束与材料相互作用的机理，激光加工可分为激光热加工和光化学反应加工两类。激光热加工是指利用热效应来完成加工过程，包括激光焊接、激光切割、激光热处理、激光熔敷、激光强化、激光打标、激光钻孔、微加工和激光烧结快速成型等；光化学反应加工是借助高密度高能光子引发或控制光化学反应的加工过程，包括光化学沉积、立体光刻、激光刻蚀和光固化快速成型等。激光加工作为先进制造技术已广泛应用于汽车、电子、电器、航空航天、冶金、通信、医疗和机械制造等领域，对提高产品质量、劳动生产率，实现自动化、无污染和减少材料消耗等起到越来越重要的作用。图 8-24 所示为激光加工在手机制造上的应用。

三、激光打标、打标机结构及操作

激光打标是激光加工应用最多的领域之一，它是利用具有高能量密度的激光对工件进行局部照射，使表层材料汽化或发生颜色变化的化学反应，从而留下永久性标记的一种打标方法。激光打标可以打出 CAD 软件设计的各种文字、符号和图案，其大小可以从毫米到亚微米量级。激光打标具有精度高、速度快、标记清晰的特点，可以完成一些常规的气动、雕铣打标方法无法实现的工艺，提高产品防伪性。激光打标已广泛用于刀具、五金工具、芯片、仪器仪表、电子、机械等行业和生物工程。图 8-25 为激光在金属和非金属材料零件表面打标，标示品牌、规格、说明和二维码等。激光打标机工作原理框图如图 8-26 所示（Q 开关是激光器中的一个重要光学元件，用于获得一定脉冲宽度的激光）。激光打标机由数控系统

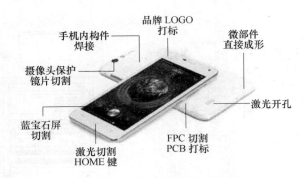

图 8-24　激光加工在手机制造上的应用

控制激光脉冲的宽度、能量、峰值功率和重复频率等参数，将脉冲激光束经光学扫描振镜反射后，通过平场光学镜头聚焦到工件表面，并按设计的轨迹进行雕刻加工。

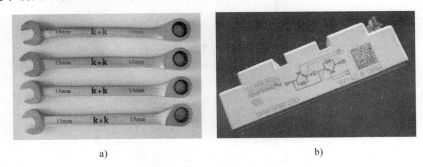

图 8-25　零件表面激光打标

a）金属扳手表面激光打标　b）电气元件塑料外壳激光打标

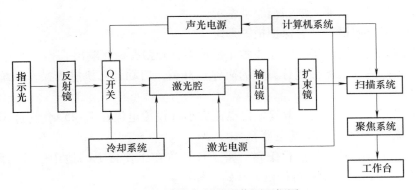

图 8-26　激光打标机工作原理框图

DPL20—532[⊖]型半导体泵浦绿激光打标机的基本结构如图 8-27 所示，由固体激光器、激光电源、光学系统、工作台、控制系统、冷却系统和扫描、聚焦系统组成。打标焦距为 160mm，范围为 110mm×110mm；可接收图案文件格式：DWG、DXF；适合材料：各种金属材料及部分非金属材料，如不锈钢、铁、硅、橡胶、陶瓷、大理石。

⊖　其中，DPL 代表全固态激光器，20 是指功率为 20W，532 是指波长为 532μm 的可见绿激光。

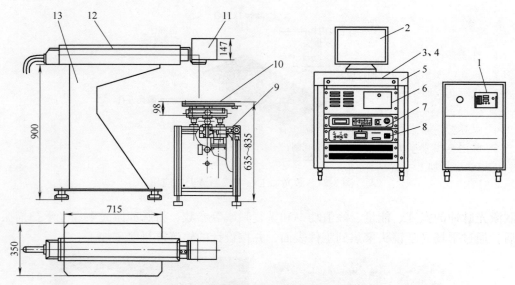

图 8-27　DPL20—532 型半导体泵浦绿激光打标机的基本结构

1—冷却系统　2—显示器　3—鼠标　4—键盘　5—控制器　6—工控机　7—激光电源
8—声光电源　9—Z 方向电动升降工作台　10—X、Y 方向移动工作台
11—扫描头　12—激光器组件　13—机身

1. 操作步骤

1）合上机柜后面的断路器，检查急停按钮，使其在弹起状态。

2）插入钥匙，沿顺时针方向旋转 90°，绿指示灯亮，表示接通系统主电路。

3）按下水泵开关，冷却系统工作，确保水路循环正常。

4）按下扫描键，接通光学扫描驱动系统。

5）按下声光电源键，开启保护报警系统。

6）按下激光电源键，接通半导体激光指示器，光路有绿光输出。

7）打开工控机（工业控制计算机的简称）开关，启动计算机进入操作系统，打开激光打标应用软件。

8）调整"+""-"按钮，改变输出电流大小（设置电流在 7~25A，超过 33A 系统关掉激光器电源，超过 40A 切断主继电器）。

9）打开设计的图案文件进行编辑，将工件放置在工作台上的适当位置，调整好位置，设置好参数后，单击软件中执行按键，开始打标。

10）打标结束后，按后启动项先退出原则关机。

2. 注意事项

1）注意检查冷却水箱水量是否正常，冷却系统开机 1min 后，才可打开激光电源；关机时须先关闭激光电源，再关冷却系统。

2）为防止激光束辐射灼伤眼睛，操作时应佩戴防护镜；人眼不要平视激光器。

3）设备工作时，电路呈高压、大电流状态，不得开启电源和激光器机箱。

4）当遇突发紧急事件，如设备不能正常工作、光电源报警等，应立即按下紧急停止按钮。

复习思考题

8-1 什么是特种加工？它有哪些主要的方法？

8-2 试述电火花加工原理。电火花加工为何要用脉冲电源和绝缘的液体介质？

8-3 电火花成形穿孔加工有何特点？适用于加工哪些型面？电火花线切割加工是怎样进行的？可加工哪些型面？

8-4 试述激光加工的原理、特点及应用。

8-5 将图 8-28 所示加工工件编制线切割加工程序（程序格式按 3B 格式编制）。取 A 点为加工起点，按①~⑩路线进行加工。

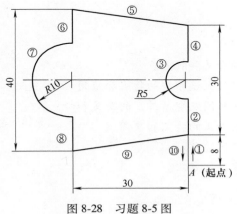

图 8-28 习题 8-5 图

第九章
先进制造技术

目的和要求

1. 了解先进制造技术的含义和特点。
2. 了解工业机器人和柔性制造系统的特点和应用。
3. 了解人工智能、智能车间及智慧工厂的含义和特点。
4. 了解精密加工和微细加工的特点和应用。
5. 了解逆向工程的应用及过程。
6. 掌握三维打印制造零件的方法。

先进制造技术实习安全技术

1. 光学扫描仪为精密、易损仪器，扫描时用三脚架支承，并要围绕零件变换位置，稳定地放置，不要碰倒。

2. 三维打印机喷头温度高，工作时不能用手触摸。喷头有凝料时，要用所附工具清除。

第一节　概　述

随着机械制造工艺及其理论的不断发展，现代制造工艺已不仅仅是指几种加工方法、几种刀具或几台机床的组合，而是具有整体目的性的物料流、信息流和能量流的系统。先进制造技术（Advanced Manufacturing Technology，AMT）就是在传统制造技术的基础上，吸收机械、电子、信息、能源、材料和环保等领域的新技术，综合现代管理方法，应用于产品的设计、制造、检验、销售及服务等环节，实现产品生产的高效、经济、优质和环保。

1. 先进机械制造技术体系

（1）制造系统的新型模式　如计算机集成制造系统（CIMS）、智能制造系统（IMS）、成组系统（GT）、精益生产（LP）、敏捷制造（AM）、绿色制造（GM）、企业资源计划（ERP）、产品数据管理（PDM）、智能车间（MW）、智慧工厂（MF）等。

（2）工程设计制造领域的先进技术　如计算机辅助设计（CAD）、计算机辅助制造（CAM）、计算机辅助工程（CAE）、计算机辅助检测（CAT）、逆向工程（RE）、计算机辅助工艺设计（CAPP）、虚拟制造（VM）、快速原型制造（PRM）等。

（3）面向物料流的先进制造技术　如数控加工（CNC）、柔性制造（FM）、工业机器人（IR）、人工智能（AI）、网络化制造（NM）、并行工程（CE）等。

2. 先进机械制造技术的本质特征

先进机械制造技术超越了传统意义上制造技术的界限，以智能为特征，以人为核心。其本质是信息技术、先进制造技术和现代管理等多方面的集成，再加上相关科学技术交融而形成的技术。它是工业创新的典范，是一个国家制造业水平的重要标志，制造强则国家强，而失去制造就失去未来。

第二节　柔性制造系统

柔性制造系统（Flexible Manufacturing System，FMS）是由统一的信息控制系统、物料储运系统和一组数控加工设备组成的，能适应加工对象变换的自动化机械制造系统。在成组技术的基础上，以多台（种）数控机床或数组柔性制造单元为核心，通过自动化物料流系统将其联接，统一由主控计算机和相关软件进行控制和管理，组成多品种变批量和混流方式生产的自动化制造系统，未来柔性制造系统将与 CAD/CAM 相结合，向自动化工厂方向发展。

柔性制造系统由加工、物料流、信息流三个子系统组成，包括中央管理和控制计算机、物料流控制装置、自动化仓库、无人输送台、制造单元、中央刀具库、夹具站、信息传输网络和随行工作台。图 9-1 为柔性制造系统示意图。

柔性制造系统的功能有：

1）以成组技术为核心的对零件分析编组的功能。

2）以计算机为核心的编排作业计划的智能功能。

3）以加工中心为核心的自动换刀、换工件的加工功能。

4）以托盘和运输系统为核心的工件存放与运输功能。

5）以各种自动检测装置为核心的自动测量、定位与保护功能。

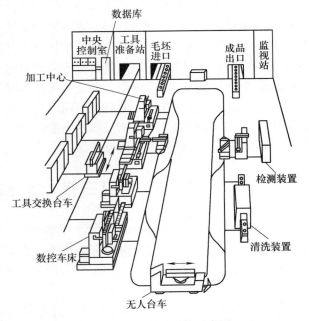

图 9-1　柔性制造系统示意图

加工设备主要采用加工中心和数控车床，前者用于加工箱体类和板类零件，后者则用于加工轴类和盘类零件。中、大批量少品种生产中所用的 FMS，常采用可更换主轴箱的加工中心，以获得更高的生产率。储存和搬运系统搬运的物料有毛坯、工件、刀具、夹具、检具和切屑等；储存物料的方法有平面布置的托盘库，也有储存量较大的桁道式立体仓库。

毛坯一般先由工人装入托盘的夹具中，并储存在自动仓库的特定区域内，然后由自动搬运系统根据物料管理计算机的指令送到指定的工位。固定轨道式台车和传送滚道适用于按工艺顺序排列设备的 FMS，自动引导台车搬送物料的顺序则与设备排列位置无关，具有较大灵活性。

工业机器人可在有限的范围内为 1~4 台机床输送和装卸工件，对于较大的工件常利用托盘自动交换装置（APC）来传送，也可采用在轨道上行走的机器人或运输小车，同时完成工件的传送和装卸。磨损的刀具可以逐个从刀库中取出更换。车床卡盘的卡爪、特种夹具和专用加工中心的主轴箱也可以自动更换。切屑运送和处理系统是保证 FMS 连续正常工作的必要条件，一般根据切屑的形状、排除量和处理要求来选择经济的结构方案。

传统的多工位数控加工基本上靠固定的逻辑线路来实现，如需扩充或改变功能则必须更改硬件逻辑，灵活性较差。柔性制造系统采用计算机控制的加工中心，这种数控装置适应性强，能在硬件基本不变的情况下，通过修改软件来改变或扩充其功能。如果用多台加工中心组成柔性制造系统，则可以按任意顺序自动完成多种工件的多工位加工。

为保证 FMS 的连续自动运转，必须对刀具和切削过程进行监视，可能采用的方法有：测量机床主轴电动机输出的电流功率或主轴的转矩；利用传感器拾取刀具破裂的信号；利用接触测头直接测量刀具的切削刃尺寸或工件加工面尺寸的变化；累积计算刀具的切削时间以进行刀具寿命管理。此外，还可利用接触测头来测量机床热变形和工件安装误差，并据此对其进行补偿。

自动化物料流输送系统包括存储、输送和搬运三个子系统，其功能为：自动以任意顺序存取工件和刀具；自动按可变的自由节拍完成柔性制造系统中各个生产装置的连接；自动实现输送装置和加工设备之间的连接。柔性制造系统中的工件输送系统与其他制造系统中的工件输送系统有很大区别，它不是按固定节拍将工件从某一工位输送到下一工位，而是既不按固定节拍又不按固定顺序输送工件，甚至有时是将几种工件混杂在一起输送。在这种系统中一般都设置储料库，以调节各个工位上所需加工时间的差异。柔性制造系统按机床与搬运系统的相互关系可分为直线型、循环型、网络型和单元型。加工工件品种少、柔性要求小的制造系统多采用直线布局，虽然加工顺序不能改变，但管理容易；单元型具有较大柔性，易于扩展，但调度作业的程序设计比较复杂。

第三节　工业机器人

工业机器人（Industrial Robot，IR）是面向工业领域的多关节机械手或多自由度的机器人。工业机器人是自动执行工作的机器装置，是靠自身动力和控制能力来实现各种功能的一种机器。它可以接受操作人员的指挥，也可以按照预先编排的程序运行，现代的工业机器人还可以根据人工智能技术制订的原则纲领行动。

工业机器人与自动化成套装备是生产过程的关键设备，可用于制造、安装、检测、物流等生产环节，并广泛应用于汽车整车及汽车零部件、工程机械、轨道交通、低压电器、电力、IC 装备、军工、金融、医药、冶金及印刷出版等众多行业，应用领域非常广泛，是制造业发展的一个重要方向。工业机器人在工业生产中能代替人做某些单调、频繁和重复的长时间作业，或是危险、恶劣环境下的作业，如在冲压、压力铸造、热处理、焊接、涂装、塑料制品成型、机械加工和简单装配等工序上，以及在原子能工业等部门中，完成对人体有害物料的搬运或工艺操作。

工业机器人由主体、驱动系统和控制系统三个基本部分组成（图 9-2）。主体即机座和执行机构，包括臂部、腕部和手部，有的机器人还有行走机构。大多数工业机器人有 3~6 个运动自由度，其中腕部通常有 1~3 个运动自由度；驱动系统包括动力装置和传动机构，用以使执行机构产生相应的动作；控制系统是按照输入的程序对驱动系统和执行机构发出指令信号，并进行控制。

工业机器人按臂部的运动形式可分为四种。直角坐标型的臂部可沿三个直角坐标移动；圆柱坐标型的臂部可做升降、回转和伸缩动作；球坐标型的臂部能回转、俯仰和伸缩；关节型的臂部有多个转动关节。工业机器人按执行机构运动的控制机能，又可分为点位型和连续轨迹型。点位型只控制执行机构由一点到另一点的准确定位，适用于机床上下料、点焊和一般搬运、装卸等作业；连续轨迹型可控制执行机构按给定轨迹运动，适用于连续焊接和涂装等作业。工业机器人按程序输入方式

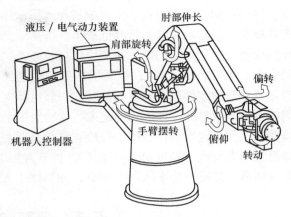

图 9-2　工业机器人结构图

区分有编程输入型和示教输入型两类。编程输入型是将计算机上已编好的作业程序文件，通过串口或者网络等通信方式传送到机器人控制柜。示教输入型的示教方法有两种：一种是由操作者用手动控制器（示教器），将指令信号传给驱动系统，使执行机构按要求的动作顺序和运动轨迹操演一遍；另一种是由操作者直接领动执行机构，按要求的动作顺序和运动轨迹操演一遍。在示教过程的同时，工作程序的信息即自动存入程序存储器中，在机器人自动工作时，控制系统再从程序存储器中检出相应信息，将指令信号传给驱动机构，使执行机构再现示教的各种动作。示教输入程序的工业机器人称为示教再现型工业机器人。具有触觉、力觉和视觉的工业机器人，能在较为复杂的环境下工作；若具有识别功能或更进一步增加自适应、自学习功能，即成为智能型工业机器人，它能按照人给的"指令"自选或自编程序去适应环境，并自动完成更为复杂的工作。

第四节　人　工　智　能

人工智能（Artificial Intelligence，AI）就是研究如何让计算机去完成以往需要人的智力才能胜任的工作，也就是研究如何应用计算机的软硬件来模拟人类某些智能行为的基本理论、方法和技术。人工智能涉及计算机科学、心理学、哲学和语言学等学科，几乎包含了自然科学和社会科学的所有学科，其范围已远远超出了计算机科学的范畴。人工智能通过计算机来模拟人的某些思维过程和智能行为（如学习、推理、思考、规划等），主要包括计算机实现智能的原理、制造类似于人脑智能的计算机，使计算机能实现更高层次的应用。

人类已制造出了汽车、火车、飞机、收音机等，它们模仿我们身体器官的功能，人工智能则期望能模仿人类大脑的功能。但是要模仿人类大脑智慧，仍需解决许多复杂和不确定的问题，包括安全和伦理等。如让计算机拥有智商可能是很危险的，它可能会反抗人类，就像科幻电影中所发生的。其关键在于是否允许机器拥有自主意识的产生与延续，如果使机器拥有自主意识，则意味着机器具有与人同等或类似的创造性、自我保护意识、情感和自发行为。但这又是人工智能的一个特点，所以又是矛盾的。

在机械制造领域的各个环节都可广泛应用人工智能技术，如专家系统（ES）、人工神经

网络（ANN）、模糊集理论（FST）和启发式搜索（GA）技术等，可以在故障诊断、模拟仿真、自动控制、工艺编程、生产规划和产品设计等许多方面发挥作用。通过人工智能实现制造智能化，从而减少人力、降低成本、提高生产率和产品质量。例如，工业上有许多需要分捡的作业，采用人工的话，速度缓慢且成本高，还需要提供适宜的工作温度环境（如夏天的空调、冬天的暖气等），如果采用工业机器人，则可以大幅降低成本，提高速度。但是，当需要分捡的零件没有整齐摆放时，一般机器人虽然有摄像头可以看到零件，但却不知道如何把不规则摆放的零件成功捡起来。这种情况下，先让具有 AI 的机器人随机地进行一次分捡动作，分析这次动作是成功分捡到零件还是抓空了，经过多次训练之后，AI 机器人就会知道怎样来分捡。经过 8h 的学习后，机器人知道了分捡时夹零件的哪个位置会有更高的捡起成功率，分捡成功率达到了 90%，和熟练工人的水平相当，效率则提高了 5 倍。

第五节　精密和超精密加工

精密加工（Precision Machining，PM）是指在一定的发展时期，加工精度与表面质量达到较高程度的加工工艺。超精密加工（Super Precision Machining，SPM）是指在一定时期，加工精度与表面质量达到最高程度的加工工艺。显然，在不同的发展时期，精密与超精密加工有不同的标准，两者的划分是相对的，会随着科技的发展而不断更新。在当今科技条件下，精密加工技术是指加工尺寸、形状精度在 $0.1 \sim 1\mu m$，表面粗糙度 $Ra \leqslant 30nm$ 的所有加工技术的总称。超精密加工技术是指加工尺寸、形状精度在 $1 \sim 100nm$，表面粗糙度 $Ra \leqslant 10nm$ 的所有加工技术的总称。这个定义并非十分严格。例如，直径为几米的大型光学零件的加工，精度虽然在零点几微米的要求，但以目前技术水平还是难以达到的，不但要有特殊的加工设备和环境条件，同时还要有高精度的在线（或在位）检测及补偿控制等先进技术才可能达到，故现在也可把它称为"超精密"加工技术。由此可知，"精密""超精密"既与加工尺寸、形状精度及表面质量的具体指标有关，又与在一定条件下实现这一指标的难易程度有关。

精密和超精密加工属于机械制造中的尖端技术，是发展其他高新技术的基础和关键。超精密加工多用来制造精密元件、计量标准元件、集成电路、高密度硬磁盘等，它是衡量一个国家制造工业水平的重要标准之一。精密和超精密加工方法可分为切削加工、磨料加工、特种加工和复合加工。

第六节　微　细　加　工

微细加工（Micro Machining，MM）起源于半导体制造工艺，原来是指制造微小尺寸零件的生产加工技术，其加工尺度约在微米级范围。从广义角度来说，微细加工包含了各种传统精密加工（如切削加工、磨料加工等）和特种加工（如外延生长、光刻加工、电铸、激光束加工、电子束加工、离子束加工等），它属于精密加工和超精密加工范畴；从狭义角度来说，微细加工主要指半导体集成电路制造技术。

微细加工与一般尺寸加工的区别在于：一般尺寸的加工精度用误差尺寸和加工尺寸的比值来表示，而微细加工的精度则用误差尺寸的绝对值来衡量，即用去除材料的大小来表示，从而引入加工单位尺寸（简称加工单位）的概念，加工单位就是去除的那一块材料的大小。在微细加工中，加工单位可以小到分子级或原子级。

微机械领域的重要角色不仅仅是微电子部分，更重要的是微机械结构或构件及其微电子的集成。只有将这些微机械结构与微电子等集成在一起才能实现微传感或微制动，进而实现微机械（也称作微型机电系统）。因此，现在的微细加工并不限于微电子制造技术，更重要的是指微机械构件的加工或微机械与微电子、微光学等的集成结构的制造技术。微细加工方法和精密加工方法一样，也分为切削加工、磨料加工、特种加工和复合加工。

第七节　智能车间和智慧工厂

智能车间（Smart Workshop，SW）是多种软硬件结合，基于对企业的人、机、料、环等制造要素全面精细化感知采集和传输，并采用多种物联网感知技术手段，支持生产管理科学决策的新一代智能化制造过程管理系统。智能车间能对生产、仓库的检验、入出库、调拨移库、库存盘点等各个作业环节的数据进行自动化的无线数据采集、无线数据更新，保证仓库管理各个环节数据输入的快速性和准确性，确保企业及时准确地掌握库存的真实数据，合理保持和控制企业库存。随着中国制造2025、工业4.0的推行，从基础的人工、半自动、全自动再到智能制造，从而不断提升制造业智能化水平，建立具有适应性、资源效率及可视管控的智能车间。

智能车间功能模块包括：①生产设备智能化，全面智能生产；②生产设备网络化，大数据分析生产决策；③生产过程可透化；④车间环境智能管控。

智慧工厂（Smart Factory，SF）是现代工厂信息化发展的新阶段，是在数字化工厂的基础上，利用物联网的技术和设备监控技术加强信息管理和服务，清楚掌握产销流程、提高生产过程的可控性、减少生产线上人工的干预、即时正确地采集生产线数据，以及合理地编排生产计划与安排生产进度。并加上绿色智能的手段和智能系统等新兴技术于一体，构建的高效节能的、绿色环保的、环境舒适的人性化工厂。

智慧工厂以产品全生命周期的相关数据为基础，在计算机虚拟环境中，对整个生产过程进行仿真、评估和优化，并进一步扩展到整个产品生命周期的新型生产组织方式。解决产品设计和产品制造之间的脱节，实现产品生命周期中的设计、制造、装配、物流、售后服务等各个方面的功能，降低从设计到生产制造之间的不确定性，在虚拟环境下将生产制造过程压缩和提前，并得以评估与检验，从而缩短产品设计到生产的转化时间，提高产品的可靠性与合格率。

智慧工厂功能模块包括：

1）智能仓储。自动备料上料。

2）智能车间。自动生产、组装、包装。

3）智能品质管控。自动品质管控。

4）集成其他系统。与ERP、MES系统集成。

5）追溯管理。对材料、生产环节、品质管控和售后服务等各个环节的追溯。

第八节 逆 向 工 程

逆向工程（Reverse Engineering，RE），也称为反求工程、反向工程，是指用一定的测量手段对实物或模型进行测量，根据测量数据并通过三维几何建模方法重构实物的 CAD 模型的过程。逆向工程技术综合了三维测量、计算机辅助设计、快速成型等高新技术。逆向工程从产品原型出发，进而获取产品的三维数字模型，使得能够进一步利用 CAD/CAM/CAE 等先进技术对其进行处理。产品逆向工程包括形状反求、工艺反求和材料反求等。目前有关逆向工程的研究和应用大多是针对实物模型几何形状的反求，即根据已有实物模型的坐标测量数据重新建立实物的数字化模型，而后进行分析加工等。这里的实物模型可以是机械产品、人体、动植物、艺术品等。通过实物模型产生其数字化模型，可利用数字化的优势，提高设计、制造、分析的质量和效率，并适应智能化、集成化、并行化、网络化的产品设计制造过程中信息的存储与交换。逆向工程系统流程如图 9-3 所示，三维 CAD 模型可供后续快速成型、数控加工、模拟分析软件（如 ANSYS）和模具设计加工用。

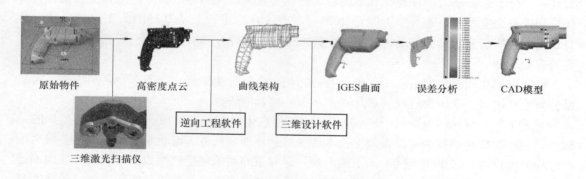

图 9-3 逆向工程系统流程

1. 数据采集（3D 扫描）

在逆向设计时，需要从设计对象中提取三维数据信息，即利用测量装置采集实物/模型表面数据，这也是实现逆向工程的基础。常用三维数据测量方式有接触式、非接触式以及工业用断层扫描测量等。接触式测量时，测头与被测物体直接接触来获取数据信息，常用设备有三坐标测量机。接触式测量精度高，但不能对软质材料测量，也不适合测量复杂曲面。非接触式测量则采用声、光、电或磁等现象进行测量，测量时与物体表面无机械接触。非接触式测量仪器有固定式激光扫描抄数机、便携式光学三维扫描仪（图 9-4）和手持式三维激光扫描仪（图 9-5）等。非接触式测量在逆向工程中应用最多，有测量速度高、能对软质材料和复杂曲面测量的优点，但精度低于接触式测量。

2. 根据三维轮廓数据重构曲面并建立 CAD 模型（重构曲面模型）

曲线、曲面拟合是逆向工程的重要工作，即用处理的数据重构曲面模型，从而实现对零件的分析和加工。曲面重建是根据测量得到的反映几何形体特征的一系列离散数据，在计算机上获得形体曲线曲面方程或直接建立 CAD 三维模型的过程。建立的 CAD 模型可进行体积和面积等物理特性的计算分析、修改等。目前，处理大量点云的步骤是先处理数据点、从数据点提取曲线、由曲线构建线框模型、曲面重构。目前常用的逆向工程软件有 Imageware、Geomagic 等，此外，一些大型参数化 CAD 软件也为逆向工程提供了设计模块。例如，Pro/E、Creo、UG、SolidWorks 等软件也可以接收点云数据进行三维实体模型重构。

图 9-4　光学三维扫描仪

图 9-5　手持式三维激光扫描仪

3. 3D 扫描示例

图 9-6 所示的光学 3D 扫描仪型号为 OKIO-I-200，单面扫描范围为 $100mm \times 75mm \sim 200mm \times 150mm$，测量精度为 $0.015 \sim 0.03mm$，平均点距为 $0.10 \sim 0.20mm$，传感器为 78 万像素×2，单面扫描时间<5s，拼接方式为全自动拼接（需贴标志点）。光学三维扫描原理是由光栅发生器将多组光栅条纹投射到物体表面，不同角度的两个 CCD 相机同时拍摄物体表面的条纹图案，并将条纹图像输入计算机中，根据条纹曲率变化利用相位法和三角法精确计算出物体表面每一点的空间坐标（X、Y、Z）三维点云数据（Point Cloud）。

图 9-6　光学 3D 扫描仪

样品零件：玻璃器皿；图 9-7 所示为对零件进行扫描后获得的点云数据，可保存为 IGS 格式文件；图 9-8 所示为用 Imageware 软件打开扫描获得的玻璃器皿 IGS 格式文件的三维数据图；图 9-9 所示为最后在 UG 中完成的三维造型。

图 9-7　扫描获得点云数据

图 9-8　由点云生成的三维图

图 9-9　UG 中完成的三维造型

第九节　三维打印制造

1. 三维打印（3D 打印）制造简介

3D 打印（Three Dimension Printing, 3DP）制造是指通过可以"打印"出真实物体的"3D 打印机"，采用分层加工、叠加成形的方式逐层增加材料来生成 3D 实体。图 9-10 所示为 3D 打印的零件示例，其属于"增材制造"工艺方法及快速原型制造技术。由于 3D 打印称呼更加通俗易懂、简洁而被人们所熟识，所以目前常用"3D 打印"，而非"增材制造"或"快速原型制造"，来表述在机械制造领域制造

图 9-10　3D 打印的零件示例

零件这种工艺模式。传统机械制造一般使用车、铣、磨等去除毛坯多余部分，从多到少得到零部件，再以装配等方法组合成最终产品，材料浪费大、工时长；而通过 3DP 可把一个部件上的几个零件同时制造出来，可免除装配；简化产品制造程序，缩短研制周期，节约材料和降低成本。

3D 打印分为桌面级和工业级两大类。桌面级 3D 打印机摆放在桌面上，其大小接近于一台计算机，利用熔融挤出成型原理（FDM），采用高分子材料（ABS、PLA 等），主要用于工业设计及一些大众消费品制造领域。工业级 3D 打印主要有两个方面的应用：一是制造铸型，采用喷墨印刷成型原理（IJP），根据产品三维图设计出铸造用砂型，采用反复、高速喷射特制胶水粘接型砂，在短时间内制造出复杂形状的铸型，再通过浇注生产出金属实体产

品，无须制造模样，特别适用于新产品研制和小批量生产。二是金属结构件直接制造，采用激光选区烧结成型原理（SLS）直接烧结出金属零件，特别是在航空工业领域用于制造飞机上批量小、高性能、难加工、内外形状复杂的金属构件，如大型薄壁件、复杂结构部件、钛合金零件等，具有材料利用率高、生产时间短、成本低等优点。

2. 桌面级 3D 打印机结构

3D 打印机型号：UP Plus2，其结构如图 9-11 所示；打印原理：FDM；成型材料：ABS；成型平台尺寸：140mm × 140mm × 135mm（高）；成型层厚：0.15～0.4mm 可调；支持 CAD 模型文件格式：STL；打印机质量：5kg。

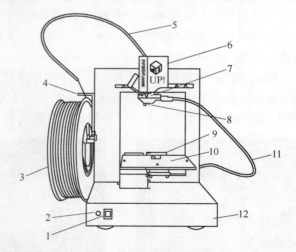

图 9-11　桌面级 3D 打印机结构
1—初始化按钮　2—信号灯　3—丝材　4—材料挂轴
5—丝管　6—喷头　7—喷嘴　8—水平校准器　9—自动对高块
10—打印平台　11—3.5mm 双头线　12—基座

3. 操作步骤

1）在 Pro/E、Creo、SolidWorks、UG 等三维设计软件中设计零件三维数字模型（所画图须是完整、封闭的实体）。

2）保存为 3D 打印所需的 STL 文件格式（STL 文件格式适用于 3D 打印时分层处理的需要，一般 CAD 软件都有此功能）。

3）启动 3D 打印机程序进入操作界面，载入待打印 STL 格式的 3D 模型。

4）调整模型（可通过菜单栏上的旋转、移动、缩放等命令对模型进行调整）。

5）调整喷嘴与工作台位置，打印平台预热。

6）设置打印参数（设置层片厚度，一般在 0.15~0.4mm 可调，填充、支承设置等），厚度小、打印精度高时打印时间长，厚度大、打印精度低时打印时间短。

7）预估打印（根据打印零件设定的尺寸大小、厚度和支承设置等，可预测打印时间）。

8）开始打印（预估打印确定后喷头开始加热，温度达到要求，约 260℃后开始打印）。开始打印后 ABS 丝材从高温的喷头中均匀挤出，同时喷头与平台配合移动和升降，由低到高、由面到体，逐渐堆积成为模型实体。

复习思考题

9-1　什么是先进制造技术？它有什么特征？常见的先进制造技术有哪些？

9-2　什么是工业机器人？举例说明其应用。

9-3　什么是柔性制造系统？它对工业生产发展有何意义？

9-4　什么是人工智能、智能车间和智慧工厂？

9-5　什么是精密、超精密和微细加工？举例说明其应用。

9-6　什么是逆向工程？举例说明其应用。

9-7　用 3D 打印技术制造零件有何特点？

第十章

零件制造方法综合

机械零件的制造包括毛坯成形和切削加工两个阶段，大多数金属零件都是通过铸造、锻压和焊接等方法制成毛坯，再经过切削加工制成。机械零件常用的毛坯类型有铸件、锻件、冲压件、焊接件和型材等，机械零件的结构形状是多种多样的，但都是由外圆、内孔、平面和成形面组成的。每一种表面的加工方法有多种，具体选择时应根据零件的毛坯类型、结构形状、材料、加工精度、批量以及具体的生产条件等因素来决定。因此，正确选择零件毛坯和合理选择切削加工方法，不仅影响每个机械零件乃至整个机械产品的质量和性能，而且对生产周期和制造成本也有重大影响。

第一节　毛坯成形方法的选择

1. 选择毛坯成形方法应考虑的因素

（1）零件的机械性能要求　相同的材料采用不同的毛坯制造方法，其机械性能是不同的。例如：压力浇注、离心浇注、金属型浇注及砂型浇注的铸件，其强度是依次递减的；钢质零件的锻造毛坯，其机械性能高于钢质棒料和铸钢件。

（2）零件的结构形状和外廓尺寸　直径相差不大的阶梯轴宜采用棒料；相差较大时，宜采用锻件。形状复杂、机械性能要求不高时可采用铸钢件。形状复杂且薄壁的毛坯不宜采用金属型铸造。尺寸较大的毛坯，不宜采用模锻、压铸和精铸，多采用砂型铸造和自由锻造。外形复杂的小零件宜采用精密铸造方法，以避免机械加工。

（3）生产纲领和批量　生产批量大时，宜采用高精度与高生产率的毛坯制造方法；生产批量小时，宜采用设备投资小的毛坯制造方法。

（4）现场生产条件和发展　应经过技术经济分析和论证。

2. 毛坯的成形方法及工艺特点

常用毛坯的成形方法及工艺特点见表 10-1。

表 10-1　常用毛坯的成形方法及工艺特点（供参考）

毛坯制造方法		最大质量/kg	最小壁厚/mm	形状复杂程度	适用材料	生产类型	公差等级（IT）	毛坯尺寸公差/mm	表面粗糙度 Ra/μm	生产率	其他
铸造	木模手工砂型	受限小	3～5	最复杂	铁碳合金、有色金属及其合金	单件及小批生产	13～11	1～8	▽	低	表面有气孔、砂眼、结砂、硬皮，废品率高

（续）

毛坯制造方法		最大质量/kg	最小壁厚/mm	形状复杂程度	适用材料	生产类型	公差等级（IT）	毛坯尺寸公差/mm	表面粗糙度 $Ra/\mu m$	生产率	其他
铸造	金属模机械砂型	至250	3~5	最复杂	铁碳合金、有色金属及其合金	大批大量生产	10~8	1~3	∇	高	设备复杂，工人水平可降低
	金属型浇注	至100	1.5	一般	铁碳合金、有色金属及其合金	大批大量生产	9~7	0.1~0.5	12.5~6.3	高	结构细密，承受较大压力
	离心铸造	至200	3~5	回转体	铁碳合金、有色金属及其合金	大批大量生产	11~9	1~5	12.5	高	机械性能好，砂眼少，壁厚均匀
	压力铸造	10~16	0.5（锌）10（其他合金）	取决于模具	有色金属及其合金	大批大量生产	8~6	0.05~0.15	6.3~3.2	最高	直接出成品、设备昂贵
	熔模铸造	小型零件	0.8	较复杂	难加工材料	单件及成批生产	7~5	0.05~0.2	12.5~3.2	一般	铸件性能好，便于组织流水生产，直接出成品
	壳模铸造	至200	1.5	复杂	铁和有色金属	小批至大批生产	10~8	1~3	12.5~6.3	一般	铸件表面粗糙度值低，尺寸精度高，用砂量少，粉尘少，生产率高
锻造	自由锻造	受限小	不限制	简单	碳钢、合金钢	单件及小批生产	16~14	1.5~10	6.3~3.2	低	工人技术水平高
	模锻（锤锻）	至100	2.5	由锻模制造难易而定	碳钢、合金钢	成批及大量生产	14~12	0.2~2	12.5	高	锻件机械性能好，强度高
	精密模锻	至100	1.5	由锻模制造难易而定	碳钢、合金钢	成批及大量生产	12~11	0.05~0.1	6.3~3.2	高	要增加精压工序，锻模精度高，加热条件好，变形小
冷挤压		小型件	1	简单	碳钢、合金钢、有色金属	大批量	7~6	0.02~0.05	1.6~0.8	高	用于精度较高的小零件，不需机械加工
板料冲压		（板料厚度0.2~0.6）		复杂	各种板材	大批量	12~9	0.05~0.5	1.6~0.8	高	有一定的尺寸、形状精度，可满足一般的装配使用要求
型材	热轧	（圆钢直径范围$\phi 10 \sim \phi 250$）		圆、方、扁、角、槽等形状	碳钢、合金钢	各种批量	15~4	1~2.5	12.5~6.3	高	普通精度，采用热轧
	冷轧	（圆钢直径范围$\phi 3 \sim \phi 60$）		圆、方、扁、角、槽等形状	碳钢、合金钢	大批量	12~9	0.05~1.5	3.2~1.6	高	精度高，价格贵，适于自动及转塔车床

（续）

毛坯制造方法		最大质量/kg	最小壁厚/mm	形状复杂程度	适用材料	生产类型	公差等级（IT）	毛坯尺寸公差/mm	表面粗糙度 $Ra/\mu m$	生产率	其他
粉末冶金		（尺寸范围宽5~120，高3~40）		简单	金属基复合材料	大批量	9~6	0.02~0.05	0.4~0.1	高	成形后可不切削，设备简单，成本高
焊接	熔焊	受限小	气焊1、电弧焊2、电渣焊40	简单	碳钢、合金钢	单件及成批生产	16~14	4~8	∨	一般	制造简单，生产周期短，结构轻便，抗振性差，热变形大，需时效处理消除内应力
	压焊		≤12								

第二节　零件切削加工方法的选择

1. 选择零件切削加工方法应考虑的问题

1）技术要求。零件表面的加工方法，主要取决于加工表面的技术要求。

2）应考虑每种加工方法的加工经济精度范围、材料的性质及可加工性、工件的结构形状和尺寸大小、生产批量、工厂现有设备条件等。

2. 外圆面加工方案

外圆面是轴、套、盘类等零件的主要表面，往往具有不同的技术要求，这就需要结合具体的生产条件，拟定合理的加工方案。对于一般钢铁零件，外圆面加工的主要方法是车削和磨削。对于成形面常用数控车加工。

表 10-2 给出了外圆面的加工方案。

表 10-2　外圆面的加工方案

序号	加 工 方 案	经济精度（用公差等级表示）	经济表面粗糙度 $Ra/\mu m$	适 用 范 围
1	粗车	IT13~IT11	50~12.5	适用于淬火钢以外的各种金属加工
2	粗车—半精车	IT10~IT8	6.3~3.2	
3	粗车—半精车—精车	IT8~IT7	1.6~0.8	
4	粗车—半精车—精车—滚压（或抛光）	IT8~IT7	0.2~0.025	
5	粗车—半精车—磨削	IT8~IT7	0.8~0.4	主要用于淬火钢加工，也可用于未淬火钢加工，但不宜加工有色金属
6	粗车—半精车—粗磨—精磨	IT7~IT6	0.4~0.1	
7	粗车—半精车—粗磨—超精加工	IT5	0.1~0.012（或 Rz 为 0.1μm）	

（续）

序号	加 工 方 案	经济精度 （用公差等级表示）	经济表面 粗糙度 Ra/μm	适 用 范 围
8	粗车—半精车—精车—精密车	IT7~IT6	0.4~0.025	主要用于技术要求较高的有色金属加工
9	粗车—半精车—粗磨—精磨—超精磨（或镜面磨）	IT5 以上	0.025~0.006 （或 Rz 为 0.05μm）	极高精度的外圆加工
10	粗车—半精车—粗磨—精磨—研磨	IT5 以上	0.1~0.006 （或 Rz 为 0.05μm）	

3. 孔加工方案

孔是组成零件的基本表面之一。零件上有多种多样的孔，常见的有以下几种：

1）紧固孔（如螺钉孔等），还有其他非配合的油孔等。

2）回转体零件上的孔，如套筒、法兰盘及齿轮上的孔。

3）箱体类零件的孔系，如主轴箱箱体上的主轴和传动轴承孔等，即所谓的孔系。

4）深孔，即 $L/D>5\sim10$ 的孔（L 为孔的深度，D 为孔的直径），如车床主轴上的轴向通孔等。

5）圆锥孔，如车床主轴前端的锥孔以及装配用的定位销孔等。

由于对各种孔的要求不同，需根据具体生产条件，拟定合理的加工方案。

孔的加工方案见表 10-3。

表 10-3 孔的加工方案

序号	加 工 方 案	经济精度 （用公差等级表示）	经济表面 粗糙度 Ra/μm	适 用 范 围
1	钻	IT13~IT11	12.5	加工未淬火钢及铸铁的实心毛坯，也可用于加工有色金属。孔径小于 22mm
2	钻—铰	IT10~IT8	6.3~1.6	
3	钻—粗铰—精铰	IT8~IT7	1.6~0.8	
4	钻—扩	IT11~IT10	12.5~6.3	加工未淬火钢及铸铁的实心毛坯，也可用于加工有色金属。孔径大于 22mm
5	钻—扩—粗铰	IT9~IT8	3.2~1.6	
6	钻—扩—粗铰—精铰	IT7	1.6~0.8	
7	钻—扩—机铰—手铰	IT7~IT6	0.4~0.2	
8	钻—扩—拉	IT9~IT7	1.6~0.1	大批大量生产（精度由拉刀的精度决定）
9	粗镗（或扩孔）	IT13~IT11	12.5~6.3	除淬火钢外，毛坯有铸出孔或锻出孔的各种材料
10	粗镗（粗扩）—半精镗（精扩）	IT10~IT9	3.2~1.6	
11	粗镗（粗扩）—半精镗（精扩）—精镗（铰）	IT8~IT7	1.6~0.8	
12	粗镗（粗扩）—半精镗（精扩）—精镗—浮动镗刀精镗	IT7~IT6	0.8~0.4	

（续）

序号	加工方案	经济精度 （用公差等级表示）	经济表面 粗糙度 Ra/μm	适用范围
13	粗镗（扩）—半精镗—磨孔	IT8~IT7	0.8~0.2	主要用于淬火钢，也可用于未淬火钢，但不宜用于有色金属
14	精镗（扩）—半精镗—粗磨—精磨	IT7~IT6	0.2~0.1	
15	粗镗—半精镗—精镗—精密镗	IT7~IT6	0.4~0.05	主要用于精度要求高的有色金属加工
16	钻—（扩）—粗铰—精铰—珩磨； 钻—（扩）—拉—珩磨；粗镗—半精镗—精镗—珩磨	IT7~IT6	0.2~0.025	精度要求很高的孔
17	以研磨代替上述方法中的珩磨	IT6~IT5	0.1~0.006	

4. 平面加工方案

平面是盘、板形和箱体类零件的主要表面。根据所起作用的不同，大致可以将平面分为以下几种：

1）非结合面。属于低精度平面，只是在外观或防腐蚀需要时，才进行加工。

2）结合面和重要结合面。属于中等精度平面，如零部件的固定连接平面等。

3）导向平面。属于精密平面，如机床的导轨面等。

4）测量工具的工作面。属于高精密平面，如三坐标测量机的工作台面。

平面的作用不同，其技术要求也不相同，故应采用的加工方案也不相同。

根据技术要求以及零件的结构、形状、尺寸、材料和毛坯的种类，并结合具体的加工条件，平面可分别采用车、铣、刨、磨、拉等方法加工，对于曲面常用数控铣加工。表 10-4 可作为拟定加工方案的依据和参考。

表 10-4　平面加工方案

序号	加工方案	经济精度 （用公差等级表示）	经济表面 粗糙度 Ra/μm	适用范围
1	粗车	IT13~IT11	50~12.5	
2	粗车—半精车	IT10~IT8	6.3~3.2	端面
3	粗车—半精车—精车	IT8~IT7	1.6~0.8	
4	粗车—半精车—磨削	IT8~IT6	0.8~0.2	
5	粗刨（或粗铣）	IT13~IT11	25~6.3	一般不淬硬平面（端铣），表面粗糙度 Ra 值较小
6	粗刨（或粗铣）—精刨（或精铣）	IT10~IT8	6.3~1.6	
7	粗刨（或粗铣）—精刨（或精铣）—刮研	IT7~IT6	0.8~0.1	精度要求较高的不淬硬平面，批量较大时，宜采用宽刃精刨方案
8	以宽刃精刨代替上述刮研	IT7	0.8~0.2	
9	粗刨（或粗铣）—精刨（或精铣）—磨削	IT7	0.8~0.2	精度要求高的淬硬平面或不淬硬平面
10	粗刨（或粗铣）—精刨（或精铣）—粗磨—精磨	IT7~IT6	0.4~0.025	

（续）

序号	加工方案	经济精度 （用公差等级表示）	经济表面 粗糙度 $Ra/\mu m$	适用范围
11	粗铣—拉	IT9～IT7	0.8～0.2	大量生产、较小的平面 （精度视拉刀的精度而定）
12	粗铣—精铣—磨削—研磨	IT5 以上	0.1～0.006 （或 Rz 为 $0.05\mu m$）	高精度平面

第三节　零件机械加工工艺制订简介

1. 制订零件机械加工工艺的内容

零件的机械加工工艺就是零件加工的方法和步骤。它的内容包括：排列加工工序（包括毛坯制造、热处理和检验工序），确定各工序所用的机床、装夹方法、加工方法、度量方法、加工余量、切削用量和工时定额等。将这些内容填写在一定形式的卡片上，就是通常所说的"机械加工工艺卡片"。

2. 制订零件加工工艺的要求

不同的零件，由于结构、尺寸、精度和表面粗糙度等技术要求不同，其加工工艺也随之不同。即使是同一零件，由于批量和机床设备、工夹量具等条件不同，加工工艺也不尽相同。在一定生产条件下，同一个零件的加工工艺方案可以有几种，但往往只有一、二种相对更为合理。因此，在制订零件加工工艺时，一定要从实际出发，择优制订。

一个合理的工艺方案必须满足下列要求：保证零件的全部技术要求，劳动生产率较高，生产成本较低，有良好的劳动条件，即必须满足优质、高产、低耗、安全的要求。因此，制订一个合理的加工工艺，并非轻而易举，除需具备一定的工艺理论知识和实践经验外，还要深入工厂或车间，了解生产的实际情况。一个较复杂零件的工艺，往往要经过反复实践、反复修改，使之逐渐完善。

3. 制订零件加工工艺的步骤

第一步：认真研究图样及其技术要求。

第二步：选择毛坯的类型。

第三步：进行工艺分析。

第四步：拟定工艺路线。

拟定工艺路线就是把零件各表面的加工顺序做合理的安排，这是制订零件加工工艺的主要一步，工序安排合理与否将直接影响零件的质量。

工序安排包括机械加工工序的安排，划线工序的安排，热处理工序的安排，表面处理工序的安排，辅助工序的安排，检验工序的安排。

第五步：确定各工序所用的机床、装夹方法、加工方法及度量方法。

第六步：确定各工序的加工余量、切削用量和工时定额。

需从毛坯上切除的那层金属称为加工余量。从毛坯到成品总共需要切除的余量称为总余量。其工序中需切除的余量称为该工序的工序余量。工序余量的大小应按加工要求来确定。

余量过大，既浪费材料，又增加切削工时；余量过小，会使工件的局部表面切削不到，不能修正前工序的误差，影响加工质量，甚至造成废品。

　　现将单件小批生产时小型零件的加工余量简介如下，供选用时参考。所列数据，对内外圆柱面是指直径方向的余量；对平面是指单边余量。

　　总余量：手工造型铸件为 3.5~7mm；自由锻件和焊接件（指焊条电弧焊、气焊和气割件）为 2.5~7mm；模锻为 1.6~3mm；圆钢料为 1.5~2.5mm。

　　各种机械加工方法的工序余量，可参考表 10-5 选取。

　　第七步：编制工艺卡片。

表 10-5　机械加工方法的工序余量　　　　　（单位：mm）

外圆加工	直径余量	内圆加工	直径余量	平面加工	单 边 余 量
粗车	1.5~4	扩孔	扩后孔径的1/8	粗刨、粗铣	1~2.5
半精车	0.5~2.5	粗铰	0.15~0.25	精刨、精铣	0.25~0.3
精车	0.2~1.0	精铰	0.05~0.15	拉削	精锻、精铸：2~4，预加工后：0.3~0.6
粗磨	0.25~0.6	粗镗	1.8~4.5		
精磨	0.1~0.2	半精镗	1.2~1.5	粗磨	0.15~0.3
研磨	0.01~0.02	精镗	0.2~0.8	精磨	0.05~0.1
超精加工	0.003~0.02	金刚镗削	0.2~0.5	研磨	0.005~0.01
		拉孔	0.5~1.2		
高精度低表面粗糙度值磨削	0.02~0.05	粗磨	0.2~0.5	宽刃细刨	0.05~0.15
		精磨	0.1~0.2		
		研孔	0.01~0.02	刮削	0.1~0.4
		珩孔	0.05~0.14		

复习思考题

10-1　毛坯的成形方法有哪些？

10-2　什么是零件的机械加工工艺？它包括哪些内容？叙述制订零件加工工艺的一般步骤。

10-3　拟定工艺过程时，为什么一般需粗、精加工分开进行？

10-4　总结一下你所接触的轴类零件的加工过程。

10-5　总结一下你所接触的箱体类零件的加工过程。

参 考 文 献

［1］ 王世刚，王雪峰．工程训练与创新实践［M］．北京：机械工业出版社，2013.

［2］ 花国然，刘志东．特种加工技术［M］．北京：电子工业出版社，2012.

［3］ 唐通鸣，倪红军．三维造型与数控加工实践［M］．北京：机械工业出版社，2014.

［4］ 夏延秋，吴浩．金工实习指导教程［M］．北京：机械工业出版社，2015.

［5］ 高琪，黄瑞．基础工程训练项目集［M］．北京：机械工业出版社，2017.

［6］ 朱华炳，田杰．制造技术工程训练［M］．北京：机械工业出版社，2014.

［7］ 李庆余，孟广耀，岳明君．机械制造装备设计［M］.4 版．北京：机械工业出版社，2017.

［8］ 谢志余，周新弘．金工实习［M］．苏州：苏州大学出版社，2013.

［9］ 张德勤，王英惠，李养良．金工实习教程［M］．北京：电子工业出版社，2015.

［10］ 戴曙．金属切削机床［M］．北京：机械工业出版社，2013.

［11］ 刘俊义．机械制造工程训练［M］．南京：东南大学出版社，2013.

［12］ 胡大超，张学高．金工实习［M］.2 版．上海：上海科学技术出版社，2000.

［13］ 胡忠举，宋昭祥．现代制造工程技术实践［M］.3 版．北京：机械工业出版社，2014.

［14］ 成思源．逆向工程技术［M］．北京：机械工业出版社，2017.

［15］ 王先逵．机械制造工艺学［M］.3 版．北京：机械工业出版社，2013.

［16］ 张祝新．工程训练——基础篇［M］．北京：机械工业出版社，2013.

［17］ 倪红军，黄明宇．工程材料［M］．南京：东南大学出版社，2016.

［18］ 杨德余，梁志新，覃康．数控机床编程与操作［M］．北京：北京理工大学出版社，2017.

［19］ 曹明元.3D 打印快速成型技术［M］．北京：机械工业出版社，2017.